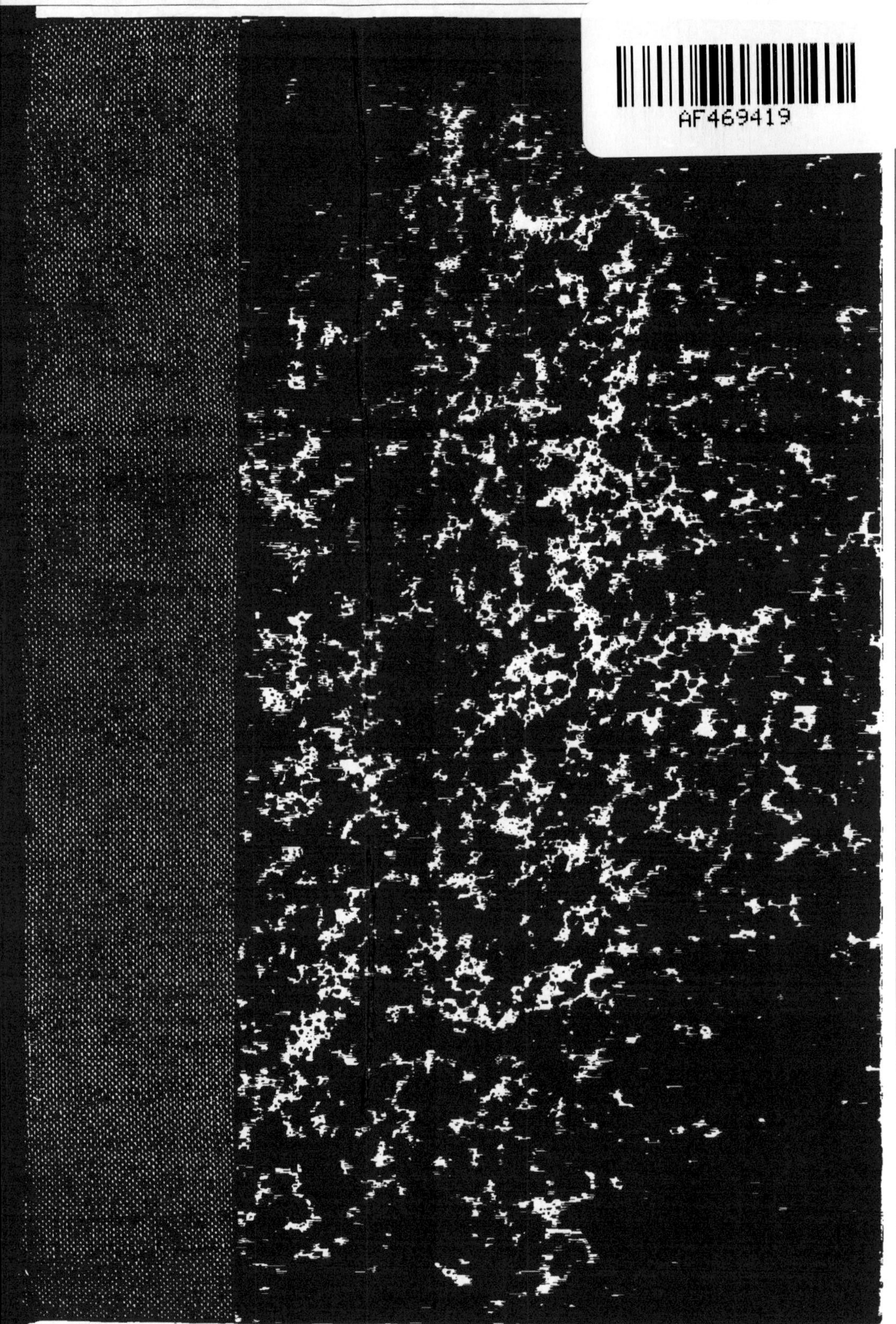

RÉPUBLIQUE FRANÇAISE

MINISTÈRE DE L'AGRICULTURE

DIRECTION GÉNÉRALE DES EAUX ET FORÊTS

RESTAURATION ET CONSERVATION DES TERRAINS EN MONTAGNE

DEUXIÈME PARTIE

PARIS
IMPRIMERIE NATIONALE

MDCCCCXI

RESTAURATION

ET

CONSERVATION DES TERRAINS EN MONTAGNE

[illegible]

[illegible]

[illegible]

MINISTÈRE DE L'AGRICULTURE

DIRECTION GÉNÉRALE DES EAUX ET FORÊTS

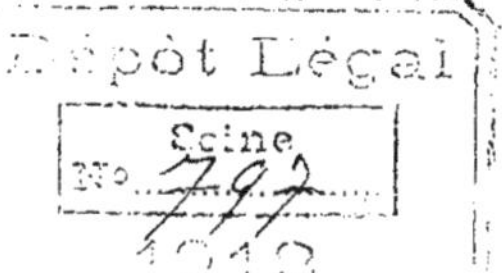

RESTAURATION

ET

CONSERVATION DES TERRAINS EN MONTAGNE

DEUXIÈME PARTIE

PARIS
IMPRIMERIE NATIONALE

MDCCCCXI

DEUXIÈME PARTIE

DESCRIPTION SOMMAIRE

DES PÉRIMÈTRES DE RESTAURATION

RÉGION DES ALPES

---

108 PLANCHES

DE REPRODUCTIONS PHOTOGRAPHIQUES

RESTAURATION
ET
CONSERVATION DES TERRAINS EN MONTAGNE.

DEUXIÈME PARTIE
DESCRIPTION SOMMAIRE DES PÉRIMÈTRES DE RESTAURATION.

RÉGION DES ALPES.

DÉPARTEMENT DES BASSES-ALPES.

PÉRIMÈTRE DE L'UBAYE.

Description du bassin. Altitudes. — La rivière torrentielle de l'Ubaye, affluent de rive gauche de la Durance, prend naissance sur le faîte de la chaîne des Alpes, au col du Longet, à l'altitude de 2,672 mètres.

Situé à 11 kilomètres au sud-ouest du mont Viso, ce col est une des profondes coupures des Alpes franco-italiennes. Le chemin qui le traverse n'est pas carrossable. Néanmoins, les populations avoisinantes y entretiennent, pendant la belle saison, un mouvement de circulation assez considérable.

L'Ubaye descend d'abord dans la direction du nord-est au sud ouest. Arrivée à peu près au milieu du développement de son cours, elle oblique vers l'ouest et continue à couler dans ce sens jusqu'au point où elle tombe dans la Durance, après avoir effectué un parcours de 78 kilomètres. Le confluent se trouve à 80 kilomètres de la source de la Durance.

Ce bassin constitue une région éminemment montagneuse. Il est encadré par des chaînes très élevées, traversé par de forts chaînons, coupé par des vallées profondes, creusé par des gorges étroites, sillonné par d'innombrables torrents et ravins. Dans son ensemble, ce massif affecte un relief puissant et abrupt; son aspect est grandiose et sévère.

Les régions supérieures se développent, au-dessus de 2,300 m., en immenses solitudes souvent surmontées par des escarpements rocheux, toujours formées d'arides et de vagues. Au-dessous de ces espaces s'étendent, de 1,800 à 2,300 m., de vastes pâtures et de belles pelouses. Sur les versants, de 1,300 à 1,800 m., s'étalent des vagues et des forêts. Des cultures et des prairies occupent les plateaux situés à diverses altitudes, la zone inférieure des pentes et le fond des vallées. Des habitations sont assises sur les pentes les moins raides; des hameaux sont placés sur les terrasses les mieux exposées; des villages sont installés à la base des versants.

Par rapport aux chaînes qui limitent son bassin, l'Ubaye maintient son cours rapproché des lignes de crête de sa rive droite. Aussi les cours d'eau tributaires sont-ils, en général, sensiblement moins longs et moins importants sur la rive droite que sur la rive gauche.

Le bassin de l'Ubaye présente, comme particularités remarquables :

1° Des pics élevés, dont les plus célèbres sont : le Grand-Rubren (3,341 m.), l'Aiguille de Chambeyron (3,400 m.), le Chapeau de Gendarme (2,687 m.), le Pain de Sucre (2,562 m.), le Mont Pelat (3,053 m.), les Siolanes (2,910 m.);

2° Des cluses à parois hautes et escarpées; cluses de l'Ubaye, au pont du Châtelet et au Lauzet, cluse de la Reyssolle, cluse du Bachelard;

3° De très nombreux lacs presque tous de faible superficie : le lac du Longet, à la source même de l'Ubaye, le lac de Paroird, les lacs de Marinet, les lacs du Lauzanier, le lac du Lauzet.

L'altitude maxima (3,400 m.) est celle de l'Aiguille de Chambeyron et l'altitude minima (710 m.) celle de l'Ubaye, au confluent de la Durance.

Conditions géologiques. — « Il existe peu de régions, dans les Alpes françaises, dont la constitution géologique soit aussi compliquée que celle de Barcelonnette et des montagnes qui entourent cette petite ville.

« Cette complication résulte de ce que les terrains secondaires et les terrains tertiaires, encore malléables, se trouvant pris entre trois points déjà immuables de terrains plus anciens (le Pelvoux, le Mercantour et l'Estérel), ont été refoulés en deux *nappes* distinctes (dont le *charriage* est venu de l'est) qui ont donné lieu à de nombreux *chevauchements* et au milieu desquelles s'élèvent plusieurs *masses exotiques* en superposition anormale.

« Voici la composition chimique des terrains qui, par leur étendue et par leur nature, jouent, dans la région, le rôle le plus important au point de vue des conditions de la végétation (les assises sont énumérées en commençant par les plus anciennes).

TRIAS.

Quartzites siliceux. — N'existent que dans le ravin des Sanières.

Calcaires dolomitiques (Carbonate de chaux et de magnésie). — Très développé à Aulan (partie est), Rémegine, etc.

Gypses (sulfate de chaux hydraté). — Gimette, col des Siolanes.

Cargneules. — Dolomies vacuolaires et terreuses jaunes (carbonate de chaux et de magnésie, un peu d'hydrate de fer).

JURASSIQUE.

Calcaires à silex du lias (calcaire avec silice mélangée). — Col de Faucouras, etc.

Calcaires compacts et brèches calcaires (lias). — Gorge du Bachelard, près d'Uvernet.

Schistes noirs calcaires (lias supérieur, bajocien et bathonien). — Les Thuiles, Ubaye.

Schistes noirs (bathonien supérieur, callovien, oxfordien). — Très délitables et donnant les terres noires si connues (argile, un peu de calcaire, oxyde et sulfure de fer).

Calcaires compacts du jurassique supérieur. — Fours, Bayasse, tunnel d'Ubaye.

Calcaires gris blanc, massifs et coralligènes, plus purs que tous les précédents. — Siolane, la Mée, Castebelle, Caire, Aulan, Mourrehaut, Gerbier, la Maure.

CRÉTACÉ.

Calcaires marneux et marnes schisteuses. — En amont d'Ubaye, le Martinet, vallée du Bachelard.

TERTIAIRE.

Grès et calcaires gréseux et marneux (calcaire et silice). — La Malune, Morjuan, les Agneliers, Méolans, etc.

Flysch calcaire (argile, carbonate de chaux, silice). — Jausiers, la Condamine, les Orres.

Grès d'Annot (silice prédominante, un peu de fer). — Le Lauzet, haut vallon de Clapouse, Lauzanier (lac inférieur).

Flysch gréseux (silice et argile). — Col de Valgelaye, Sestrière, etc.

« A ces indications, il faut ajouter une mention spéciale pour les terrains de transport qui correspondent à un mélange des éléments précédents en proportion variable et dont la présence (peu apparente en une foule de points, surtout lorsqu'ils ne forment qu'une couche assez mince superficielle) a souvent pour effet de modifier sensiblement les propriétés du sol et de corriger les influences du sous-sol.

« On devra tenir grand compte de ces formations dont l'existence, méconnue en beaucoup de cas, explique bien des faits phytostatiques cités comme des anomalies par les anciens botanistes.

« Les *dépôts glaciaires* sont partout répandus sur les pentes moyennes et inférieures ; ils y constituent une série de méplats (la Conchette, au sud de Barcelonnette, Enchastrayes, etc.), *très généralement cultivés* ou occupés par des habitations.

« Ils contiennent, mêlés à une boue très fertile, des fragments et des blocs de roches très diverses provenant en grande partie des massifs de la haute Ubaye et de l'Ubayette et ont une composition chimique mixte.

« Les *cônes torrentiels* règnent en maîtres dans le bassin de l'Ubaye. Le fameux et redoutable Riou-Bourdoux, le torrent du Bourget, et tant d'autres accumulent dans la partie inférieure de leurs cours de puissants amas de boue et de débris rocheux. . .

« Bien différente de celle que nous venons de retracer est la structure de la haute Ubaye et de la vallée de l'Ubayette.

« La première, creusée dans le flysch jusqu'à Serenne, est ouverte, en amont de cette localité, dans une zone très plissée où les assises les plus variées alternent plusieurs fois entre elles (conglomérats siliceux permiens, quartzites du lias, cargneules, calcaires dolomitiques, schistes calcaréo-siliceux, marbres rouges amygdalaires du Jurassique supérieur dit marbre de Serenne, etc.).

« Quant à la vallée de l'Ubayette, elle est, dans sa totalité, occupée par le flysch; les dépôts glaciaires seuls, très abondants dans le fond de la dépression, introduisent quelque variété dans la nature du sol. »

(Extrait d'une *Notice géologique sur la vallée de Barcelonnette*, par E. Haug, professeur à la Faculté des sciences de l'Université de Paris, et W. Kilian, professeur de géologie à la Faculté des sciences de l'Université de Grenoble.)

Climat. — On s'accorde généralement à dire que la vallée de l'Ubaye appartient au *climat méditerranéen*.

Le climat de l'Ubaye est en effet très sec, avec orages rapides et violents, mais la vallée doit à sa grande altitude certaines conditions qui différencient notablement son climat du climat franchement méditerranéen.

Le climat de l'Ubaye est très froid. Il est caractérisé par l'absence presque complète de saisons intermédiaires. Un été très court et un hiver interminable se succèdent alternativement à peu près sans transition. Le passage de l'une à l'autre de ces parties de l'année est généralement marqué par une courte période de pluies. La hauteur d'eau de pluie, annuelle, moyenne est de o m. 65. La neige tombe fréquemment et abondamment. Elle apparaît accidentellement en toutes saisons, à la suite des pluies et des orages. Sauf pour quelques endroits placés dans des conditions exceptionnelles, c'est-à-dire dans les lieux les moins élevés, elle couvre le sol de décembre à mars. Dans les régions froides et hautes, elle persiste de novembre à mai, parfois même d'octobre à juin.

Exceptionnellement, une petite partie du bassin, située en sa région la plus basse, c'est-à-dire vers le cours inférieur de l'Ubaye, jouit d'un climat beaucoup plus tempéré.

D'ailleurs, dans les zones moyennes et inférieures, la situation climatique, à égalité d'altitude, est beaucoup plus favorable sur le versant de rive droite qui regarde les expositions générales du sud-est, du sud et du sud-ouest que sur le versant de rive gauche qui est orienté vers le nord-est, le nord et le nord-ouest.

Productions. — La vallée de l'Ubaye produit :

1° D'abondantes ressources en dépaissances sur les vagues et sur les pâtures. Ces ressources permettent d'élever environ

30,000 têtes de bétail indigène; en outre, 25,000 têtes de bétail transhumant viennent y estiver du 15 juin au 15 octobre;

2° Des fourrages provenant des prairies naturelles et artificielles et de quelques prés-bois; la quantité de fourrages récoltée chaque année est évaluée en moyenne à 110,000 quintaux métriques; elle suffit à peine aux besoins locaux;

3° La matière ligneuse extraite des forêts dans la mesure des moyens de transport qui sont, jusqu'à présent, aussi imparfaits que restreints.

La vallée consomme, annuellement, environ 3,000 mètres cubes de bois de service et d'industrie, et 20,000 stères de bois de feu. Depuis quelques années on exporte annuellement quelques centaines de poteaux télégraphiques (essence mélèze) provenant des forêts du Lauzet et de Saint-Vincent;

4° Des céréales, des pommes de terre, quelques légumes, quelques fruits;

5° Des blocs d'une roche serpentineuse susceptible d'être travaillée comme marbre. Cette serpentine, connue sous le nom de «marbre de Maurin», ne se trouve malheureusement que sur un point, à Maurin, section de la commune de Saint-Paul, vers l'extrémité la plus reculée de la vallée. Aussi l'exploitation de la carrière est-elle entravée par l'excessive difficulté des transports. La production annuelle ne dépasse pas 100 à 150 mètres cubes;

6° Des pierres de taille, communément appelées dans la région «pierres de Serennes», provenant de Serennes, hameau de la commune de Saint-Paul. Cette belle pierre, blanche et rouge, n'est autre que le «calcaire de Briançon».

Situation administrative. Contenance. Population. — Le bassin de l'Ubaye s'étend sur 19 communes de l'arrondissement de Barcelonnette.

Sa superficie territoriale est de 93,748^h^ 96^a^ 99 et sa population de 12,977 habitants.

Ainsi la vallée de l'Ubaye ne compte que 13 habitants par kilomètre carré. C'est la moins peuplée du département des Basses-Alpes qui est de toute la France celui où la population est la moins dense.

État de dégradation du sol. — En ce qui concerne le régime des eaux, les conditions sont très défavorables à tous égards.

Les régions supérieures forment des bassins très détendus. Les différences de niveau sont considérables entre les parties extrêmes. Les pentes sont longues et rapides.

Les roches sont sujettes à la désagrégation. Les sols sont friables. Il arrive fréquemment que des terrains perméables reposent sur des couches compactes (argile); celles-ci forment une nappe aquifère et constituent un plan de glissement suivant l'inclinaison duquel la masse supérieure se met en mouvement.

On observe pendant l'hiver des froids rigoureux jusqu'à 20 et 25 degrés au-dessous de zéro, à Barcelonnette, et, pendant l'été, de fortes chaleurs jusqu'à 40 et 45 degrés, au soleil. L'écart est très considérable entre les températures extrêmes, non seulement dans la révolution annuelle, mais même dans la variation diurne. Des quantités énormes de matières pierreuses et terreuses sont transformées en amas de débris, dans la période froide, par les dislocations que produisent successivement la gelée et le dégel; dans la période chaude, par les effets alternés des grandes sécheresses et des pluies. L'action des agents atmosphériques est donc très puissante et incessante.

Sur tous les terrains communaux et particuliers qui sont en nature de pâtures, de vagues ou d'arides, c'est-à-dire sur la majeure partie du territoire, le pâturage est exercé presque sans aucune restriction. Le piétinement du bétail détruit constamment l'équilibre si instable des amas de matériaux rendus mobiles par l'action des agents atmosphériques.

Composition et contenance du périmètre. — Le péri-

mètre de l'Ubaye a été constitué par une loi du 1er août 1901. Il comprend seize séries.

La contenance totale est de 13,704h 03a 91; 11,339h 34a 29 sont actuellement la propriété de l'État.

L'étendue des séries est indiquée ci-dessous :

Meyronnes	243h	98a	62c
Saint-Paul	527	59	80
La Condamine	590	59	40
Jausiers	569	63	75
Faucon	827	33	30
Barcelonnette	143	00	21
Enchastrayes	286	21	54
Fours	2,840	37	89
Uvernet	1,609	28	37
Saint-Pons	1,924	40	78
Les Thuiles	1,403	00	55
Méolans	1,083	17	09
Revel	215	61	90
Le Lauzet	232	71	20
Ubaye	194	60	53
Pontis	212	48	98
TOTAL	13,704	03	91

Travaux. — Le but proposé est la restauration des terrains périmétrés, en vue d'y supprimer l'état torrentiel.

Les moyens employés sont de deux ordres : les uns dits « travaux forestiers » ont pour objet le boisement des surfaces; les autres nommés « travaux de correction » se rapportent à l'extinction des torrents et ravins.

L'emploi de ces deux moyens donne lieu à des opérations très variées tantôt successives, tantôt simultanées.

En ce qui concerne le reboisement proprement dit, l'œuvre de restauration est très avancée et il est permis d'affirmer que la réussite est complète.

D'une part, en effet, dans la contenance effective (c'est-à-dire déjà domaniale) du périmètre actuel (11,339 h.) il entre 1,318 hectares de terrains non susceptibles de reboisement à raison, soit de leur nature rocheuse, soit de leur trop grande altitude. Il s'ensuit que la contenance déjà boisée (8,582 h.) représente 74 p. 0/0 de la superficie susceptible d'être reboisée.

D'autre part, les résultats du reboisement sur cette étendue de 8,582 hectares sont déjà si réels, si apparents, si tangibles, qu'ils ne sauraient plus être niés.

Pour bien apprécier toute l'importance de ces résultats, il faudrait parcourir la vallée de l'Ubaye en alpiniste; mais il suffit de suivre la route nationale n° 100, depuis les Thuiles jusqu'à Jausiers, pour avoir de tous côtés sous les yeux la plus éclatante preuve de l'action efficace des reboiseurs. Sur les versants exposés au sud, dans les bassins de réception des torrents de la Bérarde, de Riou-Bourdoux, de Faucon, du Bourget, des Sanières, aussi bien que sur les versants exposés au Nord, sous la crête rocheuse du Chapeau de Gendarme et du Pain de Sucre, on aperçoit de vastes massifs de verdure provenant de semis ou de plantations et s'élevant jusqu'à l'extrême limite de la végétation.

On a employé suivant les altitudes le pin sylvestre, le pin noir, le mélèze, le pin cembro et, dans les ravins, les aunes, les saules et les peupliers.

C'est surtout au point de vue de la correction des torrents que l'œuvre de restauration est difficile.

Le nombre des grands torrents ayant fait l'objet de travaux de correction est de huit. Il importe de remarquer, toutefois, qu'à côté de ces torrents il existe un nombre considérable de ravins plus ou moins importants. La plupart de ces ravins sont creusés dans les «terres noires». Leur correction est aussi commencée, mais elle présente des difficultés particulières et ne peut être poursuivie que très lentement; elle sera limitée autant que possible à

1. Périmètre de l'Ubaye (Basses-Alpes). Série de Jausiers. — Le torrent des Sanières en 1887.

Phototypie Berthaud, Paris.

2. Périmètre de l'Ubaye (Basses-Alpes). Série de Jausiers. — Même vue que la précédente ; état actuel.

3. Périmètre de l'Ubaye (Basses-Alpes). Série de Faucon.
Partie inférieure du torrent du Bourget en 1887.

4. Périmètre de l'Ubaye (Basses-Alpes). Série de Fauton. — Même vue que la précédente ; état actuel.

5. Périmètre de l'Ubaye (Basses-Alpes). Série de Faucon.
Partie moyenne du torrent du Bourget en 1887.

6. Périmètre de l'Ubaye (Basses-Alpes). Série de Faucon. Même vue que la précédente ; état actuel.

7. Périmètre de l'Ubaye (Basses-Alpes). Série de Faucon. — Partie inférieure du ravin de Rata en 1887.

8. Périmètre de l'Ubaye (Basses-Alpes). Série de Faucon. Même vue que la précédente ; état actuel.

9. Périmètre de l'Ubaye (Basses-Alpes). Série de Faucon. — Mélèzes de 20 ans. Plantation.

10. Périmètre de l'Ubaye (Basses-Alpes). Série de Faucon. — Plantation de pins noirs et de mélèzes, avec quelques feuillus ; pépinière

Phototypie Berthaud, Paris

11. Périmètre de l'Ubaye (Basses-Alpes). Série de Faucon. — Plantations de mélèze et de pin cembro.

12. Périmètre de l'Ubaye (Basses-Alpes). Série d'Uvernet.
Correction et reboisement du torrent du Riou-Chanal.

13. Périmètre de l'Ubaye (Basses-Alpes). Série de Barcelonnette. — Torrent de Gaudeissart.
Embroussaillements et reboisements.

14. Périmètre de l'Ubaye (Basses-Alpes). Série de Saint-Pons. — Enherbement et reboisement.

15. Périmètre de l'Ubaye (Basses-Alpes). Série de Saint-Pons. — Torrent du Rioux-Bourdoux.
Embroussaillement et reboisement.

16. Périmètre de l'Ubaye (Basses-Alpes). Série de Saint-Pons.
Pins à crochets et mélèzes de 25 ans. Plantation.

17. Périmètre de l'Ubaye (Basses-Alpes). Série des Thuiles. — Pins à crochets et mélèze de 2 à 18 ans. Plantations à l'altitude de 1800 à 2200 mètres.

des travaux de garnissages, de clayonnages et d'embroussaillement. (Planches 1 à 17.)

PÉRIMÈTRE DE LA BLANCHE.

Description du bassin. Altitudes. — La rivière torrentielle de la Blanche est un affluent de rive gauche de la Durance, qui prend sa source au sud-est du territoire de Seyne, au pic de Rocheclose; elle coule de l'est à l'ouest jusqu'au hameau de Chardavon, puis suit la direction du nord-ouest et se jette dans la Durance après un parcours de 30 kilomètres. Du hameau du Viérard, appartenant à la commune de Saint-Martin-lès-Seyne, jusqu'à son confluent avec la Durance, cette rivière traverse des gorges rocheuses très resserrées et prend le nom de torrent du Rabious.

Son bassin appartient à la région subalpine; il est limité à l'est par une chaîne de montagnes très élevées, dite montagne de la Blanche, dont l'altitude varie de 2,200 à 2,700 mètres, et aux autres orientations par des chaînons d'altitude bien moindre qui s'abaissent à mesure qu'ils se rapprochent de la Durance.

Vu le peu d'étendue de son bassin, la Blanche ne reçoit que quelques affluents peu importants, mais dont plusieurs, à raison de la grande pente de leur thalweg, sont des torrents dangereux.

La plus grande altitude est celle du Pic de la Blanche (2,763 m.) et la plus faible celle du confluent de la Durance et du Rabious (655 m.).

Conditions géologiques. — Tout le fond du bassin de la Blanche est occupé par des dépôts glaciaires, au milieu desquels émergent, sur de grandes étendues, des marnes noires appartenant au lias supérieur et aux étages bajocien et bathonien.

Ces divers étages constituent la chaîne de montagnes qui limite la vallée au sud.

A l'extrémité sud-est de la vallée, on rencontre, sur une vaste surface, les calcaires de l'étage séquanien.

Dans la chaîne des montagnes de la Blanche, au-dessus d'éboulis d'une grande étendue, on constate des affleurements successifs et de faible puissance des calcaires kimméridjiens et portlandiens, et des marnes du néocomien et de l'aptien.

Les grès du flysch forment la crête de la partie nord de cette chaîne.

Par suite de la prédominance des dépôts glaciaires et des marnes noires, qui forment des terrains très affouillables, ce bassin présente, de toutes parts, de profonds ravins à berges vives qui, partant de versants généralement élevés, charrient des quantités considérables de matériaux qu'ils déversent sur les prairies et les cultures qui occupent le fond de la vallée.

Climats. — Le climat est très froid dans la vallée supérieure et froid dans les parties basses.

Sur les sommets, la neige fait son apparition vers la fin d'octobre et y persiste jusqu'en juin. Dans le fond de la vallée elle se maintient généralement de décembre à avril.

A raison de son orientation et de son altitude, la vallée de la Blanche reçoit plus de pluie que la partie sud du département des Basses-Alpes. Les longues sécheresses y sont rares.

Les orages sont fréquents en été par suite de la proximité de montagnes très élevées. Ils ont souvent le caractère de véritables trombes et sont désastreux pour les cultures qui occupent le bas des versants et le fond des vallées.

Productions. — Les montagnes sont couvertes de pâturages, qui sont sur bien des points dégradés par suite des abus de parcours.

Tous les étés, des troupeaux transhumants trop nombreux y séjournent et, par leur piétinement incessant, déchirent le sol et mettent à nu un terrain généralement très affouillable, que les pluies d'orage ravinent profondément.

Les forêts de résineux couvrent de grandes étendues et tendent à envahir les terrains vagues qui les avoisinent.

Le pin sylvestre y forme des peuplements à l'état pur aux expositions chaudes, il s'associe au sapin et à l'épicéa aux expositions plus fraîches; enfin ces deux essences se trouvent seules, ou en mélange avec le hêtre, aux expositions froides.

Le pin à crochets se rencontre sur quelques points.

A partir de 1,500 mètres d'altitude, on trouve des massifs de mélèze dans les terrains secs et aux expositions froides.

A de grandes altitudes le pin cembro apparaît.

Les forêts, non soumises au régime forestier, sont exposées à des exploitations abusives et à un pacage trop intense; aussi le sol s'y dégrade et s'y appauvrit, et les peuplements y demeurent de plus en plus clairiérés.

Les versants inférieurs et le fond des vallées sont consacrés à la culture agricole. Les arbres fruitiers sont peu abondants.

Les terres labourées portent des céréales et des pommes de terre. Les prairies naturelles occupent de grandes étendues et produisent un fourrage très estimé.

Situation administrative. Contenance. Population. — Le bassin de la Blanche s'étend sur le territoire de 1 commune (la Bréole) de l'arrondissement de Barcelonnette et de 5 communes de l'arrondissement de Digne.

La contenance est de 15,847 hectares et la population de 2,598 habitants.

État de dégradation du sol. — Sur toute son étendue, et principalement aux expositions du sud et de l'ouest, le bassin de la Blanche est sillonné de ravins présentant un caractère torrentiel plus ou moins dangereux.

Cet état de dégradation a été causé par l'abus du pâturage des bêtes ovines qui s'exerce avec trop d'intensité sur tous les terrains non cultivés.

Par suite de sa constitution géologique, le sous-sol formé soit par des schistes noirs, soit par des dépôts glaciaires, est éminemment affouillable et, dès que le manteau végétal qui le recouvre a été déchiré par le piétinement incessant des moutons, le ruissellement des eaux atmosphériques y produit de toutes parts de petites ravines qui se réunissent, se creusent d'autant plus que le terrain friable a plus de profondeur, et deviennent des ravins, puis des torrents.

D'autre part, à raison des très longues et fortes pentes, à raison aussi de l'abondance et de la fréquence des chutes de neige et de la rigueur du climat, il se produit au printemps, dans les régions élevées, des avalanches qui contribuent aussi à dégrader les versants.

Sur certains points les eaux s'infiltrent dans le sol, suivant les plans inclinés, à peu près imperméables, des lits argileux, les détrempent et provoquent ainsi des glissements et des éboulements souvent très importants.

Composition et contenance du périmètre. — Le périmètre de la Blanche comprend cinq séries; il a été constitué par une loi du 7 août 1910.

La contenance totale est de 2,765^h^ 80^c^ 60^a^; 1465^h^ 73^a^ 20^c^ sont actuellement la propriété de l'État.

L'étendue des séries est indiquée ci-dessous:

Seyne	1,834^h^	96^a^	03^c^
Montclar	188	97	71
Selonnet	264	61	20
Saint-Martin	165	74	86
La Bréole	311	50	80
TOTAL	2,765	80	60

Travaux. — La série de Seyne est constituée, en grande partie, par l'ancien périmètre obligatoire de Seyne ou du travers de la Colle, dont le reboisement avait pour but de prévenir le retour des inondations produites par le débordement de la rivière de la Blanche, et d'éteindre les torrents du Faut, du Château, de l'Allevar, de Combannière et de Terre Rouge. Elle s'étend sur une partie du versant occidental d'une haute chaîne de montagnes qui sépare le bassin de la Blanche de celui de l'Ubaye, et se trouve située à une altitude variant de 1,400 à 2,500 mètres. Elle forme un seul massif partagé en 4 divisions, comprenant chacune le bassin d'un ou plusieurs torrents.

Les travaux de restauration et de reboisement ont été commencés dès 1862 et se continuent encore actuellement. Au début l'on procéda simultanément à des semis et des plantations de résineux et de feuillus, mais on ne tarda pas à reconnaître que les semis donnaient, généralement, de mauvais résultats, hors de proportion avec la dépense qu'ils entraînaient; on se borna donc, sauf dans des cas spéciaux, à procéder par plantations. Les essences utilisées sont le mélèze, l'épicéa, les pins cembro, à crochets, sylvestre et noir.

Le mélèze a été employé en mélange avec le pin cembro, dans la zone supérieure de la série, à une altitude qui varie entre 2,000 et 2,500 mètres, sur des terrains à pente abrupte, couverts de neige une grande partie de l'année et souvent recouverts par des éboulis. Dans la zone immédiatement au-dessous, c'est-à-dire entre 1,700 et 2,000 mètres, on le rencontre pur ou mélangé au pin à crochets, et parfois au pin sylvestre. En dessous de 1,700 mètres, il fait place au pin sylvestre et au pin noir, mélangés parfois au pin à crochets.

L'épicéa a été introduit sur quelques points, en sous-étage sous les pins; les plans provenaient de petites pépinières établies sur un grand nombre de points, pour éviter des frais de transport. Ces plantations ont produit des peuplements à consistance très variable : les parties moyenne et inférieure de la série sont généralement couvertes d'un gaulis ou d'un bas perchis bien venant de

IMPRIMERIE NATIONALE.

mélèzes et de pins, mais la partie supérieure, à raison de la rigueur de son climat, de la nature de son terrain et de l'époque plus tardive des plantations, ne laisse voir encore que des plans généralement rabougris, disséminés de place en place.

Des saules, peupliers, aunes et hippophaés ont été plantés et marcottés dans le fond et sur les berges des ravins, pour en fixer le sol et ralentir la violence des eaux, partout où il a été possible.

Dès 1862, on a également procédé au gazonnement du sol, soit en semant des graines de fenasse, luzerne et sainfoin indigènes, soit en plantant des touffes de fétuque; les résultats ont été très satisfaisants.

Les travaux de correction, entrepris simultanément avec le reboisement et le gazonnement, ont pris une grande importance dans cette série. Ils ont consisté surtout dans la construction d'un grand nombre de barrages et de seuils en pierre sèche, dans le fond des ravins, pour maintenir les berges, diminuer la pente du thalweg et ralentir la vitesse d'écoulement des eaux.

Entre ces barrages ont été établis des fascinages et des clayonnages. Enfin depuis 1876, partout où il est possible de le faire, on garnit les ravines et le fond des ravins avec des branchages provenant des éclaircies effectuées dans les peuplements trop serrés: cette opération, qui a pour but d'empêcher l'action du ruissellement sur les sols friables, donne d'excellents résultats. L'ensemble des travaux a amené l'extinction à peu près complète de la plupart des torrents qui sillonnent la série de Seyne; il faut en excepter les torrents de l'Allavar, du Château et du Faut, qui, prenant naissance dans des terrains très abrupts et à de grandes altitudes, où la végétation est peu active, ne paraissent pas susceptibles d'être corrigés avant longtemps.

La série de Montclar est constituée en grande partie par l'ancien périmètre obligatoire de Lachaux, dont le reboisement avait pour but de préserver le plateau pastoral de Lachaux du danger de l'irruption des eaux et des avalanches. Elle s'étend à l'extrémité nord

18. Périmètre de la Blanche (Basses-Alpes). Série de Seyne. — Pins à crochets et mélèzes de 5 à 20 ans. Plantations à l'altitude de 1900 à 2400 mètres.

19. Périmètre de la Blanche (Basses-Alpes). Série de Seyne. — Pins à crochets et mélèzes de 20 à 35 ans.
Même vue que la précédente.

20. Périmètre de la Blanche (Basses-Alpes). Série de Seyne. — Pins noirs et mélèzes de 10 à 20 ans.
Plantations à l'altitude de 1500 à 1900 mètres.

Phototypie Berthaud, Paris.

21. Périmètre de la Blanche (Basses-Alpes). Série de Seyne. Pins noirs et mélèzes de 25 à 35 ans.
Même vue que la précédente.

du versant qui porte la série de Seyne, à une altitude qui varie de 1,950 à 2,500 mètres.

Les travaux de reboisement ont été commencés en 1864 et ont consisté en semis et plantation de mélèze et pin cembro dans la partie supérieure; de mélèze, pins à crochets, noir et sylvestre dans la partie inférieure. Des semis de graines fourragères et des plantations de saules sont venus compléter le reboisement en essences résineuses.

Quelques seuils en pierre sèche ont été établis dans les principaux ravins où l'on a également procédé à des travaux de garnissage.

On peut considérer la restauration de cette série comme presque achevée.

La contenance totale reboisée est de 1,432 hectares. (Planches 18 à 21.)

PÉRIMÈTRE DE DURANCE-SASSE.

Description du bassin. Altitude. — La rivière torrentielle de la Sasse prend naissance sur le territoire de la commune de Selonnet, à l'altitude de 2,030 mètres environ; après un parcours de 40 kilomètres, elle se jette dans la Durance, sur le territoire de la commune de Valernes, à 475 mètres d'altitude.

Les versants extérieurs de la chaîne de montagne qui borne le bassin de la Sasse, au nord et à l'ouest, sont sillonnés de ravins et de torrents qui versent directement leurs eaux dans la Durance. Ces versants ont été rattachés au bassin de la Sasse pour ne faire l'objet que d'un même périmètre de restauration.

Le bassin de la Sasse constitue une région essentiellement montagneuse. Il est encadré dans sa partie supérieure et sa partie moyenne par des montagnes élevées, ainsi que sur la presque totalité des versants de la rive gauche; dans la partie inférieure de la rive droite, et au voisinage de la Durance, les altitudes sont bien moindres.

La Sasse reçoit les eaux d'une rivière torrentielle, le Gand-Vallon, de plusieurs grands torrents et d'un très grand nombre de torrents de moindre importance.

La Durance reçoit elle-même, dans la partie de son cours qui longe le versant extérieur septentrional des chaînes du bassin de la Sasse, un assez grand nombre de torrents et ravins de toutes catégories.

La plus grande altitude (2,116 m.) est celle de la montagne des Mouges et la plus faible (450 m.) celle de la Durance à Sisteron.

Conditions géologiques. — Le bassin appartient en entier à la série jurassique; les marnes noires des étages inférieurs du système oolithique y sont largement représentées.

Climat. — Dans les parties les plus élevées du bassin de la Sasse, le climat est froid, la neige tombe fréquemment et abondamment pendant l'hiver. Elle apparaît accidentellement en toutes saisons à la suite des pluies prolongées et même après des orages; sauf pour quelques endroits placés dans des conditions exceptionnelles, elle couvre le sol du mois de décembre à la fin d'avril, au moins aux expositions froides.

Dans la région moyenne du bassin, le climat est tempéré. La neige, dont la chute est moins fréquente, persiste moins longtemps sur le sol.

Enfin dans la partie la plus basse et sur les plateaux accidentés qui longent la Durance, le climat est sec et chaud. La neige n'y fait que de rares apparitions.

Productions. — Les productions du sol dans le bassin de Durance-Sasse sont, dans des proportions variables :

1° Des ressources assez abondantes en dépaissance, sur les vagues et les pâturages dans les parties élevées;

2° Des fourrages provenant des prairies naturelles et artificielles situées en général dans la région haute;

3° Du bois de feu et de charbon en quantité relativement peu considérable; du bois de service dont une partie est inutilisée par suite du défaut ou du mauvais état des voies de transport;

4° Des céréales, des pommes de terre, des légumes, des fruits dans les régions tempérée et chaude.

État de dégradation du sol. — En ce qui concerne le régime des eaux, les conditions locales sont défavorables à tous égards.

Les régions supérieures forment des bassins de réception très développés. Les différences de niveau sont considérables entre les parties extrêmes et les pentes sont toujours longues et rapides quand elles ne sont pas escarpées.

Les roches sont sujettes à la désagrégation. Les sols sont friables; souvent des couches de terrains compacts sont mélangées avec d'autres qui ne le sont pas, il en résulte un manque d'homogénéité opposé à la conservation du sol sur les pentes.

A des froids très vifs, en hiver, succèdent de fortes chaleurs, en été. L'écart est considérable entre les températures extrêmes. De grandes quantités de matières rocheuses sont transformées en amas de débris par les variations de température, produisant des dislocations successives et en sens inverse. Ces amas de débris sont ensuite emportés à la première pluie un peu forte, ou au premier orage. L'action des agents atmosphériques est donc très puissante; d'ailleurs elle est incessante.

Sur tous les terrains communaux et particuliers qui sont en nature de pâtures, de vagues et d'arides, c'est-à-dire sur la majeure partie du territoire, le pâturage est exercé presque sans aucune restriction. Le piétinement du bétail détruit constamment l'équilibre si instable des amas de matériaux rendus mobiles par l'action des agents atmosphériques.

Composition et contenance du périmètre. — Le périmètre de Durance-Sasse comprend vingt-huit séries dont deux ont été constituées en exécution de l'article 16 de la loi du 4 avril 1882.

Sa contenance est de 8,546h 27a 44c; 3,987h 95a 79c appartiennent déjà à l'État et 4,558h 31a 65c restent à acquérir.

L'étendue des séries est indiquée ci-dessous :

	h	a	c
Selonnet	67	14	69
Bayous	1 422	51	63
Astoin	321	13	97
Esparron-la-Bâtie	861	28	97
Barles	206	15	30
Reynier	90	21	30
Clamensane	737	73	43
Valavoire	275	97	75
Authon	1	78	30
Saint-Geniez	61	23	06
Châteaufort	328	85	15
Nibles	647	95	53
La Motte-du-Caire	884	91	60
Le Caire	276	28	77
Faucon-du-Caire	39	33	20
Turriers	264	85	00
Bellaffaire	115	85	30
Gigors	668	90	39
Piégut	159	17	30
Venterol	79	21	28
Urtis	169	94	70
Curbans	281	00	37
Melve	162	70	52
Claret	226	35	20
Sigoyer	34	84	70
Vaumeilh	50	07	88
Valernes	29	90	10
Sisteron	80	92	10
TOTAL	8 546	27	44

Travaux. — Les travaux ont été commencés dans le périmètre de Durance-Sasse dès 1866.

C'est dans ce périmètre dénommé alors Sources du Sasse et assis exclusivement sur les territoires de Selonnet et Bayons que se sont exercés les premiers efforts des reboiseurs.

Dans la Sasse et dans les ravins tributaires, des clayonnages et des fascinages ont été exécutés pendant que les plantations et semis de pin noir étaient effectués. De bons résultats étaient acquis et la végétation forestière était installée lorsque deux incendies éclatèrent en 1878 et en 1884, détruisant 50 hectares de peuplements en pleine prospérité. Le désastre doit être attribué à la haine aveugle vouée à cette époque par une partie de la population à l'œuvre du reboisement.

Des enherbements et des semis de bugranes en sillons et parfois par potets ont été exécutés dans les terres noires où la végétation forestière ne pouvait prendre pied immédiatement.

Les berges humides, les atterrissements des ravins ont été fixés au moyen de plantations d'aunes et de boutures de saule et de peuplier, que l'on étend encore aujourd'hui par le marcottage.

De 1878 à 1884 des plantations par mottes de pins sylvestres ont été faites dans la série de Bayons.

Ces divers travaux complétés par des plantations ultérieures de mélèze et de pin à crochets à partir de 1,200 mètres, puis de pin cembro à partir de 1,800 mètres, ont pleinement réussi.

Les différents ravins de Bayons sont aujourd'hui éteints pour la plupart; quelques-uns cependant à raison de leur extrême déclivité charrient encore des matériaux lors des violents orages, notamment celui de la Gypière. Le danger, d'ailleurs, à raison de l'augmentation continue de la surface conquise par la végétation forestière ou herbacée, diminue chaque jour.

En même temps que ces travaux se poursuivaient à Bayons, des travaux analogues s'opéraient dans la commune de La Motte-du-Caire où 678 hectares étaient achetés en 1876. La pépinière de

Bonchamp qui fournit les plants résineux nécessaires aux séries les plus proches, et les plants feuillus pour presque toutes, a été créée à cette époque.

Dès l'acquisition, de nombreux clayonnages ont été exécutés dans les torrents tributaires du Grand-Vallon en aval de La Motte-du-Caire.

Des fascinages et des garnissages de lit au moyen des produits du recepage et des embroussaillements ont complété les premiers travaux de correction.

Dès 1877 des semis de glands ont été effectués; ils ont donné des résultats médiocres au début et cependant aujourd'hui, sur la plupart des points où ces semis ont été faits, on retrouve, au milieu des peuplements de pins noirs introduits postérieurement, un certain nombre de brins qui, une fois recepés, prennent une certaine vigueur.

La surface entière de la série de la Motte-du-Caire est aujourd'hui couverte de peuplements de pins noirs de 15 à 30 ans présentant l'aspect d'une pineraie jeune et vigoureuse entrecoupée par des arrachements où les marnes noires compactes n'ont pas encore permis l'introduction d'une autre végétation que la végétation herbacée.

La série de Nibles, située à une altitude moyenne, est occupée par des peuplements de chênes ruinés et appauvris; le recepage de ces arbres fournit des matériaux qui permettent de traiter par des garnissages les profondes déchirures du terrain.

La série de Clamensane renferme des versants en ruines où les terres noires sont étendues; les matériaux de garnissage qui seraient si utiles manquent actuellement et seules des plantations de résineux, de pins noirs dans le bas, de pins sylvestres à partir de 1,100 mètres, peuvent être effectuées.

Dans la série de Châteaufort, une pépinière d'aune blanc a pu être créée et fournit chaque année les plants nécessaires aux

22. Périmètre de Durance Sasse (Basse-Alpes). Série de Clamensane.
Plantation de pins noirs de 8 ans.

diverses séries du périmètre. Cette série est reboisée presque complètement en pins noirs.

Dans les séries d'Astoin, du Caire, d'Esparron-la-Bâtie, les travaux de plantation ont été repris il y a quelques années et sont sur le point d'être terminés. Là, comme partout ailleurs, le pin noir a été planté jusqu'à 1,200 mètres, le mélèze et le pin à crochet jusqu'à 1,700 mètres et enfin au-dessus, mais rarement, le pin cembro.

La contenance totale reboisée dans le périmètre est actuellement de 3,260 hectares. (Planche 22.)

PÉRIMÈTRE DE DURANCE-VANSON.

Description du bassin. Altitudes. — Le bassin de Durance-Vanson est creusé dans un massif extrêmement accidenté. Il est limité à l'est et au sud par des montagnes de longueurs variables qui séparent la vallée du Vanson de celle de la Bléone et l'arrondissement de Sisteron de celui de Digne. Au nord, le bassin du Vanson confronte celui de la Sasse. La limite suit sur un grand parcours la crête très élevée qui sépare la commune d'Authon de celles d'Esparron-la-Bâtie et de Reynier; vient ensuite une série de montagnes échelonnées traversant ou limitant les communes de Saint-Geniez et d'Entrepierres; à l'ouest, la limite est formée par la Durance.

Dans la partie supérieure du bassin deux contreforts importants se détachent de la chaîne principale aux deux extrémités de la commune de Feissal et s'étendent en forme de cirque pour se réunir au-dessus du village de ce nom. C'est entre ces deux branches secondaires que naît le Vanson. A sa sortie du cirque, cette rivière en reçoit une autre sur sa rive gauche, aussi importante qu'elle-même. Près du village d'Authon, le Vanson, grossi par trois ruisseaux torrentiels, Riou d'Authon, la Combe et le Costebelle, se précipite dans des gorges étroites et profondes et vient après un parcours de 30 kilomètres environ, se jeter dans la Durance un peu au-dessus de Volonne. Près de son embouchure, il reçoit le Mézien, son principal affluent de droite, qui descend de Saint-Geniez et traverse les gorges de Pierre-Écrite et d'Entrepierres.

La différence de niveau de ce point (440 m.) à la partie supérieure (2,100 m.) est de 1,660 mètres, soit 0,055 de pente moyenne par mètre. Mais la pente est en réalité sensiblement moins forte, car le cours du Vanson est parsemé de cascades dont quelques-unes sont très élevées.

Les plus grandes altitudes sont celles du sommet des Mouges (2,116 m.), de Costebelle (1,928 m.) et du sommet de Nibles (1,908 m.).

Conditions géologiques. — La partie supérieure du bassin est formée de marnes argileuses jurassiques qui se délitent très facilement lorsqu'elles sont nues.

Au bas du Défends, les marnes sont schisteuses; elles durcissent vers les sommets et forment des bancs de rochers dont l'épaisseur est variable, mais devient quelquefois considérable.

Dans la partie basse du bassin, les terrains sont en général de même composition, mais les bancs de rochers sont remplacés par des poudingues plus ou moins colorés en rouge par de l'oxyde de fer : les marnes sont également colorées sur certains points, notamment à Saint-Symphorien et Sourribes. Dans toute l'étendue du bassin, on trouve par places des terrains argilo-calcaires, formés par une succession plus ou moins régulière de couches de marnes de diverses couleurs et de bancs de calcaire.

Climat. — Le climat est extrêmement froid dans le haut du bassin, où se trouve le pin cembro à l'état spontané; il est tempéré dans la partie moyenne, qui fut jadis un vignoble important; il est chaud enfin vers le confluent du Vanson et de la Durance, où l'olivier réussit bien et est très répandu.

Productions. — Les fourrages, les céréales, les fruits et le vin, telles sont les productions principales du bassin de Durance-Vanson; les produits des forêts ne font que suffire aux besoins locaux.

Situation administrative. Contenance. Population. — Le bassin de Durance-Vanson s'étend sur 2 communes (Auribeau et Mélan) de l'arrondissement de Digne et sur 11 communes de l'arrondissement de Sisteron.

Sa contenance est de 21,308 hectares et sa population de 3,525 habitants.

État de dégradation du sol. — Dans les communes de Feissal et d'Auribeau, le sol est nu et raviné sur la moitié de la surface; le surplus est constitué par une montagne gazonnée et en bon état. Une partie de la montagne présente actuellement l'aspect d'une forêt.

Les terrains des communes d'Authon et de Saint-Geniez sont assez bien conservés, mais ont souffert des abus du pâturage et tendent à se raviner. Les travaux de boisement ont modifié l'aspect du terrain, qui, sur bien des points, est aujourd'hui protégé par la végétation.

Dans les communes de Vilhosc, de Saint-Symphorien et de Beaudument, les terrains sont nus, ravinés et entièrement ruinés par des abus de toute sorte. Sur les parties acquises par l'État, l'amélioration est visible.

Il existe dans la série de l'Escale deux torrents importants et une grande quantité de ravins dont les berges s'étendent sur toute la surface, à l'exception d'un quartier boisé situé dans la partie supérieure. Les ravins sont traités; la végétation herbacée ou forestière commence à modifier l'état du terrain.

Composition et contenance du périmètre. — Le péri-

mètre de Durance-Vanson, constitué par une loi du 1er août 1901, comprend treize séries.

Sa contenance totale est de 5,651h08a02c; 3,939h85a78c sont la propriété de l'État.

L'étendue de chaque série est indiquée ci-dessous :

Série	h	a	c
Feissal	539	80	88
Auribeau	267	44	81
Mélan	597	61	05
Authon	724	04	55
Saint-Geniez	956	76	62
Saint-Symphorien	879	85	26
Vilhosc	396	57	74
Entrepierres	77	25	75
Sabignac	175	78	28
Beaudument	682	61	52
Saurribas	44	91	10
Valonne	153	07	34
L'Escale	155	83	02
Total	5,651	08	02

Travaux. — A part quelques travaux de correction très localisés et exceptionnels, le but poursuivi consistait dans la régularisation du régime des eaux par la conservation et l'amélioration des terrains acquis en les recouvrant d'un tapis végétal.

Les premiers travaux de reboisement ont été exécutés dans la série de Mélan vers 1882, puis dans la série d'Auribeau. Le pin noir a été employé jusqu'à 1,400 mètres; il s'agissait de terrains exposés à l'ouest et bien abrités. Au-dessus et sur le même versant, il a été remplacé par le pin sylvestre et le pin à crochets. Sur le versant opposé, le mélèze occupe la partie comprise entre 1,400 et 1,700 mètres. Ces diverses essences ont réussi d'une façon parfaite et l'état de la végétation fait espérer un développement rapide du massif.

Dans la série de l'Escale, les travaux de reboisement ont commencé en 1888; de faibles résultats ont été obtenus pendant les premières années, la sécheresse ayant fait de grands ravages dans les jeunes peuplements. Les efforts faits pendant les années suivantes et jusqu'en 1902 ont été enfin couronnés de succès. La surface entière est aujourd'hui reboisée en pin noir, avec quelques taches de pin laricio de Corse.

Dans les séries de Beaudument, Feissal, Saint-Geniez, Vilhosc, Saint-Symphorien, les travaux sont en cours d'exécution; les essences employées sont le pin noir jusqu'à l'altitude moyenne de 1,200 mètres, le mélèze, le pin à crochets aux altitudes supérieures et enfin le pin cembro au delà de 1,800 mètres.

Des semis de chêne ont été exécutés aux basses altitudes, dans les terrains exceptionnellement fertiles. Ces semis semblent devoir donner de bons résultats.

Des enherbements ont été faits sur certains points où tout travail de boisement était impossible à raison de la déclivité extrême du sol et sur certains autres où la mobilité du terrain faisait craindre le déchaussement des plants.

Dans le premier cas, on a fait emploi d'éclats de bauche en cordons horizontaux. Ces cordons ont donné d'excellents résultats, les touffes se sont formées et ont arrêté la terre, dont la couche meuble augmente chaque jour.

Dans le second cas, des graines fourragères (fenasse de montagne, sainfoin, pimprenelle, bugrane) ont été semées par petits sillons horizontaux là où les pentes assez fortes l'exigeaient; sur d'autres points, ces graines ont été semées sur le sol, sur lequel on a fait ensuite passer légèrement le rateau.

Les travaux de correction suivants ont été exécutés :

Des clayonnages installés dans les ravins secondaires en la série de Mélan, dès le début des opérations de 1882, ont donné d'excellents résultats.

Cinq barrages en pierre sèche ont été construits plus tard dans la série de l'Escale, dans un torrent dangereux, et ont produit d'importants atterrissements. Quelques clayonnages transversaux ont été placés sur ces atterrissements, qui se trouvent à l'heure actuelle fixés définitivement, tant par ces travaux complémentaires que par l'abondante végétation qui résulte des plantations d'aune blanc effectuées dans les intervalles de ces ouvrages.

Les nombreux ravins, affluents de ce torrent, ont été traités au moyen de garnissages, d'enherbements et d'embroussaillements. Ces ravins ne transportent plus de matériaux détritiques et donnent seulement un peu d'eau en temps d'orage.

Des garnissages de ravins ont été exécutés dans toutes les séries, partout où les matériaux pouvaient être trouvés.

Les travaux restant à effectuer ne comportent pas l'exécution de travaux de correction autres que des garnissages.

La contenance boisée actuellement est de 2,451 hectares. (Planche 23.)

PÉRIMÈTRE DE DURANCE-JABRON.

Description du bassin. Altitudes. — La rivière torrentielle du Jabron prend naissance sur le territoire de la commune des Omergues, à l'altitude de 1,200 mètres environ, et, après un parcours de 34 kilomètres, se jette dans la Durance sur le territoire de la commune de Peipin, à 472 mètres d'altitude.

Le bassin du Jabron est encadré par des chaînes élevées dans sa partie moyenne et supérieure, et seulement par de petites montagnes au voisinage de la Durance. Sauf dans la région inférieure, où l'on rencontre l'olivier et l'amandier, le bassin du Jabron présente les végétations des régions montagneuses tempérées. Le versant septentrional de la montagne de Lure est occupé par une forêt de hêtres et de sapins. Des cultures et des prairies se trouvent sur les plateaux et le fond des vallées, où sont également situées les habitations.

Le Jabron ne reçoit pas de rivières torrentielles, mais par contre

23. Périmètre de Durance-Vanson (Basses-Alpes). Série de Mélan. — Pins noirs de 10 à 20 ans. Plantations à l'altitude de 1350 mètres.

il a pour tributaires un très grand nombre de petits torrents et ravins de toutes catégories.

La plus grande altitude (1,827 m.) est celle du sommet de la montagne de Lure et la plus faible (444 m.) celle du confluent du Jabron et de la Durance.

Conditions géologiques. — La série crétacée est représentée dans le bassin du Jabron par des calcaires néocomiens et des marnes aptiennes.

La mollasse tertiaire occupe le fond de la vallée.

Climat. — Dans les parties les plus élevées du bassin du Jabron, le climat est tempéré; habituellement la neige n'y est pas abondante et n'y persiste pas longtemps, sauf aux expositions septentrionales. Dans la partie moyenne et basse, le climat est sec et chaud.

Productions. — Le sol fournit des ressources peu abondantes en dépaissance sur les vagues et les pâtures, des fourrages provenant des prairies naturelles ou artificielles, du bois de feu et de charbon et du bois de service en petite quantité, des céréales, des pommes de terre, quelques légumes et des fruits.

Situation administrative. Contenance. Population. — Le bassin du Jabron s'étend sur 13 communes de l'arrondissement de Sisteron.

Sa contenance est de 27,109 hectares et sa population de 6,742 habitants.

État de dégradation du sol. — En ce qui concerne le régime des eaux, les conditions locales sont très défavorables à tous égards.

Les régions supérieures forment des bassins de réception très étendus. Les différences de niveau sont considérables entre les parties extrêmes, et les pentes sont toujours longues et rapides quand elles ne sont pas escarpées.

Les roches sont sujettes à la désagrégation. Les sols sont friables; souvent des couches de terrains compacts sont mélangées avec d'autres qui ne le sont pas; il en résulte un manque d'homogénéité nuisible à la conservation du sol sur les pentes.

L'écart est assez considérable entre les températures de l'hiver et de l'été. Des quantités importantes de roches sont transformées en amas de débris par les variations de température. Ces débris sont ensuite emportés par les pluies d'orage.

Sur tous les terrains communaux et particuliers qui sont en nature de pâture, de vagues et d'arides, c'est-à-dire sur la majeure partie du territoire, le pâturage est exercé presque sans aucune restriction.

Il résulte de cet état de choses que le sol est sur une grande partie du bassin complètement dénudé et raviné.

Composition et contenance du périmètre. — La contenance du périmètre de Durance-Jabron, constitué par une loi du 18 juillet 1906, est de 4,565^{h}45^{a}87^{c}, dont 3,056^{h}20^{a}47^{c} appartiennent déjà à l'État.

Il comprend les neuf séries suivantes :

Les Omergues	200^{h}	27^{a}	38^{c}
Châteauneuf-Miravail	704	99	72
Saint-Vincent	429	41	57
Noyers-sur-Jabron	1,119	22	03
Valbelle	1,439	43	05
Bevons	90	98	91
Sisteron	46	03	40
Aubignosc	346	84	26
Châteauneuf-Val-Saint-Donat	188	25	25
TOTAL	4,565	45	87

Travaux. — Le but poursuivi consiste dans la régularisation du régime des eaux par l'amélioration des terrains acquis en les recouvrant de végétation forestière.

Les premiers travaux de reboisement ont été exécutés dans la série de Valbelle en 1896.

Le pin noir a été employé jusqu'à 1,200 mètres; il s'agissait de terrains exposés à l'ouest et au nord. Au-dessus de 1,200 mètres et sur le même versant, on a employé le pin sylvestre, le mélèze et l'épicéa.

Ces diverses essences ont réussi d'une façon parfaite et l'état de la végétation ne laisse rien à désirer.

L'épicéa, il est vrai, reste stationnaire pendant quelques années, mais une fois parti il pousse avec autant de vigueur que les autres essences.

Dans les séries de Noyers et de Châteauneuf-Miravail, les travaux ont commencé en 1898 et 1900. Les essences employées sont le pin noir jusqu'à 1,400 mètres à l'exposition sud et jusqu'à 1,000 mètres seulement aux autres expositions, le mélèze, le pin sylvestre, le pin à crochets et l'épicéa aux altitudes supérieures.

L'épicéa se comporte dans la série de Noyers comme dans celle de Valbelle, mais il réussit on ne peut mieux dans la série de Châteauneuf-Miravail. La transplantation ne fait subir aucun arrêt à la croissance des plants et le développement est aussi rapide que possible.

La série des Omergues, d'une contenance minime, a été entièrement parcourue par les travaux de reboisement en 1904; la seule essence employée a été le pin noir.

Dans la série d'Aubignosc, on effectue depuis 1907 des semis de chêne rouvre et des plantations de pin noir et de mélèze suivant l'altitude.

Les seuls travaux de correction effectués dans les diverses séries consistent en garnissage de ravins. Ces travaux ont donné des résultats très satisfaisants. Ils seront continués partout où des maté-

IMPRIMERIE NATIONALE.

riaux ligneux pourront être trouvés dans de bonnes conditions de prix de revient.

La contenance actuellement reboisée est de 965 hectares. (Planche 24.)

PÉRIMÈTRE DE LA HAUTE BLÉONE.

Description du bassin. Altitude. — Le bassin de la haute Bléone comprend la partie du bassin de cette rivière située en amont du pont de Digne.

Ce bassin appartient à la région alpine; il est encadré de tous côtés par des chaînes de montagnes élevées, d'où partent, en se dirigeant vers la Bléone, une série de contreforts sillonnés par de nombreux ravins. Sur tout son cours, le lit de la Bléone est encaissé entre de hautes montagnes et il en est de même de ses principaux affluents.

La Bléone et tous ses affluents ont un régime éminemment torrentiel. Les plus importants de ceux-ci sont :

Sur la rive droite : l'Arigeol, qui prend sa source au Puy-de-la-Sèche; le Bès, qui descend des montagnes de la Blanche et se jette dans la Bléone après un cours de 35 kilomètres, où il recueille les eaux de nombreux torrents;

Sur la rive gauche : le Riou-de-l'Aune, le torrent de Chanolette, le Bouinenc et le torrent des Eaux-Chaudes.

Tous ces cours d'eau ont une pente généralement forte, traversent des terrains dans un état de dégradation avancée et, par suite, charrient fréquemment de grandes quantités de matériaux qu'ils déversent dans la Bléone.

La plus grande altitude (2,927 m.) est celle du pic des Trois-Évêchés, et la plus faible (590 m.), celle de la Bléone au pont de Digne.

Conditions géologiques. — Ce bassin a été l'objet, à diffé-

24. Périmètre de Durance-Jabron (Basses-Alpes). Série d'Authon.
Plantations de pins noirs de 10 à 15 ans.

rentes époques, de dislocations et de glissements importants et présente une constitution géologique très variée.

Les terrains carbonifères affleurent sur un point de la vallée moyenne du Bès sous la forme de schistes noirs et de grès micacés, avec couches d'anthracite de faible épaisseur.

Les étages du grès bigarré, du muschelkalk et des marnes irisées se présentent également sur une faible étendue, à la suite de carbonifère sous forme de grès multicolores, de calcaires gris, de marnes bigarrées accompagnées de gypse.

La formation jurassique occupe une plus grande partie du bassin de la haute Bléone.

Le lias présente au centre du bassin, sur de grandes étendues, des marnes grises ou bleuâtres coupées de bancs calcaires, et des assises puissantes de schistes noirs très affouillables.

On trouve ensuite, également sur de grandes étendues, des couches successives de marnes et de calcaires marneux, avec nodules ferrugineux, appartenant à l'étage bajocien, et des marnes noires bathoniennes et calloviennes; l'oxfordien forme des crêtes puissantes, calcaires, au-dessus de schistes ou d'une succession de couches calcaires et schisteuses.

La formation crétacée affleure sur d'assez grandes surfaces en quelques points.

On rencontre, dans la partie supérieure du bassin, un étroite bande de calcaire marneux néocomien, puis une assise importante de marnes noires aptiennes.

Le cénomanien se présente sous la forme de bancs de marnes et calcaires marneux gris d'assez grande étendue mais de faible puissance.

Enfin le crétacé supérieur, constituée par des calcaires marneux gris et blanchâtres, se développe sur d'immenses surfaces dans la chaîne de montagnes qui limite le bassin à l'est.

La formation tertiaire occupe, en quelques points, de grandes surfaces sous la forme d'assises puissantes de grès durs du flysch, d'argilolithes et grès rouges oligocènes, et de grès et marnes miocènes.

Presque toutes ces formations présentent des terrains dénudés et ravinés, très affouillables.

Climat. — Dans la partie supérieure du bassin, le climat est très rigoureux à raison de l'altitude; la neige tombe abondamment en hiver et couvre le sol de décembre à avril-mai.

Dans la partie moyenne, le climat est froid; la neige tombe abondamment et persiste une grande partie de l'hiver.

Dans la partie basse, le climat est tempéré, la neige tombe quelquefois mais persiste rarement.

Les pluies, rares en été, sont assez abondantes au printemps et en automne. Les orages, très fréquents pendant l'été dans la région montagneuse, sont généralement très violents et déversent sur le sol dénudé et très affouillable des masses d'eau considérables qui entraînent sur les pentes et dans les ravins des quantités énormes de matériaux.

Productions. — Les montagnes sont couvertes de pâturages qui, en bien des points, sont ruinés par l'abus du pacage. Tous les étés, des troupeaux transhumants trop nombreux séjournent sur les massifs montagneux les plus élevés et dégradent le terrain.

Les meilleurs pâturages de quelques communes servent à l'élevage des bêtes à cornes et des mulets.

Dans la partie septentrionale du bassin, les forêts résineuses couvrent de grandes étendues.

Le pin sylvestre, qui occupe à l'état pur les expositions chaudes, s'associe à l'épicéa aux expositions plus fraîches; aux expositions froides, on ne trouve plus que le sapin et l'épicéa seuls ou associés au hêtre. Sur les versants secs et froids le mélèze fait son apparition. On trouve aux fortes altitutes quelques pins cembro.

Dans la partie méridionale du bassin, les forêts sont généralement constituées par des taillis, plus ou moins rabougris et peu denses, de chêne rouvre ou de hêtre, suivant l'exposition et l'altitude. Le chêne vert se trouve exceptionnellement représenté par quelques pieds isolés sur le territoire de la commune du Brusquet.

Toutes les forêts non soumises au régime forestier sont sujettes à des exploitations abusives et à un pacage trop intense; aussi le sol s'y dégrade et s'y appauvrit, et les peuplements y sont peu serrés.

Les versants inférieurs à pente moyenne et les fonds de vallées sont généralement bien cultivés en céréales et pommes de terre. Les champs sont le plus souvent complantés en arbres fruitiers, surtout en pruniers, amandiers, noyers, poiriers et pommiers. On rencontre quelques vignes.

Les prairies naturelles et artificielles occupent d'assez grandes étendues.

Situation administrative. Contenance. Population. — Le bassin de la haute Bléone s'étend sur 25 communes de l'arrondissement de Digne et une commune, celle de Bayons, de l'arrondissement de Sisteron.

Sa contenance est de 61,591 hectares et sa population de 10,183 habitants, soit 16 habitants par kilomètre carré.

État de dégradation du sol. — Sur toute son étendue et principalement sur les versants à l'exposition du sud ou de l'ouest, la partie montagneuse du bassin de la haute Bléone est sillonnée de ravins présentant un caractère torrentiel.

Cet état de dégradation du sol doit être attribué en grande partie au pacage qui s'exerce avec trop d'intensité sur tous les terrains non cultivés.

Par suite de sa constitution géologique, le sous-sol, formé en majeure partie par des schistes noirs et des calcaires marneux de grande puissance, est éminemment affouillable. Dès que le manteau végétal, d'ailleurs très maigre, qui le recouvre, a été déchiré par le piétinement incessant des troupeaux, le sol se creuse de toute part de petites ravines qui s'approfondissent constamment sous l'action du ruissellement, se réunissent et forment des ravins à berges vives et profondes, et à pente très forte dans la haute montagne.

En certains points les roches de calcaire dur plus ou moins disloquées et fissurées, qui se superposent aux schistes et aux marnes, n'étant plus soutenues par ceux-ci, s'écroulent en blocs énormes dans les ravins et sur les pentes.

La Bléone et ses affluents supérieurs descendant de la haute montagne où le sol est dénudé et très profondément raviné, suivant des thalwegs à pente très rapide, charrient au cours des violents orages, si fréquents en été, des quantités énormes de matériaux qui exhaussent constamment le lit de cette rivière et tendent à envahir les cultures qui l'avoisinent et surtout les prairies naturelles.

Ces phénomènes torrentiels se manifestent avec une intensité dangereuse sur le tiers environ de l'étendue du bassin de la haute Bléone et produisent des effets désastreux sur un sixième environ de cette étendue.

A la suite de la création de périmètres de reboisement où d'importants travaux de restauration ont été exécutés depuis quarante ans, plusieurs torrents ont perdu leur caractère menaçant.

Composition et contenance du périmètre. — Le périmètre de haute Bléone comprend vingt-trois séries, dont huit proviennent d'anciens périmètres revisés en exécution des dispositions de l'article 16 de la loi du 4 avril 1882.

Sa contenance est de 11,411^{h} 27^{a} 92^{c}; 4,455^{h} 68^{a} 47^{c} sont actuellement la propriété de l'Etat.

Cette contenance se répartit ainsi qu'il suit entre les diverses séries.

Seyne	367h	74a	75c
Le Vernet	516	68	72
Verdaches	173	31	18
Auzet	279	84	62
Barlos	1,022	36	88
Esclangon	1,029	38	53
Tanaron	540	63	14
Auribeau	100	26	20
Ainac	104	87	33
Lambert	153	86	10
Mariaud	821	76	11
Beaujeu	660	26	86
Prads	803	16	15
Blégiers	846	41	24
La Javie	376	18	63
Le Brusquet	550	59	38
Drain	397	86	40
Archail	701	15	80
Marcoux	403	49	72
Les Dourbes	564	97	36
Bédejun	97	31	89
Entrayes	256	15	18
Digne	642	98	75
TOTAL	11,411	27	92

Travaux. — La série du Vernet est constituée par une partie de l'ancien périmètre des Auches, dont le boisement avait pour but l'extinction du torrent des Auches et de ses nombreux affluents, et, par suite, la protection d'une partie de la route nationale n° 100. Ce double but paraît être actuellement atteint.

Cette série occupe un versant à pente raide dans sa partie supérieure, et moyenne dans la partie basse à l'exposition générale du nord-ouest, dont le sous-sol est essentiellement formé de marnes noires mises à nu sur de grandes étendues. Son altitude varie de 1,750 à 1,800 mètres.

Les travaux de boisement ont été commencés en 1868 et ont

parcouru toute la série; ils ont consisté en plantations de mélèzes et de pins à crochets dans la partie supérieure, à une altitude variant de 1,400 à 1,800 mètres, en plantations et semis de pins noirs dans le reste de la série, sauf une parcelle située à l'extrémité sud-ouest, qui a été reboisée en pin sylvestre. Ces semis et plantations ont donné naissance à un peuplement bienvenant et généralement très serré. Des plantations et des marcottages de saules, de peupliers, d'aunes et d'hippophaés ont été faits avec un succès remarquable dans le fond et sur les berges des ravins. Des semis de graines fourragères ont complété l'œuvre du reboisement.

Les travaux de correction ont consisté dans l'établissement de petits barrages, de seuils en pierre sèche, de clayonnages et de fascinages dans les ravins principaux. A partir de 1893, des travaux de garnissage ont été exécutés dans le fond des ravins secs au moyen des produits des éclaircies effectuées dans les peuplements trop serrés.

La série de Verdaches, de peu d'étendue, était également comprise dans l'ancien périmètre des Auches. Elle a été reboisée au moyen de semis et de plantations de pin sylvestre et de pin noir exécutées en 1870 et les années suivantes. Elle porte actuellement un gaulis serré et bienvenant.

De 1870 à 1880, des graines fourragères furent semées dans toute la série pour compléter l'œuvre du reboisement.

La série d'Esclangon a été formée en vue de fixer les terrains instables dénudés et à forte pente du versant occidental de la montagne de Blayeul et éteindre les torrents du Château, du Rousset et d'Aiguebelle, et leurs nombreux affluents.

Les travaux de reboisement ont été commencés dans cette série en 1901. Ils ont consisté en plantations de mélèze, de pins à crochets, sylvestre et noir.

Deux pépinières ont été créées : celle de la Pare, établie en 1899, à 1,100 mètres d'altitude, et celle du Château, établie en 1901, à 1,250 mètres d'altitude.

La série de Tanaron a été constituée en 1901 par l'acquisition du domaine de la Combasse. Elle comprend une partie du bassin du ravin du Gros-Vallon; le sol, généralement dénudé et profondément raviné, présente des pentes abruptes et des escarpements de rochers, à une altitude variant de 880 à 1,450 mètres.

Elle a été parcourue, sur 117 hectares environ, par des plantations de mélèze, pins à crochets, noir et sylvestre.

La série d'Auribeau, constituée par des acquisitions réalisées de 1885 à 1887, comprend, à une altitude de 1,200 à 1,500 mètres, des terrains renfermant plusieurs têtes de ravins et reboisés en 1896 et 1897 au moyen de plantations de pin noir qui ont bien réussi.

Les ravins ont été garnis, en 1896, avec les produits du recepage des feuillus malvenants qui se trouvaient dans la série.

La série d'Ainac, créée en 1887, comprend trois petites parcelles situées à l'altitude de 1,300 à 1,600 mètres, qui ont été reboisées avec succès en 1896 et 1897, au moyen de plantations de pin noir.

La série de Beaujeu provient de l'ancien périmètre du Labouret et de la plus grande partie de celui de l'Arigeol.

Elle forme deux divisions :

La première, d'un seul tenant, d'une contenance de 98 hectares environ, comprend le bassin du torrent du Labouret et le versant occidental de celui de la Gypière, et se trouve située à une altitude qui varie de 1,100 à 1,350 mètres;

La seconde, d'une contenance totale de 120 hectares environ, se compose de sept parcelles échelonnées le long de la route nationale n° 100 et situées à une altitude variant de 800 à 1,320 mètres.

Les terrains de ces deux divisions présentent une pente généralement raide ou très raide.

Les travaux de reboisement, commencés en 1863, ont parcouru toute la série. Ils ont comporté des plantations de pins noirs qui ont donné des résultats variables selon la qualité et la nature du sol, mais ont généralement bien réussi. Puis des plants de peuplier, de saule, d'aune et de frêne ont été plantés avec succès sur les berges et dans le lit des ravins, en même temps que des graines de fenasse et de sainfoin étaient semées un peu partout pour enherber le sol.

Des barrages et seuils en pierre sèche, des clayonnages et des fascinages ont été établis, dès le début des travaux, au fond des ravins à corriger. Enfin, depuis 1893, on a procédé au garnissage des ravins sec à l'aide du produit des éclaircies effectuées dans les peuplements trop serrés.

La série de Blégiers a été constituée en vue de l'extinction des ravins de Saint-Christol, de Grangeneuve et de Trente-Pas. Elle se compose de deux massifs, situés l'un au nord, l'autre au sud de la Bléone.

Le premier, en partie peuplé d'un taillis clairiéré de chênes rabougris, occupe le bassin du ravin de Saint-Christol orienté vers le sud; la pente y est rapide et l'altitude varie de 850 à 1,450 mètres.

Le second occupe une partie du bassin des ravins de Grangeneuve et de Trente-Pas; il est orienté partie vers le nord, partie vers l'est. Il comprend un massif clairiéré de pins sylvestres et des escarpements rocheux dominés par une pâture; son altitude varie de 900 à 1,700 mètres.

Les travaux, commencés en 1902, ont consisté dans le semis à la volée de graines de mélèze sur la neige, dans la partie supérieure du massif méridional, et en plantations de pin noir dans les terrains non boisés de la partie inférieure du même massif. Des drageons d'aune et d'hippophaé ont été plantés dans le fond et sur les berges des ravins.

Des seuils en pierre sèche ont été établis dans les ravins les plus profonds, et les autres ont été garnis avec le produit des éclaircies opérées dans les peuplements de pins trop serrés.

La série de la Javie est formée par une partie de l'ancien périmètre de l'Arigeol et par des terrains acquis en vue de l'extinction du ravin de Trente-Pas.

Elle comprend deux divisions :

La première, à l'altitude de 800 à 1,000 mètres, a été parcourue de 1868 à 1874 par des plantations de pin noir, complétées par des réfections de 1896 à 1900. Des semis de graines de bugrane, de fenasse, de sainfoin et de luzerne ont été effectués en même temps pour enherber le sol. Des seuils en pierre sèche ont été construits dans les ravins les plus profonds, les autres ont été garnis de branchages provenant d'éclaircies effectuées dans les peuplements de pins trop serrés ;

La seconde division est située à l'altitude de 900 à 1,000 mètres. Elle a été complètement reboisée de 1901 à 1903, au moyen de plantations de mélèze et de pin noir; des aunes, peupliers, saules et hippophaés ont été plantés sur les berges et au fond des ravins où l'on a effectué en même temps des semis de graines de bugrane et de fenasse. Des seuils ont été établis dans les ravins les plus profonds et des travaux de garnissage ont été effectués dans les autres.

La série du Brusquet est constituée par une partie de l'ancien périmètre du Curusquet, dont le reboisement avait pour but l'extinction des nombreux ravins qui y prennent naissance. Elle est assise sur un grand versant de terres noires, à pente raide, sillonné d'une multitude de ravines se ramifiant en tous sens. Ce versant est orienté vers le nord-ouest et son altitude varie de 750 à 1,250 mètres.

Les travaux de reboisement, commencés en 1876, ont consisté en plantations de pin noir qui ont parcouru toute son étendue, avec un succès très variable.

Là où le sol était encore couvert d'une couche de terre végétale on trouve actuellement des peuplements serrés et bienvenants.

Des plantations de feuillus, et notamment d'acacias, de cytises, d'aunes, de peupliers, de saules et d'hippophaés, sont venues compléter les peuplements résineux et boiser le fond et les berges des ravins. Des semis de graines de bugrane ont été faits avec succès sur les berges des ravins de terres noires.

Les travaux de correction ont consisté, dès 1876, dans l'établissement de barrages et seuils en pierre sèche, de fascinages et de clayonnages; depuis 1894 on a procédé avec succès au garnissage des ravines à l'aide du produit des éclaircies effectuées dans les peuplements de pins trop serrés.

Actuellement, les nombreux ravins qui sillonnent la série du Brusquet peuvent être considérés comme éteints.

La série d'Archail est formée en grande partie par l'ancien périmètre des Escombettes. Elle a été complétée par des acquisitions réalisées en 1892, 1901 et 1902.

Elle comprend des terrains situés à une altitude qui varie de 900 à 1,897 mètres.

Ces terrains sont formés soit par des bancs de schistes noirs ou gris d'une grande puissance et souvent complètement dénudés et profondément ravinés, soit par des versants d'éboulis à pente assez forte.

Les travaux de restauration effectués à partir de 1887, dans cette série, ont eu pour résultat l'extinction des ravins secondaires, mais les plus dangereux, tels que ceux du Vabre et de l'Areste qui prennent naissance dans les schistes que surmonte la masse rocheuse du pic de Couar, sont toujours en activité et charrient, le premier surtout, lors des violents orages de l'été, des masses considérables de boue mélangée de blocs dont les plus gros dépassent parfois 20 mètres cubes.

Les travaux de reboisement ont consisté en plantation de pin noir, sylvestre, à crochets et de mélèze partout où le sol n'était pas absolument dénudé; chacune de ces essences était placée dans sa station, le mélèze et le pin à crochets pur ou en mélange dans les parties hautes et aux expositions froides, les pins noir et sylvestre dans les parties basses et aux expositions chaudes. Sur quelques points très élevés et très froids il a été procédé à des semis de graines de mélèze sur la neige qui paraissent donner des résultats satisfaisants. Des boutures de saule et de peuplier et des drageons d'aune et d'hippophaé ont été plantés avec succès sur les berges et au fond des ravines de terres noires où l'on a en même temps semé à la volée des graines de bugrane, de fenasse et de sainfoin.

Les travaux de correction ont consisté dans l'établissement d'une série de barrages et de nombreux seuils dans les différents ravins et notamment dans celui du Vabre. Partout où l'on a pu se procurer le bois nécessaire, le fond des ravins a été garni de branchages solidement fixés au sol pour arrêter l'affouillement.

La série de Marcoux est constituée en partie par des terrains appartenant aux anciens périmètres du Curusquet et de l'Arigeol et en partie par des parcelles acquises en 1892, 1899 et 1901 dans les bassins du Bouinenc et du ravin de l'Escure.

Elle forme trois divisions :

La première est assise sur une croupe de schistes noirs aux expositions du midi et de l'ouest, à une altitude variant de 700 à 1,000 mètres; elle est complétée par une parcelle de peu d'étendue assise sur un versant de schistes gris et noirs à une altitude de 700 à 800 mètres;

La seconde comprend deux parcelles situées sur des schistes gris à une altitude de 900 à 1,100 mètres;

La troisième occupe un versant à l'altitude de 700 à 800 mètres.

Les travaux de reboisement commencés dès 1870 dans cette série ont consisté principalement en plantations de pin noir qui ont réussi quand le sol présentait une couche suffisante de terre végétale. Des drageons d'aune et d'hippophaé et des plants de robinier et de cytise ont été plantés dans le fond et sur les berges des ravins où des graines de bugrane ont été également semées.

Les travaux de correction, commencés à la même époque, ont compris l'établissement de seuils en pierre sèche, de fascinages et de clayonnages dans le fond des ravins et de travaux de garnissages dans les ravins secondaires.

La série des Dourbes est formée en grande partie par l'ancien périmètre des Dourbes dont le reboisement avait pour but l'extinction des nombreux torrents qui prennent naissance à la base de la muraille de rochers que forme la chaîne dite Barre des Dourbes. Elle a été complétée par une acquisition réalisée en 1894.

Les terrains de cette série sont tous situés sur un versant à pente assez rapide à l'exposition générale de l'ouest et à une altitude qui varie de 1,000 à 1,680 mètres. Elle comprend le bassin de réception de plusieurs torrents importants.

Les travaux de reboisement, commencés en 1888, ont consisté principalement en plantations de mélèzes et de pins à crochets dans la zone supérieure, de pins noirs et sylvestres dans les zones moyenne et inférieure. Des drageons d'aune et d'hippophaé et des boutures de saule et de peuplier ont été plantés, en outre, dans le fond et sur les berges des ravins où l'on semait également des graines de bugrane, de fenasse et de sainfoin pour en provoquer l'enherbement.

Les travaux de correction ont consisté dans l'établissement de barrages et seuils en pierre sèche, de fascinages et de clayonnages dans les principaux ravins; les fonds des ravines étaient en même temps garnis avec le produit du recepage des feuillus préexistants.

La série d'Entrages comprend plusieurs parcelles situées sur des versants à pente rapide, aux expositions de l'est et de l'ouest, à une altitude qui varie de 1,000 à 1,200 mètres. Neuf hectares ont été reboisés au moyen d'une plantation de pins noirs et quelques travaux de garnissage ont été exécutés sur la même contenance.

La série de Digne a été constituée par des acquisitions réalisées de 1893 à 1903. Elle forme quatre divisions:

La première, dite de Saint-Benoît, comprend un versant à pente très raide à l'exposition de l'est et à l'altitude de 550 à 900 mètres, longeant la rivière de la Bléone et coupé de plusieurs ravins pro-

25. Périmètre de Haute-Bléone (Basses-Alpes). Série du Brusquet.
Pins sylvestres et pins noirs de 15 à 30 ans. Plantations à l'altitude de 900 à 1100 mètres.

fonds. Elle a été parcourue à partir de 1894 sur toute son étendue par des plantations de pin sylvestre et de pin noir en mélange. Des barrages et des seuils en pierre sèche ont été construits dans les principaux ravins; les ravins secondaires ont été garnis au moyen des produits de recepage des feuillus préexistants.

La deuxième division, dite de Cousson, est assise sur deux versants à pente raide ou très raide aux expositions générales de l'est et de l'ouest, à une altitude variant de 700 à 1,400 mètres. Depuis 1895 elle a été parcourue sur toute son étendue par des plantations actuellement bienvenantes et complètes de mélèzes et de pins à crochets, dans la partie supérieure et aux expositions froides, de pins sylvestres et de pins noirs sur le reste.

Des plants d'aune, de saule et d'hippophaé ont été plantés dans les ravins. Les travaux de correction ont consisté dans le garnissage des ravins avec le produit du recepage des feuillus préexistants.

La troisième division, dite de Beaumont, comprend un plateau et le sommet d'un versant à pente raide aux expositions du nord et de l'est. Elle a été reboisée avec succès en 1900 et 1902 au moyen de plantations de pins noirs. Quelques ravins ont été garnis de branchages pour arrêter les effets du ruissellement.

La quatrième division, dite des Barbijas, est assise sur un versant rocailleux et dénudé, exposé au midi et coupé de petits ravins.

Ces différentes séries sont sillonnées par des sentiers établis en vue de faciliter la circulation du personnel de surveillance et des ouvriers travaillant sur les chantiers.

Des clôtures en bois ou en fil de fer ont été établies partout où elles étaient nécessaires pour empêcher le bétail de pénétrer dans les plantations.

La contenance actuellement boisée est de 3,094 hectares.

Les travaux restant à effectuer consisteront en plantations de résineux et de feuillus en garnissages. (Planche 25.)

PÉRIMÈTRE DE LA BASSE BLÉONE.

Description du bassin. Altitude. — Le bassin de la basse Bléone est constitué par la partie du bassin de cette rivière comprise entre le pont de Digne et le confluent avec la Durance.

Le ravin de la Combe, dont les eaux se déversent directement dans cette rivière, y a été englobé avec presque tout le territoire de la commune des Mées.

Ce bassin appartient à la région subalpine; il est encadré par des chaînes de montagnes élevées dans sa partie supérieure et s'abaissant de plus en plus à mesure que l'on se rapproche de la Durance. De ces chaînes partent, se dirigeant vers la Bléone, une série de contreforts sillonnés par de nombreux ravins.

Le seul affluent torrentiel important est la rivière des Duyes qui, sur un cours de près de 20 kilomètres, reçoit de nombreux torrents généralement à sec pendant la plus grande partie de l'année. Il y a lieu de citer en second lieu les torrents de Débaste-Somme et du Rouveyret qui, traversant des terrains dans un état de dénudation et d'affouillement très avancé, charrient fréquemment de grandes quantités de boues argileuses et de cailloux roulés, bien qu'ils n'aient que quelques kilomètres de cours.

La plus grande altitude est celle du Géruen (1,914 m.) et la plus faible celle du confluent de la Bléone et de la Durance (407 m.).

Conditions géologiques. — Les terrains miocènes occupent la presque totalité de ce bassin; ils sont constitués par des conglomérats de galets, des molasses, des grès et des marnes.

Les calcaires du lias affleurent vers la crête qui limite le bassin à l'est.

En quelques points les terrains d'eau douce de l'époque pliocène forment le fond des vallées.

Par suite de la prédominance des terrains miocènes, généralement très affouillables, ce bassin présente sur toute son étendue des déchirures profondes partant des points les plus élevés, et suivant la ligne de plus grande pente en s'élargissant de plus en plus.

Climat. — L'ensemble du bassin jouit du climat spécial au sud-est de la France, dit climat provençal, dont la caractéristique est d'être très sec.

Dans la partie montagneuse, le climat est froid, la neige tombe assez abondamment pendant l'hiver et couvre le sol de décembre à avril.

Dans la région moyenne, le climat est tempéré, la neige tombe peu abondamment et persiste très rarement au delà de quelques jours.

Enfin dans les fonds de vallées, le climat est plutôt chaud, la neige se montre très rarement et ne tient pas.

Les sécheresses prolongées sont fréquentes en été et en hiver; les pluies sont abondantes au printemps et en automne et leur intensité s'accroît avec l'altitude.

Les orages, fréquents en été, ont parfois le caractère de véritables trombes; s'abattant sur des terrains généralement dénudés et plus ou moins profondément ravinés, ils entraînent des quantités considérables de matériaux, qui vont recouvrir et ruiner les cultures inférieures.

Productions. — La partie montagneuse du bassin ne renferme que des terres vagues ou boisées, au milieu desquelles on rencontre d'anciennes cultures généralement abandonnées : le pâturage s'y exerce avec une fâcheuse intensité qui a pour résultat de dégrader le sol facilement affouillable en même temps que de l'appauvrir.

Les terres vagues sont couvertes surtout de buis, de genêts et de

IMPRIMERIE NATIONALE.

lavande; les bois sont de maigres taillis de chêne rouvre ou de hêtre clairiérés.

Sur les versants d'altitude moyenne, on trouve à peu près la même végétation, un état de dégradation plus avancé et une plus grande proportion de terres cultivées. Les bois sont uniquement peuplés de chêne rouvre.

La région basse est presque exclusivement consacrée à la culture agricole; la vigne occupe sur certains points de grandes étendues; on trouve aussi quelques plantations d'olivier. La culture des arbres fruitiers, et notamment de l'amandier et du prunier, a pris depuis longtemps déjà une grande importance.

Les prairies naturelles et artificielles occupent les parties les mieux arrosées des fonds de vallées. Les terrains secs sont à l'état de vagues ou peuplés de bois où le chêne vert se mêle parfois au chêne rouvre aux expositions les plus chaudes.

Situation administrative. Contenance. Population. — Le bassin de la basse Bléone s'étend sur 19 communes de l'arrondissement de Digne et 1 commune de l'arrondissement de Sisteron.

Sa contenance est de 33,285 hectares et sa population de 6,250 habitants environ.

État de dégradation du sol. — Sur presque toute l'étendue du bassin de la basse Bléone, les terrains vagues qui y occupent les parties supérieures des versants se trouvent dans un état de dégradation plus ou moins avancé.

Cet état provient de deux causes principales :

Par suite de sa constitution géologique, le sous-sol est généralement friable sur de grandes épaisseurs; souvent des couches compactes alternent avec d'autres qui ne le sont pas et produisent ainsi un défaut d'homogénéité très préjudiciable à la conservation du sol.

D'autre part, l'abus du pâturage, qui s'exerce constamment et sans aucune restriction sur les terrains communaux et particuliers, favorise éminemment leur ravinement. Les moutons et les chèvres qui pacagent sans cesse sur ces terrains déjà dégradés mettent le sol à nu, et par leur piétinement détruisent l'équilibre instable des matériaux mobiles qui le couvrent.

Quand la surface a commencé à se dénuder et n'offre plus de résistance à l'action des agents atmosphériques, le ruissellement y produit de toutes parts des sillons, suivant la ligne de plus grande pente. Ces sillons se réunissent, se creusent davantage à chaque orage et deviennent des ravins, puis des torrents. Les berges vives s'approfondissant, les couches géologiques qui forment le sous-sol se coupent et présentent des solutions de continuité qui, dans certains cas, donnent lieu à des éboulements et à des glissements.

Les phénomènes torrentiels se produisent avec une dangereuse intensité sur plus du tiers du bassin et ont des effets désastreux sur près d'un sixième de sa contenance.

Les communes les plus éprouvées sont :

Auribeau, le Castellard, Mélan, Saint-Estève, Thoard et Champtercier dans la partie supérieure du bassin de la rivière des Duyes;

Digne, où prend naissance le torrent de Débaste-Somme et qui renferme le bassin de celui du Rouveyret;

Saint-Jurson, dont près de la moitié du territoire est dévastée par le torrent de Débaste-Somme et ses affluents;

Les Mées, qui renferme le bassin du torrent de la Combe.

Composition et contenance du périmètre. — La contenance du périmètre de la basse Bléone, constitué par une loi du 10 août 1904, est de 1,965^h 88^a 57^c dont 1,110^h 39^a 93^c appartiennent à l'État.

Il comprend les dix séries suivantes.

Digne	311^{h} 37^{a} 96^{c}
Champtercier	26 65 50
Saint-Jurson	108 44 23

Auribeau	384h 46a 00c
Saint-Estève	156 85 99
Mélan	466 47 68
Le Castellard	96 19 08
Thoard	150 14 93
Mallemoisson	39 12 26
Les Mées	226 14 94
TOTAL	1,965 88 57

Travaux. — La série de Digne se compose de deux parties :

La première, d'une contenance de 50 hectares, occupe la partie supérieure d'un versant à pente très raide, à l'exposition du nord-ouest et à une altitude variant de 1,050 à 1,250 mètres; le sol en est pierreux et peu profond, légèrement raviné. Elle a été reboisée à partir de 1903 avec des plants de pin sylvestre et de chêne rouvre, et quelques noyers; on a effectué, en plus, dans cette division des recepages et des marcottages.

La seconde partie, d'une contenance de 12 hectares, se trouve dans la partie moyenne du bassin de formation du torrent de Débaste-Somme.

Elle occupe le fond d'une combe, dont l'altitude varie de 600 à 720 mètres et dont le sol très friable est profondément raviné.

Elle a été reboisée en 1888 au moyen d'une plantation de pins noirs et sylvestres de 3 ans qui a parfaitement réussi. Depuis cette époque des plantations de peupliers blancs, de saules, de drageons d'aune et d'hippophaé ont été exécutées dans le fond des ravins et donnent des résultats satisfaisants.

Des travaux de correction consistant en petits barrages en pierre sèche, garnissages, clayonnages et façonnage de lits, ont été effectués dans les divers ravins, mais sont restés sans action sur la branche principale du torrent de Débaste-Somme qui, lors des gros orages de l'été, continue à charrier de grandes quantités de matériaux provenant des terrains supérieurs non acquis par l'État, où le pâturage s'exerce encore avec une fâcheuse intensité.

La série de Saint-Jurson, d'un seul tenant, occupe la partie du bassin du torrent de Débaste-Somme immédiatement au-dessous de la série de Digne, à laquelle elle est contiguë.

Son altitude varie de 500 à 750 mètres.

Le sol, sans consistance, est profondément raviné de toutes parts et on y constate tout le long de la branche principale du torrent de Débaste-Somme de nombreux glissements et éboulements.

Des plantations de pins noir et sylvestre de 3 ans ont parcouru toute la surface de la série en 1888 et 1889 et ont bien réussi; des plants de peuplier blanc, des boutures de saule, des drageons d'aune et d'hippophaé ont été plantés dans tous les ravins.

Des travaux de correction, consistant en barrages rustiques en pierre sèche, clayonnages, garnissages et façonnage de lits ont été exécutés dans les ravins où ils ont généralement donné de bons résultats. Leur action a été nulle dans la branche principale du torrent de Débaste-Somme, comme cela s'est produit dans la série de Digne.

La série d'Auribeau occupe, avec celles de Mélan et de Saint-Estève, la partie supérieure du bassin de la rivière torrentielle des Duyes.

Elle s'étend à l'ouest du torrent de Bramafan, à une altitude variant de 1,000 à 1,900 mètres, sur un versant à pente raide, à l'orientation générale du sud-ouest. Le sol, très rocheux dans la partie supérieure de la série, est d'assez bonne qualité dans la partie basse; il est creusé de nombreux et profonds ravins.

Cette série comprend deux divisions :

La première, d'une contenance de 244 hectares d'un seul tenant, occupe une partie du bassin des torrents de Bramafan et de Champ-Fias;

La seconde, d'une contenance de 58 hectares, se compose de quatre groupes de parcelles, d'étendue très variable, situés dans le bassin des ravins de Braine et de Saint-Jeaume. Ces deux divisions ont été parcourues sur toute leur étendue, de 1891 à 1899, par des plantations résineuses qui ont bien réussi et n'ont nécessité que quelques réfections exécutées les années suivantes.

Les essences employées sont le pin noir et le pin sylvestre jusqu'à l'altitude de 1,300 mètres, au-dessus, le pin à crochets. Une parcelle de la seconde division, assise sur un versant exposé presque au nord, à une altitude de 1,150 à 1,300 mètres, a été repeuplée en mélèze.

Des plantations de peuplier, de saule et d'aune ont été exécutées avec succès dans tous les lits de ravins.

Les travaux de correction ont consisté dans quelques barrages rustiques en pierre sèche établis dans les torrents de Bramafan et de Champ-Fias.

Partout où l'on a trouvé les matériaux nécessaires, des travaux de garnissage ont été effectués dans les ravins pour arrêter le ruissellement. Il a enfin été procédé à plusieurs reprises au façonnage du lit des principaux ravins.

La série de Saint-Estève occupe une croupe à pente raide, située entre le torrent des Duyes et deux ravins affluents à une altitude qui varie de 1,000 à 1,200 mètres.

Elle a été entièrement reboisée en 1900 avec des pins noir et sylvestre de 3 ans qui ont bien réussi.

La même année, des travaux de garnissage ont été effectués dans le fond des petits ravins.

La série de Mélan cvmprend presque tout le bassin du torrent de Chabratières, la partie ouest de celui de Bramafan, et la partie supérieure du versant sud de la montagne qui domine le village de Mélan. Le sol, généralement rocheux ou rocailleux et à pente raide, est coupé, dans les bassins des torrents de Chabratières et de Bramafan, de nombreux et profonds ravins.

Cette série, dont l'altitude varie de 1,100 à 1,900 mètres, comporte deux divisions : l'une, d'une contenance de 233 hectares, est située au nord du torrent de Chabratières, et l'autre, de 207 hectares d'étendue, est placée au sud du même torrent.

Ces deux divisions ont été entièrement parcourues, de 1883 à 1897, par des plantations résineuses qui ont généralement bien réussi, et forment des peuplements très serrés.

Les essences employées sont les pins noir et sylvestre jusqu'à l'altitude de 1,300 mètres et le pin à crochets au-dessus.

Des plantations de peuplier, de saule et d'aune ont été faites dans tous les lits de ravins et ont donné des résultats très satisfaisants.

Quelques barrages rustiques en pierre sèche ont été établis dans le torrent de Bramafan.

Des travaux de garnissage et de façonnage de lits ont été effectués dans les ravins où ils ont été reconnus nécessaires.

La série de Mallemoison a été constituée en vue de garantir contre les crues de la Bléone les terres du hameau des Grillons. Elle comprend une bande de terrain de 2,200 mètres de longueur sur une largeur variant de 50 à 350 mètres, à une altitude moyenne de 490 mètres.

Le terrain est traversé par trois digues en maçonnerie, perpendiculaires au cours de la Bléone, et terminées chacune par un épi entouré d'enrochement destinés à le protéger. Ces digues et ces épis avaient été établis en 1858 aux frais d'un syndicat qui s'était constitué à Mallemoisson, et avaient été l'objet d'importantes réparations en 1860 et 1864.

Depuis 1876, date à laquelle l'État s'est rendu acquéreur de cette série, une digue continue reliant les trois épis existants a été établie parallèlement au cours de la Bléone, sur une longueur totale de 1,500 mètres. Cette digue est formée par une double rangée de grands gabions cylindriques de 1 m. 20 de diamètre, remplis de maçonnerie de béton, qui présentent une résistance très suffisante aux divagations et aux affouillements de la rivière.

La digue ainsi constituée est maintenue constamment en bon

état, et les gabions sont remplacés au fur et à mesure qu'ils s'enfoncent.

Cette ligne de gabions est renforcée par une levée en graviers, protégée par des fascines.

A l'extrémité ouest de la série, où la digue n'a pas été prolongée, les terrains sont garantis d'une façon satisfaisante par l'établissement de bourrelets de défense parallèles dirigés obliquement sur le lit de la Bléone. Des drageons d'aune ont été plantés sur ces bourrelets pour les consolider.

De 1877 à 1883, des plantations de peuplier, de saule et d'aune ont été exécutées sur les terrains colmatés en arrière de la digue et forment avec les chênes, qui s'y trouvaient déjà, un taillis à peu près complet qui fournit amplement les bois nécessaires à l'entretien des ouvrages.

La série des Mées a été constituée en vue d'éteindre le grand ravin de la Combe des Mées, sur le cône duquel a été construit le bourg des Mées.

En 1778, on construisit en amont un barrage transversal destiné à dévier le cours du torrent, que l'on fit passer en tunnel dans une masse de poudingues qui domine le bourg, et depuis la sortie du tunnel jusqu'à la Durance, sur un long aqueduc qui franchit la route nationale n° 100 et les terres cultivées.

L'ancien lit du torrent est actuellement une rue.

En 1875, un violent orage détermina une crue violente et subite du torrent; le barrage fut submergé, une partie du courant s'engouffra dans le tunnel, obtura l'aqueduc, le rompit et se déversa dans les cultures; l'autre partie se répandit dans le bourg en y causant des dégâts importants et ensevelit sous les graviers un grand nombre de parcelles cultivées.

A la suite de cet accident, le conseil municipal des Mées demanda la création d'un périmètre de reboisement et offrit à l'État la cession amiable des terrains communaux dont la restauration était urgente.

C'est ainsi que fut créée en 1876 la série des Mées.

Dès l'automne 1877, on commença la construction d'un grand barrage en maçonnerie dans le torrent de la Combe, à 50 mètres en amont de l'ancien, afin de garantir ce dernier, de ralentir, en cas de crue, la vitesse du courant et de retenir une partie des graviers charriés par le torrent.

Cet ouvrage, terminé en 1878, remplit parfaitement le but pour lequel il avait été construit.

La série des Mées occupe une partie du bassin du torrent de la Combe, son altitude varie de 450 à 800 mètres, elle est coupée de profonds ravins qui, en grande partie boisés, ne sont plus très dangereux.

Il ne sera cependant possible d'éteindre ce torrent qu'en restaurant les têtes de tous ces ravins, qui sont possédés par des particuliers peu disposés à les céder à l'État.

Une partie de la série est peuplée naturellement, sur environ 70 hectares, d'un taillis de chêne qui, abandonné à lui-même, s'est rapidement amélioré; des semis de glands y ont été effectués dès 1877 en vue de compléter le peuplement et ont donné des résultats satisfaisants.

Le reste de la série a été parcouru par des plantations de pin d'Alep, exécutées de 1877 à 1886. Ces pins forment actuellement un perchis à peu près complet, partout où le sol présentait un peu de profondeur.

Des plantations de pin noir ont été exécutées en 1900 et 1901 dans des parcelles récemment acquises au nord de la série.

Des plantations de peuplier, de saule et d'aune ont été faites dans le fond des ravins.

Indépendamment de la construction du grand barrage, dont il est question plus haut, les travaux de correction effectués dans la série ont consisté, dès le début, dans l'établissement de clayonnages et de fascinages dans les différents ravins.

Actuellement des travaux de garnissage sont exécutés dans tous les petits ravins, et l'on procède, chaque année, au façonnage du lit des ravins principaux.

La contenance totale actuellement boisée est de 975 hectares.

PÉRIMÈTRE DE L'ASSE SUPÉRIEURE.

Description du bassin. Altitudes. — Le bassin de l'Asse supérieure comprend la partie du bassin de cette rivière située en amont de la clue de Chabrière.

La rivière de l'Asse, affluent de la Durance, est formée par la réunion de trois cours d'eau portant respectivement le nom des communes dont ils traversent le territoire, savoir :

1° L'Asse de Clumanc qui prend sa source à 1,680 mètres d'altitude sur le versant méridional du pic de Cucuyon et coule du nord au sud sur un parcours de 18 kilomètres;

2° L'Asse de Moriez, qui prend sa source sur le versant ouest de la montagne de Courchons, coule de l'est à l'ouest sur une longueur de 12 kilomètres et se réunit à l'Asse de Clumanc à 1 kilomètre en amont du bourg de Barrême;

3° L'Asse de Blieux qui prend sa source sur le versant Nord de la montagne du Portail, coule d'abord de l'ouest à l'est, puis du sud au nord et, après un cours de 20 kilomètres, se réunit à l'Asse de Clumanc immédiatement en avant de Barrême.

A partir de Barrême, l'Asse suit pendant environ 17 kilomètres des gorges profondes.

Cette rivière à cours essentiellement torrentiel n'a que des affluents peu importants, dont les principaux sont les torrents de la Salaou, de Gion et de Sauveries, affluents de l'Asse de Clumanc, le torrent d'Hièges, affluent de l'Asse de Moriez, les ravins du Gros Vallon, du Gipas et d'Ourgeas, affluents de l'Asse de Blieux, et enfin les ravins de Valbonnette, du Bès, de Saint Pierre, de Chaudon, du Trach et de la Puby, affluents de l'Asse. Tous ces torrents et les nombreux ravins qui se jettent dans l'Asse traversent des terrains à pente très rapide dans un état de dégradation généralement avancé.

Ce bassin appartient à la région subalpine, il est encadré de montagnes élevées, d'où partent une série de contrefonds à versants très raides.

La plus grande altitude (2,285 m.) est celle du Cheval-Blanc et la plus faible (690 m.), celle de l'Asse à la clue de Chabrières.

Conditions géologiques. — Ce bassin a subi à différentes époques des dislocations et des glissements importants et présente une constitution géologique très variée.

La formation jurassique occupe la partie inférieure du bassin et présente un faisceau de plis serrés coupant obliquement la vallée. On rencontre successivement des affleurements de bancs dolomitiques et calcaires de l'étage bajocien, des marnes noires bathoniennes et calloviennes, des couches successivement calcaires et schisteuses de l'oxfordien. Ces terrains, qui ont été soumis à de puissantes dislocations, présentent des pentes très raides et de profonds ravins à berges vives et à régime torrentiel.

La formation crétacée domine dans les vallées des trois branches de l'Asse; les étages qui s'y rencontrent sur la plus grande étendue sont : le néocomien représenté par des calcaires marneux, le barrêmien par d'importants affleurements de bancs calcaires marneux séparés par des lits d'argile, l'aptien, par des couches de marnes noires de faible puissance, le cénomanien par des bancs peu puissants de marnes et de calcaires marneux gris ou noirâtres séparés par de minces couches de grès calcaires jaunâtres. Tous ces terrains, généralement disloqués et souvent dénudés à la surface, sont très affouillables et coupés de très profonds ravins.

Les terrains tertiaires présentent sur plusieurs points des affleurements étendus au confluent des trois branches de l'Asse. Ils sont représentés par des bancs épais de grès nummulitique, de calcaires blancs et d'argilolithes rouges oligocènes.

Ils sont généralement dénudés et très ravinés.

Climat. — L'ensemble de ce bassin très montagneux jouit d'un climat sec et froid.

La neige y tombe fréquemment, mais peu abondamment, en hiver et séjourne longtemps aux expositions froides; elle fond rapidement et se maintient peu aux expositions chaudes.

L'été est généralement sec, le printemps et l'automne pluvieux; les orages fréquents en été ont parfois le caractère de trombes et s'abattent avec une grande violence sur des terrains dénudés et ravinés, entraînant des quantités considérables de matériaux.

Production. — Le sol est trop pauvre pour que les habitants puissent vivre de l'agriculture seule, d'autre part, le pays ne possède aucune industrie. La principale ressource consiste dans l'élevage des bêtes à laine qui pacagent presque uniquement pendant toute l'année dans la zone moyenne, dont l'état de dégradation augmente ainsi d'une façon continue.

Les céréales et les pommes de terre sont les seules cultures; les champs sont généralement complantés d'arbres fruitiers et notamment d'amandiers, de pruniers et de noyers. La vigne, qui occupait jadis une certaine étendue aux expositions chaudes, tend de plus en plus à disparaître.

Les terrains boisés occupent une assez grande étendue dans les régions élevées. A part quelques forêts de pins et de rares petits massifs de sapin ou d'épicéa, les bois sont exclusivement feuillus et consistent, suivant les expositions, en maigres taillis de chêne ou de hêtre peu serrés ou très clairs et constamment parcourus par les troupeaux.

Situation administrative. Contenance. Population. —

Le bassin de l'Asse supérieure s'étend sur 10 communes de l'arrondissement de Digne et 6 communes de l'arrondissement de Castellane. Sa contenance est de 37,729 hectares et sa population de 3,711 habitants.

État de dégradation du sol. — En ce qui concerne l'état de dégradation du sol, le bassin de l'Asse supérieure peut être divisé en trois zones.

Dans la zone supérieure formée par les sommets et les crêtes plus élevées, le sol est généralement constitué par des barres de rochers presque verticales, peu accessibles aux troupeaux, et se trouve dans un état de dégradation peu avancé.

La zone moyenne qui occupe la majeure partie du bassin est constituée par de grands versants à pente rapide comprenant des terrains meubles, très affouillables, et recouverts par place d'éboulis et de pierrailles provenant de la zone supérieure. Ces terrains, boisés ou à l'état de vagues, renferment les bassins de formation de tous les torrents; ils se trouvent dans un état de dégradation très avancé.

La zone inférieure qui comprend le fond des vallées est peu étendue et renferme les cultures, le sol y est en bon état.

Nous ne nous occuperons donc que de la zone moyenne, où par suite de la constitution géologique du sol et de la grande intensité avec laquelle s'y exerce le pacage, la dégradation est très avancée.

Les marnes noires et les calcaires marneux sont le plus souvent complètement dénudés, coupés de profonde ravins à berges vives, creusés parfois en vastes combes, d'où à chaque orage descendent des quantités considérables de matériaux qui vont se déverser dans l'Asse et en exhausser le lit.

Sur quelques points les eaux, en s'infiltrant dans le sol suivant des plans inclinés, détrempent les lits argileux et provoquent des glissements et des éboulements sur de grandes étendues.

Ces phénomènes torrentiels se manifestent avec une dangereuse intensité sur près du tiers du bassin de l'Asse supérieure et ont actuellement des effets désastreux sur un autre tiers de sa contenance.

Composition et contenance du périmètre. — Le périmètre de l'Asse supérieure comprend treize séries, dont trois proviennent en partie d'anciens périmètres revisés en exécution de l'article 16 de la loi du 4 avril 1882.

Sa contenance est de 7,021h 49a 06c; 3,354h 14a 32c appartiennent déjà à l'État.

La contenance des séries est indiquée ci-dessous :

Blieux	640h 73a 96c
Senez	435 27 35
Moriez	505 60 38
Tartonne	1,288 86 30
Clamanc	367 26 02
Saint-Lyons	389 51 63
Saint-Jacques	16 56 28
Barrême	1,444 52 40
Le Poil	211 25 18
Chaudon	506 06 93
Bédéjun	510 15 91
Creisset	256 62 41
Entrages	449 04 31
TOTAL	7,021 49 06

Travaux. — La série de Tartonne a été constituée en partie en 1894 par l'acquisition du domaine du Carton, où prend sa source le torrent de la Sauverie, affluent important de l'Asse de Clumanc.

Elle comprend le fond d'un bassin à pente très rapide orienté du nord au sud. Son altitude varie de 1,100 à 1,989 mètres. Le sol est rocheux dans la partie supérieure et les versants sont généralement couverts d'éboulis.

Cette série a été entièrement parcourue de 1896 à 1901 par des plantations résineuses.

Les essences employées ont été, suivant l'altitude et l'exposition, le pin sylvestre, le pin à crochets, le mélèze et le pin cembro.

Quelques seuils en pierre sèche ont été construits dans le ravin principal dont le lit a été en outre débarrassé des matériaux qui l'encombraient.

Le garnissage des ravins secondaires a été exécuté à l'aide des produits de recepage de taillis de hêtre préexistants.

Une deuxième division a été reboisée en résineux de 1905 à 1907.

La série de Barrême comprend actuellement trois divisions.

La première division est constituée par deux massifs.

Le premier, situé entre l'Asse de Clumanc et la rivière d'Asse, est composé en grande partie de terrains appartenant aux anciens périmètres de Barrême et de Chaudon.

Les travaux qui y ont été exécutés ont eu pour but la fixation du versant méridional de la montagne des Couestes et la protection de la route nationale n° 85. Ce versant actuellement presque entièrement boisé se présente sous la forme d'un immense talus à pente très raide, coupé par une série de ravins à peu près éteints et déchirés par de grandes brêches presque verticales où apparaît la roche vive.

Son altitude varie de 650 à 1,200 mètres. Il a été reboisé de 1861 à 1870 par voie de semis. Les essences employées étaient le pin noir et le pin sylvestre et quelques feuillus, notamment le chêne et le robinier. Des plantations de pins noir et sylvestre âgés de deux à trois ans ont complété les semis qui avaient imparfaitement réussi. De grandes quantités de graines fourragères ont été semées sur les berges et dans les ravins où l'on a planté en même temps des boutures de saule et de peuplier.

Les travaux de correction ont consisté dans l'établissement de petits barrages et de seuils en pierre sèche, de clayonnages et de fascinages dans le lit des principaux ravins, puis dans le garnissage de ravins secondaires avec le produit des éclaircies opérées dans le massif de pins trop serrés.

Le deuxième massif, situé sur un versant exposé au midi dans la vallée de l'Asse de Moriez, domine directement cette rivière.

Son altitude varie de 800 à 1,200 mètres, le sol y est sec et très pierreux. Il a été reboisé en 1901 au moyen de plantations de pins noir.

Des drageons d'aunes et d'hippophaés et des boutures de saules et de peupliers ont été la même année plantés dans les ravins où quelques travaux de garnissage ont été exécutés.

La deuxième division est constituée par trois massifs ou groupes de parcelles.

Le premier groupe est composé de parcelles situées dans le bassin des ravins de Peyre-Blanc, du Coulet-Pointu et de Valbonnette sur un sol à pente très raide, profondément raviné ou en voie d'éboulement, à une altitude variant de 700 à 1,200 mètres. Il a été complètement reboisé de 1902 à 1904, au moyen de plantations de pins sylvestres.

Les seuls travaux de correction exécutés ont consisté dans le garnissage des ravins à l'aide des produits de recepages effectués à proximité.

Le deuxième groupe, assis sur la montagne de la Blache, occupe le bassin du ravin de la Blache. Le sol à pente très rapide y est rocheux dans la partie supérieure et coupé de ravins dans la partie basse. L'altitude y varie de 800 à 1,600 mètres.

Il a été parcouru entièrement depuis 1900 par des plantations qui ont généralement réussi. Les plants employés étaient des pins sylvestres, des pins à crochets et des mélèzes. Des drageons d'hippophaés et d'aunes ont été plantés avec succès sur les berges vives et au fond des ravins. Des travaux de garnissage ont été exécutés dans le fond des ravins secs à l'aide des produits de recepage des arbustes rabougris et malvenants situés à proximité.

Le troisième groupe est situé à l'extrémité est du territoire de Barrême dans des terrains profondément dégradés et ravinés dépendant du bassin des ravins de la Combe et de Gypière. Les travaux de reboisement et de correction n'y seront commencés que lorsque différentes acquisitions actuellement autorisées auront été réalisées.

La troisième division est comprise entre 1,250 et 1,400 mètres d'altitude.

On y a effectué des plantations de pin noir, de pin sylvestre, de pin à crochets et de mélèze et on a fixé les berges et le lit des ravins, préalablement traités par des garnissages, au moyen de drageons d'aune et de boutures de saule et de peuplier.

La série du Poil comprend la partie supérieure du bassin de réception du ravin de Fontanes qui est orienté du sud-est au nord-ouest; son altitude varie de 1,200 à 1,500 mètres.

Des plantations de pins sylvestres, pins à crochets et mélèzes y ont été effectuées en 1900 et 1901.

Des travaux de garnissage ont été exécutés en 1901 dans le fond des ravins secs.

Une revendication de la commune du Poil portant sur une partie de la série a fait suspendre les travaux.

La série de Chaudon se compose de quatre massifs ou groupes de parcelles.

Le premier massif, d'une contenance de 27 hectares, faisait partie de l'ancien périmètre de Chaudon constitué en vue de la protection de la route nationale n° 85. Il est assis sur un versant de schistes noirs à pente raide, à l'orientation du sud-est, à une altitude variant de 600 à 900 mètres et profondément coupé par le ravin des Salas. Des plantations de pins noirs faites de 1873 à 1888 ont assez bien réussi. Des boutures de saule et de peuplier ont été plantées dans le lit et sur les berges des ravins en même temps que des graines fourragères y étaient semées. Simultanément

IMPRIMERIE NATIONALE.

on établissait des seuils en pierre sèche et des fascinages et clayonnages pour arrêter l'affouillement.

Le deuxième massif, acquis de la commune en 1900, comprend la partie supérieure du bassin de formation du ravin de Royes, à une altitude variant de 700 à 900 mètres. Le sol, formé de schistes noirs profondément dénudés et ravinés, est presque complètement dépourvu de terre végétale. Des plantations de pins noirs ont été effectuées en 1902. Des travaux de garnissages ont été exécutés dans le fond des ravins.

Le troisième groupe comprend un grand nombre de parcelles situées sur un plateau élevé profondément coupé de ravins qui domine la rive droite de l'Asse. Des plantations de pins noirs ont été faites depuis 1900 sur presque toute son étendue, on y a également effectué des travaux de garnissages et de façonnage de lit dans le fond des ravins.

Le quatrième groupe, d'acquisition récente, n'a fait l'objet que de travaux de délimitation et de bornage.

La série d'Entrages faisait partie de l'ancien périmètre de Chaudon; elle est assise sur un éperon rocheux formant la rive droite de l'Asse, au lieudit la clue de Chabrières. Son altitude varie de 600 à 900 mètres. Des plantations de pins noirs y ont été effectuées en 1888 et 1891 et ont bien réussi.

Des sentiers ont été ouverts dans chaque série en vue de faciliter la circulation du personnel de surveillance et des ouvriers travaillant sur les chantiers. Des clôtures ont été établies sur tous les points où elles ont été jugées nécessaires.

La contenance totale actuellement boisée est de 1,539 hectares.

Les travaux qui seront effectués dans les autres séries seront limités à des reboisements, des embroussaillements et des garnissages; des sentiers d'accès et des clôtures seront établis lorsque ces ouvrages paraîtront indispensables. (Planche 26.)

26. Périmètre de l'Asse Supérieure (Basse-Alpes). Série de Barrême. — Pins noirs de 15 à 25 ans. Plantation dans un ravin après garnissage.

PÉRIMÈTRE DE L'ASSE INFÉRIEURE.

Description du bassin. Altitudes. — L'Asse, dont le cours a une longueur de 80 kilomètres, est un des plus importants affluents de la Durance, par l'étendue de son bassin comprenant 86,387 hectares et par le régime absolument torrentiel de ses eaux.

Le débit de cette rivière, de 2 mètres cubes à l'étiage, est de 400 mètres cubes pendant les grandes crues.

Elle prend naissance, à 1,680 mètres d'altitude, sur le revers ouest de la montagne du Cheval-Blanc (2,323 m.), près du col de la Cine (1,610 m.). Elle coule d'abord, du nord au sud, dans une large vallée, jusque vers Barrême (685 m.); elle s'infléchit alors, au milieu de montagnes resserrées, successivement à l'ouest, puis au nord-ouest, jusqu'à la clue de Chabrières (590 m.). Sa vallée, orientée ensuite vers l'ouest, puis au sud, jusqu'à Estoublon (510 m.), reprend une grande largeur.

De Barrême à Estoublon, l'Asse forme ainsi une immense double boucle, avec la direction générale est-ouest qu'elle conserve ensuite sans détours jusqu'à son confluent avec la Durance, près d'Oraison (325 m.).

La pente moyenne générale est de 1.6 p. 100.

Le bassin de l'Asse inférieure (49,477 h.) comprend : 1° le bassin de l'Asse à partir de la clue de Chabrières; 2° le bassin adjacent de la Rancure, petite rivière tributaire de la Durance, à 4 kilomètres en amont de l'Asse; 3° les versants directs de la Durance jusqu'au bassin adjacent du Verdon.

Le bassin de l'Asse inférieure présente dans son ensemble deux parties très distinctes :

La partie orientale est entièrement montagneuse avec un relief très accidenté et des sommets de 1,600 à 1,900 mètres;

La partie occidentale est une région de coteaux découpés par un grand nombre de ravins et d'une hauteur de 150 à 200 mètres au-dessus des vallées bien ouvertes de l'Asse, de la Rancure et de la Durance.

Dans tout son bassin inférieur, l'Asse divague sur un lit très large au milieu de plages de galets.

Les affluents les plus importants de l'Asse inférieure sont : le torrent de Saint-Jeannet sur la rive droite et l'Estroublaïsse sur la rive gauche.

La Rancure se jette dans la Durance, à 4 kilomètres en amont du confluent de l'Asse, après un parcours de 22 kilomètres; elle se dirige, du nord-est au sud-ouest, dans un bassin très évasé dès son origine, au milieu de coteaux sillonnés de nombreux ravins.

Les versants directs de la Durance, rattachés au bassin de l'Asse inférieure, sont parcourus par plusieurs ravins, sans grande importance au point de vue torrentiel : les ravins de la Combe, du Fer et de Vallongue.

Le bassin de l'Asse inférieure présente, comme particularité à signaler, des clues profondes entre Beynes et Chabrières, à Trévaux et à Majastres.

Cette région est bien desservie par de nombreuses voies de communication qui suivent toutes les vallées principales.

La plus forte altitude (1,908 m.) est celle de la montagne de Chiran et la plus faible (260 m.) celle de la Durance à la limite aval du bassin de l'Asse.

Conditions géologiques. — Le bassin de l'Asse inférieure est divisé en deux zones bien distinctes : à l'est, une partie montagneuse jusqu'aux villages de Saint-Jurs, de Beynes et de Château-redon; à l'ouest, une région de collines et de plateaux.

La partie montagneuse présente, avec des dispositions très variées, un grand nombre d'assises géologiques appartenant aux diverses formations secondaires et tertiaires et orientées du nord au sud suivant une suite de gra des failles.

A l'exception du Cousson, formé de calcaires liasiques, toutes les crêtes sont constituées par de puissantes masses de calcaires compacts du tithonique. Ces crêtes en se prolongeant forment dans les vallées les clues de Chabrières, du Pas-de-l'Escale, de Majastres et de Trévans. Cette même formation du jurassique supérieur est très développée entre Saint-Jurs et Trévans où elle se présente comme un « causse » montagneux.

Entre ces grandes assises jurassiques, la haute vallée de l'Estoublaïsse, à Levens, Majastres et le Poil est occupée par des séries de bandes étroites et allongées de l'infralias, du lias, du trias, du jurassique moyen et du jurassique inférieur. On y rencontre également, en bandes plus larges, des calcaires et des marnes du néocomien, du barrêmien et du cénomanien.

Du col de Levens à Majastres, on rencontre aussi un affleurement peu important du crétacé supérieur et de puissants dépôts de molasses rouges et de marnes ou de grès miocènes.

Au nord et à l'ouest de la montagne de Beynes, formée de calcaires tithoniques, gisent des couches puissantes de calcaires bruns du muschelkalk et des marnes irisées.

Autour de Châteauredon, de Beynes et de Trévans, on trouve aussi les marnes, les grès et la molasse rouge du miocène, à côté d'affleurements importants du barrêmien et d'autres assises du crétacé.

Dans la vallée des Grais, à Saint-Jurs, les marnes irisées affleurent sur une surface peu étendue, à côté de calcaires marneux barrêmiens et d'un mince ruban de marnes néocomiennes.

Toute la région de collines qui est située à l'ouest de la partie montagneuse qui se prolonge jusqu'à la Durance est composée de dépôts miocènes : près de Châteauredon, de Beynes et au col situé entre Mézel et Digne, ce sont des bancs peu puissants de marnes, de calcaires et de grès ; partout ailleurs, ce sont les immenses dépôts de poudingues à galets impressionnés.

Le long des vallées de la Durance et de l'Asse, on rencontre des terrasses ou des dépôts d'alluvions anciennes, puis, à un niveau inférieur, des surfaces souvent très étendues couvertes d'alluvions récentes.

Climat. — En ce qui concerne le climat, le bassin de l'Asse inférieure se partage aussi en deux parties distinctes.

Dans la région montagneuse on trouve le climat froid de la région alpestre provençale.

La région des collines qui fait suite à la précédente jouit du climat tempéré de la limite septentrionale de la région de l'olivier.

Le printemps et l'automne ont généralement d'assez longues périodes pluvieuses.

L'été présente presque toujours de longues sécheresses.

Productions. — La région entière présente, dans les vallées principales et sur les plateaux, des cultures variées et très importantes, mais en régression constante, depuis fort longtemps, dans la zone montagneuse ou dans les parties trop pierreuses ou ingrates des terrains de la formation des poudingues à galets impressionnés.

On cultive principalement les céréales, les amandiers, la vigne, les fourrages, les arbres fruitiers, le mûrier et l'olivier.

A Oraison, la production des primeurs, surtout des pêches, prend une grande extension.

On récolte aussi quelques truffes, dans toute la zone de coteaux de Mézel à la Durance, particulièrement à Valensole.

On élève un assez grand nombre de moutons.

Les taillis de chênes rouvre et yeuse occupent encore une superficie assez considérable, notamment à Bras-d'Asse, Saint-Julien-d'Asse, Brunet, le Castellet, Oraison et Valensole.

Levens et Trévans possèdent de petites futaies de hêtres.

Des bouquets de chênes ou de pins et de nombreux arbres de lisières exploités en têtards sont disséminés sur toute l'étendue du bassin de l'Asse inférieure.

Situation administrative. Contenance. Population. — Le bassin de l'Asse inférieure s'étend sur 18 communes de l'arrondissement de Digne et 11 de l'arrondissement de Castellane. Sa contenance est de 49,477 hectares et sa population de 9,234 habitants.

État et dégradation du sol. — Le bassin de l'Asse inférieure a un aspect généralement moins dégradé que les autres régions des Basses-Alpes, à raison de la grande zone de plateaux et de coteaux qu'il comprend et de la nature des calcaires compacts qui constituent une bonne partie de sa zone montagneuse.

Çà et là cependant, dès que la nature du sol est affouillable, principalement dans les marnes et les calcaires marneux du trias, du néocomien, du barrêmien, du cénomanien, du crétacé supérieur, sur les territoires de Châteauneuf-les-Moustiers, de Levens, du Poil, de Saint-Jurs et de Beynes, le sol est dénudé et « en proie » aux ravins.

Il en est de même sur tous les versants rapides de la région des coteaux décrite dans les paragraphes précédents; mais les étendues ruinées y sont limitées à de moins grandes surfaces et souvent entremêlées avec les cultures.

Si les dégradations profondes se révèlent par l'existence de ravins actifs affouillant les terrains peu consistants, l'appauvrissement du sol se manifeste presque partout par la dénudation ou par la végétation languissante de la plus grande partie des vagues immenses qui forment l'ensemble de la région.

Cette situation générale provient de la nature du sol, des anciens déboisements et souvent d'abus de pâturages.

Les ruines actuelles ont des tendances à s'agrandir et les dégâts aux cultures et aux voies de communication suivent la même progression.

Les principaux cours d'eau sont torrentiels et déversent dans l'Asse et la Rancure de grandes quantités de matériaux contribuant ainsi à rendre les crues plus désastreuses. Les effets s'en répercutent ensuite dans la vallée de la Durance.

Composition et contenance du périmètre. — La contenance du périmètre de l'Asse inférieure est de $3,539^{h}\ 63^{a}\ 81^{c}$; $1,154^{h}\ 61^{a}\ 36^{c}$ appartiennent actuellement à l'État.

Il comprend les onze séries suivantes :

Beynes	957^{h}	33^{a}	67^{c}
Châteauneuf-les-Moustiers	24	13	20
Levens	288	09	31
Le Poil	193	22	08
Trévans	723	39	21
Estoublon	87	76	75
Saint-Jurs	603	47	79
Saint-Jeannet	351	50	30
Bras-d'Asse	13	51	50
Entrevennes	212	83	20
Le Castellet	84	36	80
TOTAL	3,539	63	81

Travaux. — La série de Beynes, située entre 700 et 1,170 mètres d'altitude, a été parcourue par des semis de chêne rouvre et par des plantations de pin noir et de pin à crochets.

Les travaux de correction exécutés consistent en garnissages de lits au moyen de branchages provenant des recepages.

Sur les atterrissements des garnissages et sur les berges on a planté des boutures de saule et de peuplier.

La série de Trévans est comprise entre 620 et 1,320 mètres d'altitude.

On a employé, pour les terrains de reboisement, le cèdre, le pin sylvestre, le pin noir, le pin à crochets et le mélèze; des semis de glands de chêne rouvre ont été effectués sur une étendue de 4 hectares.

27. Périmètre de l'Asse Inférieure (Basses-Alpes). Série de Trévans.
Plantation de 6 ans de pins à crochets et de mélèzes.

De plus, sur 2 hectares d'anciennes enclaves, autrefois cultivées, on a planté des noyers de haute tige. Ces arbres sont en bon état de végétation; une légère culture leur est donnée périodiquement.

Les berges et les têtes des ravins ont été fixées au moyen de plantations d'éclats de bauche et de banquettes de gazon.

Les produits des recepages ont été utilisés pour garnir le fond des ravins.

Dans la série d'Estoublon on a effectué des plantations de pin noir et des garnissages de lits.

La série de Saint-Jurs a été reboisée en pin noir et en mélèze.

On a employé le pin d'Alep dans la série d'Entrevennes. Pour fixer les berges des ravins on a planté des éclats de bauche, des robiniers et des boutures de corroyère.

Les produits des recepages ont été utilisés pour garnir le fond des ravins.

De même que les précédentes, la série du Castellet, située entre 510 et 618 mètres d'altitude, ne comporte pas de travaux de correction autres que les garnissages.

Le terrain a été reboisé au moyen de semis de chêne yeuse et de chêne rouvre et de plantations de pin d'Alep et de pin noir sur les versants et de robinier au pied des berges.

On a procédé à des marcottages de corroyère et d'autres feuillus.

Les produits des recepages ont été employés au garnissage du lit des ravins.

La série renferme 500 noyers; on donne au sol, au pied de ces arbres, une légère culture périodique.

La contenance totale actuellement reboisée est de 600 hectares.

Les travaux à effectuer dans les terrains qui n'appartiennent pas encore à l'État ne comporteront que des garnissages et des travaux de reboisement, d'enherbement et d'embroussaillement. (Planche 27.)

PÉRIMÈTRE DE DURANCE-LAUZON.

Description du bassin. Altitude. — La rivière du Lauzon, tributaire de droite de la Durance, prend sa source, dans les monts de Lure, sur le territoire de la commune de Saint-Étienne-les-Orgues, près de l'altitude de 1,827 mètres, point culminant de la chaîne. Alimentée par des torrents, elle est à sec dans sa partie haute, pendant la majeure partie de l'année, ceux-ci ne charriant de l'eau qu'à l'époque de la fonte des neiges, ou lorsqu'un orage vient éclater dans leur bassin de réception.

A partir du village de Montlaux, où l'on trouve les cônes des torrents supérieurs, son débit devient plus régulier et c'est à ce point seulement que la dénomination de Lauzon lui est donnée. Elle se jette dans la Durance, un peu au-dessous du village de la Brillanne, à une altitude de 350 mètres environ. Elle passe à Montlaux à une altitude de 600 mètres.

Son parcours est de 30 kilomètres environ. Dans la première partie de son cours, la pente du Lauzon est de 0.1 pour descendre à 0.016 dans la deuxième partie. Sa direction est nord-sud.

Le débit du Lauzon, comme celui de toutes les rivières torrentielles, est intermittent et très variable. Presque à sec en été, à cause des dérivations dont il est l'objet pour les irrigations, dans les parties basses de son cours, il roule au moment des crues un volume d'eau de près de 100 mètres cubes à la seconde et à la fonte des neiges quelques mètres cubes seulement.

Ce n'est pas dans le bassin de formation du Lauzon, dans la partie élevée de son cours, que l'œuvre du reboisement aura à s'exercer, c'est surtout dans les parties moyenne et basse, formées de terrains peu consistants, comprises entre 400 et 800 mètres.

La plus forte altitude (1,827 m.) est celle du sommet de la montagne de Lure et la plus faible (350 m.) celle du confluent du Lauzon et de la Durance.

Conditions géologiques. — Les terrains secondaires, dans la partie haute du bassin, sont très développés; ils sont représentés par des calcaires néocomiens et des grès cénomaniens.

Les terrains tertiaires, avec les molasses, occupent le quart au moins de l'étendue du bassin dans les parties moyennes et basses.

Les terrains quaternaires et les alluvions récentes se trouvent dans les parties basses, au sud.

Climat. — Le climat est froid dans la partie haute; au-dessus de 1,200 mètres la neige persiste pendant six mois. Il est chaud dans la partie méridionale jusqu'à 700 mètres, altitude maxima à laquelle on trouve l'olivier. Il est tempéré dans la zone intermédiaire de 700 à 1,200 mètres.

Au-dessus de 800 mètres il n'y a plus de villages, et au-dessus de 900 mètres on ne trouve plus de cultures. A cause de la proximité des hautes montagnes et de l'éloignement de la mer, le climat est continental.

Les différences de température diurne et nocturne sont considérables.

Les changements brusques de température sont fréquents; ils sont dus au vent des Cévennes.

Dans la zone d'action dans laquelle le périmètre est appelé à prendre surtout de l'extension, le climat est chaud.

Les orages y sont fréquents en été, rares aux autres saisons.

L'été et l'automne y sont chauds, l'hiver et le printemps plutôt froids.

Productions. — De 1,600 à 1,800 mètres on ne rencontre que des pâturages.

A 1,600 mètres apparaissent les forêts; elles descendent jusqu'à 800 mètres et sont surtout confinées dans cette zone.

Le chêne yeuse et le pin d'Alep sur les bords de la Durance montent jusqu'à 600 mètres aux expositions méridionales.

Jusqu'à 1,200 mètres on trouve le chêne rouvre, associé avec l'alisier blanc et les érables.

Au-dessus apparaît le hêtre avec quelques sapins.

Dans la partie chaude on trouve le mûrier, l'olivier, le figuier, la vigne, le pêcher et l'abricotier, et, dans la partie tempérée, l'amandier, le cerisier, le poirier, le pommier, le prunier. Dans ces deux zones on cultive les céréales.

Situation administrative. Contenance. Population. — Le périmètre de Durance-Lauzon est situé dans l'arrondissement de Forcalquier; il s'étend sur le territoire de 16 communes.

Sa contenance est de 36,052 hectares et sa population de 5,579 habitants.

État de dégradation du sol. — En ce qui concerne le régime des eaux les conditions locales sont défavorables à tous égards. Partout les différences de niveau sont très fortes et les pentes rapides.

Les roches sont très friables; souvent des couches d'argiles sont interposées, il en résulte des glissements.

Les alternatives de gelée et de dégel provoquent la désagrégation des roches dont les débris sont entraînés dans les thalwegs.

Sur la majeure partie du bassin le pâturage s'exerce sans frein, le piétinement du bétail produit le dégazonnement et provoque l'éboulement des matériaux en équilibre peu stable. Sur les pentes boisées les exploitations exagérées amènent souvent la création de ravins.

Composition et contenance du périmètre. — La contenance du périmètre de Durance-Lauzon est de $1,752^{h}36^{a}08^{c}$; $616^{h}07^{a}90^{c}$ appartiennent déjà à l'État.

Il comprend neuf séries dont la contenance est indiquée ci-après.

Augès	$226^h\ 67^a\ 11^c$
Peyruis	64 87 57
Ganagobie	357 67 31
Montlaux	196 75 49
Revest-Saint-Martin	57 03 19
Sigonce	453 02 79
Lurs	56 49 23
Fontienne	87 04 45
Forcalquier	252 78 94
TOTAL	1,752 36 08

Travaux. — Dans la série d'Augès les essences employées pour le reboisement sont le pin noir et le pin d'Alep. Sur quelques berges entièrement dénudées on a introduit une végétation herbacée transitoire pour fixer la surface du sol.

Les produits des recepages ont été utilisés pour des travaux de garnissage, dont l'action a été complétée par des plantations d'aunes, de robiniers et de boutures de saule et de peuplier.

Des travaux de même nature ont été effectués dans la série de Ganagobie; on n'a employé que le pin noir pour les plantations.

La série de Montlaux et celle de Sigonce ont été reboisées en pin noir et en pin d'Alep. L'action des garnissages a été complétée par la plantation de drageons d'hippophaé et de boutures de saule.

La contenance totale actuellement reboisée est de 415 hectares.

Les travaux restant à effectuer ne comprendront que des reboisements, des enherbements, des embroussaillements et des garnissages.

PÉRIMÈTRE DE DURANCE-LARGUE.

Description du bassin. Altitudes. — La rivière du Largue, tributaire de droite de la Durance, dont elle constitue dans l'arrondissement de Forcalquier le principal affluent, prend naissance dans les monts de Lure, sur le territoire de la commune de la Rochegiron, vers 1,400 mètres d'altitude. Elle est à sec pendant la majeure partie de l'année dans la partie haute, où elle n'est alimentée que par les eaux provenant de la fonte des neiges au printemps.

Jusqu'au village de Saumane, elle n'est formée que de torrents. A partir de cette localité, où l'on trouve les cônes du bassin de formation, son débit est plus régulier et elle devient une rivière avec un caractère torrentiel qu'elle conserve dans tout son cours. C'est à partir de ce point qu'elle prend véritablement le nom de Largue et qu'elle descend de 1,100 à 300 mètres à son embouchure. Elle a une longueur de 45 kilomètres environ, accusant une pente de 0 m. 4 dans la première partie de son cours, au-dessous de Saumane, et 0 m. 017 dans la deuxième partie.

Elle descend d'abord du nord au sud jusqu'au-dessous du village de Lincel, où, arrêtée par les contreforts du Luberon, elle s'infléchit vers l'est pour faire sa jonction avec son affluent principal, la Laye, au-dessous du village de Dauphin, et reprendre ensuite sa course vers le sud-est.

La Laye a un cours parallèle à celui du Largue. Elle descend également des monts de Lure à la même altitude que le Largue et ne prend son nom qu'au-dessus du village de Lardiers. Son parcours est de 40 kilomètres environ.

Le débit du Largue, comme celui des rivières torrentielles, est intermittent et très variable : presque à sec en été, à cause des dérivations dont il est l'objet pour les irrigations, il roule au moment des crues, amenées par les orages, un volume d'eau de plus de 100 mètres cubes à la seconde.

Ce n'est pas dans le bassin de formation du Largue, dans les parties hautes de son cours, que l'action du reboisement devra surtout s'exercer, mais dans les parties moyennes et basses, formées de terrains peu consistants. Dans la partie élevée, le terrain, formé de calcaire néocomien, est résistant.

L'œuvre de la restauration sera limitée dans une zone s'étendant entre 300 et 800 mètres d'altitude. La plus forte altitude

(1,681 m.) se trouve sur la crête de la montagne de Lure; la plus faible (265 m.) est celle de l'extrémité sud-est du département.

Conditions géologiques. — Les terrains secondaires néocomien et cénomanien au nord, dans la partie haute, représentent près de la moitié du bassin.

Les molasses tertiaires sont très développées dans les parties moyenne et inférieure.

Les terrains quaternaires se rencontrent dans la vallée de la Durance.

Climat. — Le climat est froid dans la partie haute; au-dessus de 1,200 mètres la neige persiste pendant six mois. Il est chaud dans la partie sud jusqu'à 800 mètres, altitude maxima à laquelle on trouve l'olivier.

Il est tempéré dans la zone intermédiaire, entre 800 et 1,200 mètres. Les différences de température, diurne et nocturne, sont considérables; les variations thermométriques sont brusques.

Les orages sont fréquents en été, rares aux autres saisons. L'été et l'automne sont chauds; l'hiver et le printemps plutôt froids.

Productions. — De 1,600 à 1,800 mètres on ne trouve que des pâturages.

A 1,600 mètres apparaissent les forêts qui descendent jusqu'à la Durance, mais qui, dans les parties moyenne et basse, sont confinées sur les pentes.

Le chêne yeuse et le pin d'Alep montent jusqu'à 600 mètres aux bonnes expositions. Jusqu'à 1,200 mètres on trouve le chêne rouvre associé avec l'alisier blanc et les grands érables.

Au-dessus on ne rencontre plus que le hêtre avec quelques sapins.

Dans la partie chaude on trouve le mûrier, le figuier, l'olivier, la vigne, le pêcher et l'abricotier, et, dans la partie tempérée, l'amandier, le cerisier, le poirier, le pommier et le prunier. Dans ces deux zones on cultive les céréales.

Situation administrative. Contenance. Population. — Le bassin de Durance-Largue s'étend sur 30 communes de l'arrondissement de Forcalquier. Sa contenance est de 35,800 hectares et sa population de 1,324 habitants.

État de dégradation du sol. — Partout les différences de niveau sont très fortes et les pentes rapides.

Les roches sont très friables; souvent des couches d'argile sont interposées : il en résulte des glissements.

Les alternatives de gelée et de dégel provoquent la désagrégation des roches calcaires ou marneuses, dont les débris sont entraînés dans les thalwegs.

Sur la majeure partie du territoire le pâturage s'exerce sans limite, le piétinement du bétail produit le dégazonnement et provoque l'éboulement des matériaux en équilibre peu stable. Sur les pentes boisées les exploitations sont souvent trop fortes et amènent la création de ravines.

Composition et contenance du périmètre. — La contenance du périmètre de Durance-Largue est de $3{,}722^{h}\ 59^{a}\ 90^{c}$; $691^{h}\ 82^{a}\ 08^{c}$ appartiennent déjà à l'État.

Il comprend les dix-huit séries suivantes :

La Rochegiron	210^{h}	07^{a}	84^{c}
L'Hospitalet	167	05	21
Saint-Étienne-les-Orgues	355	10	83
Ongles	72	59	91
Fontienne	119	74	19
Limans	404	86	73
Revest-des-Brousses	494	86	78

	h	a	c
Vachères	11	71	20
Aubenas	213	32	18
Reillanne	64	80	38
Montfuron	408	71	76
Saint-Martin-les-Eaux	145	81	40
Dauphin	183	35	74
Saint-Maime	14	51	90
Villeneuve	52	72	20
Manosque	329	58	45
Pierrevert	212	42	70
Corbières	251	30	50
TOTAL	3,722	59	90

Travaux. — Dans la série de Saint-Étienne on a employé le pin noir pour les travaux de reboisement.

Les berges très déclives et à surface instable ont été fixées, avant la plantation, par l'introduction de la végétation herbacée.

Les produits des recepages ont été utilisés pour des travaux de garnissage qui ont permis de consolider le lit et les berges des ravins au moyen de boutures de saule.

Des travaux de même nature ont été exécutés dans les séries de Dauphin et de Manosque; le pin d'Alep a été employé avec le pin noir et des plants de robinier avec les boutures de saule.

La restauration des terrains restant à acquérir sera entreprise en suivant les mêmes procédés.

La contenance totale actuellement reboisée est de 671 hectares.

PÉRIMÈTRE DU VERDON SUPÉRIEUR.

Description du bassin. Altitudes. — Le Verdon, dont le cours a une longueur de 160 kilomètres, est le plus important affluent de la Durance par l'étendue de son bassin comprenant environ 220,000 hectares, et par son débit de 8 mètres cubes à l'étiage.

IMPRIMERIE NATIONALE.

Il prend naissance à une altitude de 2,500 mètres, sur le versant sud du chaînon le plus important des Alpes de Provence, entre les sommets de la Sestrière (2,518 m.) et des Trois-Évêchés (2,823 m.), en regard du puissant contrefort des Siolanes (2,910 m.) qui se détache au nord dans le bassin de l'Ubaye. Il coule, du nord au sud, pendant 67 kilomètres, jusqu'à Castellane, traversant Allos (1,425 m.), Colmars (1,200 m.), Saint-André-de-Méouilles (900 m.).

A partir de Castellane (720 m.), le Verdon se dirige d'une façon générale de l'est à l'ouest avec de nombreux et longs détours. Tout son cours est une succession de bassins séparés par des défilés très étroits, très profonds et d'une grande longueur.

Son confluent, à une altitude de 250 mètres sur la rive gauche de la Durance, est à la limite commune des quatre départements des Basses-Alpes, de Vaucluse, du Var et des Bouches-du-Rhône.

La pente générale du Verdon est de 1 p. 100 et le régime de ses eaux est essentiellement torrentiel. Le bassin général du Verdon appartient pour 141,025 hectares aux Basses-Alpes, pour 71,275 hectares au Var (partie de la rive gauche en aval de Castellane) et pour 7,700 hectares aux Alpes-Maritimes (même région de la rive gauche). Au point de vue de l'étude des périmètres de restauration, le bassin du Verdon a été partagé en trois grandes divisions : le Verdon supérieur, le Verdon moyen et le Verdon inférieur.

C'est de la première de ces divisions dont nous avons à nous occuper ici; elle est limitée au sud par la clue du Pont-Julien.

Le bassin du Verdon supérieur a une étendue de 57,678 hectares et une forme un peu allongée, du nord au sud : 53 kilomètres de longueur sur une largeur moyenne d'environ 16 kilomètres.

C'est une région entièrement montagneuse, entourée de chaînes très élevées, subdivisée par de nombreux chaînons à relief très accidenté, sillonnée par plusieurs rivières torrentielles et par un grand nombre de torrents.

L'Issole, principal affluent de rive droite du Verdon, coule du nord au sud dans une vallée étendue.

Les deux vallées communiquent, entre les villages de Thorame-Haute et de Thorame-Basse, par un col très large et très déprimé.

La vallée du Verdon supérieur, généralement étroite, présente comme tout le cours du Verdon une succession de bassins, au milieu de parties très resserrées : vers sa source, à la Sestrière, à Allos, à Villars-Colmars et Beauvezer, à Saint-André.

La vallée de l'Issole, avec une très large dépression vers son centre, est très étroite dans sa partie inférieure.

La moitié septentrionale du bassin du Verdon supérieur, principalement formée vers les crêtes par les grès du flysch et les calcaires nummulitiques, est très élevée et très accidentée.

L'autre moitié, assise pour la plus grande partie sur les calcaires crayeux du crétacé supérieur, est un peu moins élevé avec un relief moins mouvementé : les crêtes sont mamelonnées, blanches et arides; les versants sont à pente plus régulière, avec un uniforme aspect de nudité et d'aridité.

D'une façon générale, au-dessus de 2,200 mètres, on rencontre les escarpements, les versants abrupts, les vastes clappes, les solitudes désolées des grandes Alpes. Au-dessous s'étendent d'immenses pâtures et, çà et là, sur les parties les moins déclives, quelques lambeaux de belles pelouses.

Les versants intermédiaires qui leur succèdent sont en pente très rapide et généralement à l'état de terrains vagues, plus ou moins dénudés et ravinés. Sur des surfaces presque toujours de peu d'importance, ces mêmes versants présentent encore, aux expositions est et nord principalement, quelques massifs boisés.

Les terres de culture couvrent les plateaux inférieurs et les versants peu escarpés. Dans les vallées, elles sont quelquefois mises à l'abri des eaux au moyen de digues; mais, le plus souvent, elles occupent les délaissés des rivières dont les surfaces sont variables suivant les effets capricieux des crues.

On remarque encore, dans les vallées principales et secondaires, d'assez vastes surfaces couvertes par les cônes des torrents, particulièrement à Beauvezer, Thorame-Haute et Thorame-Basse.

Les affluents du Verdon sont très nombreux; les plus importants sont : l'Issole, sur la rive droite, et la Lance, sur la rive gauche.

La plus grande altitude (3,053 m.) est celle du sommet du mont Pelat et la plus faible (860 m.) celle du Verdon au Pont-Julien.

Conditions géologiques. — Dans la moitié septentrionale du bassin du Verdon supérieur, les crêtes et les parties les plus élevées des versants sont formées par des couches puissantes de grès, de calcaires et de schistes du flysch. Immédiatement au-dessous apparaissent des zones plus étroites de bancs calcaires nummulitiques généralement redressés en escarpements.

Sur quelques points affleurent encore des calcaires clairs ou rougeâtres se rapportant au crétacé supérieur (col de la Cayolle, lac d'Allos, Encombrette, Trois-Évêchés).

En descendant les versants, on trouve ensuite, par zones successives, les mêmes calcaires du crétacé supérieur, les couches marno-calcaires désagrégeables du cénomanien, les schistes noirs très affouillables de l'albien et de l'aptien et les calcaires marneux du néocomien.

Le terrain jurassique n'affleure que sur un point, dans la vallée supérieure de Bouchiers, par un lambeau de calcaire oxfordien.

Près des sources du Verdon, à la Sestrière, autour du village d'Allos, sur les rives des torrents de Bouchiers et du Chadoulin gisent d'importants dépôts glaciaires.

La vallée même est occupée sur des surfaces importantes par des cônes torrentiels : à Chaumie, Clignon, Villars-Colmars, Beauvezer et Thorame-Haute.

La moitié méridionale du bassin, située au sud des montagnes de Chalufy et du Grand-Coyer, diffère complètement de la précédente. Elle est formée, dans son ensemble, aussi bien sur les crêtes que sur les versants, par les calcaires crayeux très puissants du crétacé supérieur.

Ce sont de grandes croupes, arides et blanches, suivies de versants asssez réguliers ayant le même aspect et plus ou moins couverts d'éboulis.

Çà et là cependant se trouvent encore des affleurements de calcaires nummulitiques, bien reconnaissables à leurs escarpements (Courradour, vallées d'Argens et d'Allons, partie sud du bassin de l'Estelle).

Au-dessous de ces formations, dans les vallées de l'Issole, de l'Encure, à la Mure et à Saint-André, on retrouve sur des étendues assez considérables les calcaires marneux du cénomanien et les marnes noires de l'albien et de l'aptien.

Les calcaires marneux du néocomien n'apparaissent plus bas que sur un seul point, près du Pont-Julien, immédiatement au-dessus de bancs de calcaires tithoniques bordant la clue où se termine le Verdon supérieur.

Là encore, beaucoup de pentes sont couvertes d'éboulis et de clappes.

A Thorame-Haute et à la Mure gisent des dépôts assez étendus d'alluvions anciennes aujourd'hui couvertes de cultures.

On remarque aussi de nombreux cônes torrentiels dans les différentes vallées, principalement dans la grande dépression de la vallée de l'Issole, près des hameaux du Moustiers, de Château-Garnier et de la Bâtie.

Climat. — Malgré l'orientation générale de la vallée vers le sud, le climat est très froid dans la moitié nord et encore rigoureux dans la moitié sud où l'altitude n'est jamais inférieure à 860 mètres.

A un été court et à un hiver très long succèdent des périodes pluvieuses avec brusques variations de température.

La neige, très abondante en hiver, tombe accidentellement en toutes saisons dans les parties élevées de la région.

Elle couvre généralement tout le sol de décembre à mars, sauf dans quelques endroits placés dans des conditions d'abri exceptionnelles.

Dans les parties élevées, exposées au Nord, elle persiste de novembre à mai, parfois même d'octobre à juin.

L'été et quelquefois l'hiver ont de longues périodes de sécheresse.

Pendant les mois de juillet et d'août, de violents orages éclatent fréquemment et sont accompagnés, au moins sur les hauteurs, de chutes abondantes de grêle.

Productions. — La région entière présente, dans les vallées principales, des cultures assez importantes de fourrages, de céréales et de pommes de terre. Peu de fruits et de jardinages, si ce n'est à Saint-André et à la Mure.

La production fourragère, assez considérable à Allos, Colmars, Villars-Colmars, Thorame-Haute, Thorame-Basse et Saint-André, pourrait être étendue avec profit avec une meilleure utilisation des eaux.

Les pâturages occupent la plus grande partie de toute la contrée, mais ils sont généralement appauvris et en mauvais état. Ils sont parcourus par un petit nombre de gros bestiaux et par de nombreux troupeaux de menu bétail. Ces pâturages sont loués en partie aux propriétaires de troupeaux transhumants.

Les forêts n'occupent plus que des surfaces peu étendues. Elles sont généralement encore d'un abord difficile et servent presque exclusivement aux besoins locaux.

Les essences principales sont, par ordre d'importance : le mélèze, le pin sylvestre, l'épicéa, le sapin, le hêtre et le chêne.

Situation administrative. — Contenance. — Population. — Le bassin s'étend sur le territoire de 13 communes dont 11 sont situées dans l'arrondissement de Castellane, 1 dans l'arrondissement de Digne et 1 dans celui de Barcelonnette.

Sa contenance est de 60,680 hectares et sa population de 4,765 habitants.

État de dégradation du sol. — Le bassin du Verdon supérieur présente, d'une façon générale, comme toute la vallée du Verdon, l'aspect de désolation qui caractérise les Alpes méridionales et tout particulièrement les Basses-Alpes.

Les pâtures s'étendent sur tout l'ensemble du pays et elles sont en grande partie ravinées ou en voie de ruine complète; elles occupent de grandes surfaces sur des versants très rapides, autrefois boisés très probablement.

Aujourd'hui les ravins déchirent ces pâtures et en s'agrandissant paraissent devoir achever leur destruction complète.

On distingue trois zones dans le bassin du Verdon supérieur :

La zone supérieure, dans le voisinage des crêtes, sur les grès du flysch ou les calcaires nummulitiques, comprend beaucoup d'escarpements, de clappes et d'arides rocheux; les plus hautes ramifications des torrents y prennent naissance à la suite des couloirs d'avalanches.

La zone moyenne est la véritable zone torrentielle, avec de grands versants très rapides sur des terrains marno-calcaires très affouillables et trop souvent dénudés.

La zone inférieure s'étend dans la partie inférieure des vallées. Elle est occupée par les cultures, par les cônes torrentiels et par les plages de galets des cours d'eau.

Les cultures, les routes et les canaux d'arrosage ont souvent à y souffrir des érosions des torrents ou des apports des crues, malgré les travaux de défense qui y sont établis et dont l'entretien est très onéreux.

L'état de dégradation de toute la région, principalement de la deuxième zone, s'accentue toujours davantage par suite des mêmes causes : conditions topographiques, géologiques et climatologiques défavorables; déboisement; extension des pâtures sur les pentes trop rapides; abus de pâturage qu'il faut surtout rapporter à la transhumance et au régime de la propriété communale.

Les conséquences de la dénudation et du ravinement des versants ne sont pas limitées à la haute vallée du Verdon. Il en résulte pour le cours d'eau un régime torrentiel dont les effets se répercutent sur les régions inférieures, soit par la pénurie d'eau pour les nombreux canaux qui font vivre les plaines des départements voisins, soit par les dégâts de crues excessives sur le parcours des vallées inférieures du Verdon, de la Durance et du Rhône.

Au pont de Castellane, la plus haute station hydrométrique du Verdon, on a constaté, de 1891 à 1901, que les crues du Verdon, toujours rapides et de courte durée, peuvent faire varier le débit de 3 mètres cubes à 400 mètres cubes à la seconde.

Composition et contenance du périmètre. — Le périmètre du Verdon supérieur a été constitué par une loi du 18 juillet 1906.

Sa contenance est de $19,124^{h}\ 01^{a}\ 81^{c}$; $15,468^{h}\ 19^{a}\ 83^{c}$ appartiennent déjà à l'État.

Il comprend les douze séries suivantes.

Allos	$4,470^{h}\ 05^{a}\ 96^{c}$
Colmars	4,691 94 65
Villars-Colmars	300 88 74
Beauvezer	712 37 65
Peyresq	76 01 74

Thorame-Haute	1,892h	10a	79c
Thorame-Basse	2,872	07	37
Argens	261	74	66
Lambruisse	272	94	45
Allons	860	49	34
La Mure	521	88	32
Saint-André	2,191	48	14
Total	19,124	01	81

Travaux. — La série d'Allos, située à la naissance du Verdon et de plusieurs de ses affluents, est comprise entre 1,700 et 3,000 mètres d'altitude.

Quelques travaux peu importants de correction de ravins secondaires ont été effectués au moyen de garnissages de pierres; des mottes de gazon ont été employées pour fixer les têtes de ces ravins.

On a utilisé pour le reboisement le pin cembro et le mélèze, par voie de semis et de plantations, et le pin à crochets par plantation seulement.

La série de Colmars, entre 1,300 et 2,800 mètres, comprend les bassins de nombreux torrents. Les travaux de correction ont consisté dans l'exécution de garnissages en branchages, en gazon ou en pierres.

Des semis et des plantations de pin cembro, de mélèze, de pin à crochets et d'épicéa ont partout bien réussi; le climat et le sol conviennent surtout au mélèze.

La série de Villars-Colmars, comprise entre 1,200 et 2,300 mètres, est située sur la rive gauche de la rivière torrentielle de la Chasse. La partie supérieure est formée d'escarpements dominant des clappes. Au-dessous de grandes étendues de marnes aptiennes sont dénudées et profondément ravinées. D'importants travaux secondaires de correction, consistant en garnissages, ont été exécutés en même temps que des semis et des plantations de mélèze et des plantations de pin à crochet.

Des travaux de reboisement de même nature ont été effectués dans la série de Beauvezer, située entre 1,200 et 2,400 mètres, sur la rive droite du torrent de Saint-Pierre. On a utilisé les produits des recepages au garnissage des ravins creusés dans les terres noires.

On a employé dans la série de Thorame-Haute, située sur la rive gauche du torrent de Saint-Pierre entre 1,500 et 2,600 mètres, les mêmes essences et les mêmes procédés de reboisement que dans les deux séries précédentes.

Dans la partie supérieure de quelques ravins on a dû fixer les berges au moyen de mottes de gazon.

La série de Thorame-Basse est située dans le bassin supérieur de la rivière torrentielle de l'Issole, entre 1,200 et 2,400 mètres.

Les parties supérieures de la série, dans les calcaires crayeux, ne nécessitent que l'exécution de travaux forestiers. Dans les terres noires et les calcaires marneux des parties inférieures on a dû effectuer des travaux de garnissages de ravins.

Le pin noir, le pin à crochets et le mélèze ont été plantés dans des terrains stables.

La série de Lambruisse est située, entre 1,150 et 1,750 mètres, sur les deux rives du torrent de l'Encure. La partie supérieure est formée de calcaires crayeux dénudés; au-dessous, des combes sont creusées dans les marnes aptiennes.

De nombreux garnissages de branchages ont dû être exécutés. Sur toutes les parties stables on a planté des pins noirs, des pins à crochets et des mélèzes.

Située sur la rive droite de la rivière torrentielle de l'Ivoire, entre 1,000 et 2,000 mètres, la série d'Allons a été reboisée avec les mêmes essences que la précédente.

Les ravins ont été corrigés au moyen de garnissages.

La série de la Mure, entre 1,000 et 1,660 mètres, est située sur les deux rives du Verdon. Les versants, formés de marnes schisteuses, sont très ravinés dans leur partie inférieure.

28. Périmètre du Verdon Supérieur (Basses-Alpes). Série de Saint-André.
Jeune massif de pins noirs. Plantation.

29. Périmètre du Verdon Supérieur (Basses-Alpes). Série de Saint-André.
Le torrent du Cougnes en 1886.

30. Périmètre du Verdon supérieur (Basses-Alpes). Série de Saint-André.
Même vue que la précédente ; état actuel.

Phototypie Berthaud, Paris.

On a employé, pour le reboisement, le mélèze, le pin sylvestre et surtout le pin noir; les peuplements les plus anciens sont âgés de 42 ans.

De nombreux travaux de correction, consistant en garnissages, ont été exécutés dans les ravins; ces travaux, qui ne sont pas terminés sur la rive gauche, sont continués à mesure que les éclaircies fournissent les matériaux nécessaires.

La série de Saint-André, entre 1,000 et 1,700 mètres, est située sur les deux rives de l'Issole et sur celles du Verdon. L'ensemble est constitué par des calcaires crayeux, avec des marnes ravinées à la base.

Les essences qui ont été employées pour le reboisement sont le mélèze, le cèdre et surtout le pin noir; comme dans la série précédente les peuplements les plus anciens sont âgés de 42 ans. Des garnissages ont arrêté le creusement des ravins.

Dans les diverses séries on a exécuté sur les berges dénudées et dans les ravins après leur garnissage des semis de graines de plantes fourragères et des plantations d'éclats de bauche ou d'avoine de montagne.

Dans tous les ravins également et sur leurs berges on a planté des essences feuillues, surtout des aunes et des saules, et on a marcotté toutes les tiges qui se prêtaient à cette opération.

La contenance totale déjà reboisée dans le périmètre est de 10,498 hectares.

Les travaux restant à effectuer ne comprennent que des reboisements et des garnissages. (Planches 28 à 30.)

PÉRIMÈTRE DU VERDON MOYEN.

Description du bassin. Altitudes. — Pour l'étude des périmètres de restauration, le bassin du Verdon a été partagé en trois grandes divisions : le Verdon supérieur, le Verdon moyen et le Verdon inférieur.

La deuxième de ces divisions est limitée au nord par le Pont-Julien et au sud par le confluent du Verdon et de l'Artuby.

Le bassin du Verdon moyen a une étendue totale de 66,796 hectares, dont 32,300 hectares dans les Basses-Alpes et le reste dans les Alpes-Maritimes et le Var.

Le périmètre ne s'étend que sur le territoire des Basses-Alpes; d'ailleurs, les parties situées dans les Alpes-Maritimes et le Var ne comprennent pas de surfaces dégradées assez importantes pour qu'il convienne de les englober dans un périmètre de restauration.

C'est une région entièrement montagneuse, entourée de chaînes élevées, sillonnée par plusieurs rivières torrentielles et par un grand nombre de torrents.

La vallée du Verdon moyen, généralement étroite, présente comme tout le cours de cette rivière une succession de bassins au milieu de parties très resserrées : au-dessous de Saint-Julien, en aval de la clue de Lirette à Castillon, en amont et en aval du Roc de Castellane, à Chasteuil, au confluent du Jabron, au-dessous de Rougon.

Au nord-est, la longue crête de Chamatte, avec les calcaires blanchâtres du crétacé supérieur dominés au point culminant par un grand escarpement de calcaire nummulitique, présente seule des versants souvent réguliers avec de grands éboulis.

Toutes les autres crêtes, presque entièrement formées de calcaires massifs du jurassique supérieur, forment de grands escarpements et sont suivies de versants généralement irréguliers, abrupts et coupés de barres rocheuses.

Dans les parties élargies de leurs vallées, les cours d'eau divaguent sur de vastes lits de cailloux parsemés quelquefois d'îlots couverts de broussailles désignés sous le nom d'iscles.

Dans le fond des vallées, on remarque aussi les cônes des ravins et torrents, tout particulièrement à Saint-Julien, Castillon, Vergons, Peyroules.

La région du Verdon moyen, avec son relief si curieusement compliqué et ses versants dénudés ou déchirés par les ravins, présente l'aspect d'un pays très pittoresque mais ruiné et ravagé par les torrents.

Les affluents du Verdon sont très nombreux; les plus importants sont le Baux sur la rive droite, et l'Artuby et le Jabron sur la rive gauche.

La plus forte altitude (1,943 m.) est celle de la Bernarde et la plus faible (530 m.) celle du confluent de l'Artuby.

Conditions géologiques. — Depuis le trias jusqu'au quaternaire, la plupart des terrains sédimentaires sont représentés et ont entre eux les rapports les plus compliqués, par suite de failles, de discordances, de plis en faisceaux et de renversements.

Tout le bassin du Verdon moyen est compris dans une région à fractures et à plissements multiples qui paraissent résulter des pressions extraordinaires que les diverses couches peu résistantes du trias, du lias, du jurassique et du crétacé ont subies entre les dépôts compacts, extrêmement puissants du crétacé supérieur, vers le nord (de Chamatte au Cheval-Blanc), et les calcaires tithoniques vers le sud (de Peyroules à Rougon).

La crête de Chamatte marque la fin vers le sud des masses puissantes formées par les calcaires blanchâtres du crétacé supérieur dans les bassins de l'Asse et du Verdon supérieur.

La même formation crayeuse ne se rencontre plus ensuite que par bandes irrégulières à La Garde, Peyroules, Eoulx, Robion et Taloire.

Le point culminant de Chamatte est formé de calcaires nummulitiques.

Les autres sommets et la plupart des crêtes sont constitués par les assises puissantes des calcaires tithoniques.

On les reconnaît partout à leurs grands escarpements et aux clues qu'ils forment sur les points où, surbaissés ils paraissent fermer les bassins successifs que le Verdon présente sur tout son cours.

Les marnes irisées avec dépôts de gypse apparaissent à Castillon, à La Garde, à Eoulx et ont de grands affleurements à Saint-Julien, à Castellane et à Rougon.

Les différents étages du lias et du jurassique moyen se montrent par bandes généralement étroites qui ont leur plus grand développement à mi-hauteur des versants.

Avec leur alternance de marnes ravinées et de calcaires marneux dénudés, ils constituent souvent une zone torrentielle très active.

On les remarque surtout à Saint-Julien, à Castillon, à Demandolx, à Castellane et à Rougon.

La suite des couches du crétacé inférieur et du crétacé moyen occupe de très grandes surfaces, le plus souvent vers le bas des versants ou dans le fond des vallées.

Parmi ces couches, les calcaires marneux du néocomien et du barrêmien sont les plus largement représentés par grandes bandes généralement orientées de l'est à l'ouest.

On les rencontre surtout à Angles, Vergons, Courchons, Castillon, Demandolx, La Garde, Peyroules, Robion, Taloire, Chasteuil et Rougon.

Les marnes aptiennes forment une large zone ravinée sur les versants inférieurs de Chamatte et au sud-est de Vergons; elles ne forment plus que des bandes très étroites à Demandolx, à La Garde et à Peyroules.

Les marnes et les calcaires de l'albien et du cénomanien sont aussi largement développés sur la plupart des versants : à Angles, Vergons, Demandolx, La Garde, Peyroules, Eoulx, Robion, Castellane, Taloire et Rougon.

La formation tertiaire ne se rencontre que dans la partie centrale du bassin du Verdon moyen où elle occupe de grandes surfaces, à Castellane et à Eoulx.

A Castellane, ce sont les grès de Barrême, les marnes, les calcaires et les divers dépôts de la molasse rouge; à Eoulx, ce sont les marnes de Rayan, des sables et des argiles bigarrées.

Les marnes de Rayan renferment beaucoup de débris végétaux silicifiés.

A Castellane, le fond de la vallée de la Palud est constitué par des alluvions anciennes.

Dans toutes les vallées, on remarque les dépôts d'alluvions récentes, formés çà et là par les rivières ou par les cônes des torrents.

Climat. — Avec quelques variations locales dues à des différences d'exposition, le climat général de la région est le climat provençal de la région alpestre, caractérisé surtout par le pin sylvestre.

Les neiges, assez abondantes sur les sommets et dans la partie est, vers Vergons et Soleilhas, ne persistent longtemps que sur les versants orientés au nord.

Le printemps et l'automne, de peu de durée, ont toujours d'assez longues périodes pluvieuses.

L'été est caractérisé par de longues sécheresses et quelquefois par des séries d'orages très violents.

Production. — La région entière présente, dans les vallées principales, sur les plateaux et sur les versants à faible pente, des cultures assez importantes de céréales, de fourrages et de pommes de terre.

Dans les situations bien exposées et peu élevées on cultive aussi les arbres fruitiers et la vigne.

On pratique partout l'élevage du mouton.

A Soleilhas et Peyroules, on élève aussi quelques chevaux et mulets.

La production fourragère pourrait avec profit s'étendre sur de plus grandes surfaces, par une meilleure utilisation des eaux et par l'extinction des ravins dont les eaux divaguent sur les terrains les mieux placés pour la culture.

Les pâturages occupent la plus grande partie de toute la contrée, mais ils sont généralement appauvris et en mauvais état. Ils sont parcourus par un petit nombre de gros bestiaux et par les nombreux troupeaux de menu bétail que les propriétaires peuvent entretenir en hiver à l'étable ou qu'ils achètent au printemps.

Quelques montagnes sont aussi louées aux transhumants.

Les forêts n'occupent plus que des surfaces peu étendues. Elles sont généralemont confinées sur les versants est et nord et servent presque exclusivement aux besoins locaux. Les essences les plus répandues sont par ordre d'importance le pin sylvestre, le chêne rouvre, le hêtre.

La région, autrefois plus peuplée, était beaucoup plus cultivée. On trouve partout des traces d'anciennes cultures abandonnées, principalement sur les versants élevés et éloignés des hameaux.

Situation administrative. Contenance. Population. — Le bassin du Verdon moyen s'étend sur 16 communes de l'arrondissement de Castellane.

Sa contenance est de 32,300 hectares et sa population est de 3,940 habitants.

État de dégradation du sol. — Le bassin du Verdon moyen présente le même aspect de dégradation que celui du Verdon supérieur.

Quelques forêts d'une contenance totale de 2,788 hectares, confinées sur les versants est et nord, occupent 8.7 p. 100 de la surface totale du bassin, proportion bien faible pour une région montagneuse aussi accidentée et composée de terrains très affouillables.

Les pâtures s'étendent sur tout l'ensemble du pays et elles sont en grande partie très appauvries ou ravinées et en voie de ruine complète; elles occupent de grandes surfaces sur des versants très dégradés.

On distingue trois zones dans le bassin du Verdon moyen :

La zone supérieure, dans le voisinage des crêtes, généralement sur les calcaires résistants des plus hautes couches jurassiques, comprend beaucoup d'escarpements, de clappes et d'arides rocheux;

La zone moyenne est la véritable zone torrentielle avec de grands versants très rapides et des terrains marno-calcaires très affouillables et très souvent dénudés. On y abandonne peu à peu les labours qui y avaient été souvent établis sur des sols peu fertiles et en pente trop rapide;

La zone inférieure, sur les coteaux et dans les vallées, comprend les meilleures cultures et trop souvent les cônes des torrents ou les plages de galets des rivières torrentielles.

Les cultures, les routes et les canaux d'arrosage ont souvent à y souffrir des érosions ou des apports des torrents, malgré les travaux de défense qui y sont établis et dont l'entretien est très onéreux.

L'état général de dégradation de toute la région, principalement de la deuxième zone, s'accentue toujours davantage, par suite des mêmes causes : déboisement, extension des pâtures, abus de pâturage caratéristiques du régime de la propriété communale.

Le cultivateur, malgré tous ses efforts, vit difficilement dans cette région.

La ruine du sol accélère la dépopulation que d'autres causes économiques produisent dans les campagnes et particulièrement dans ces pays de montagne où la lutte pour l'existence est plus rude que partout ailleurs.

Composition et contenance du périmètre. — La contenance du périmètre du Verdon moyen est de 4,749^h^ 22^a^ 56^c^; 2.692^h^ 19^a^ 70^c^ appartiennent déjà à l'État.

Il comprend les quinze terres suivantes, dont trois proviennent d'anciens périmètres divisés en exécution de l'article 16 de la loi du 4 avril 1882 :

Angles	387h 98a 61c
Courchons	20 30 03
Vergons	817 00 26
Saint-Julien	120 34 32
Castillon	162 78 87
Demandolx	136 38 21
Soleilhas	183 49 88
Peyroules	189 59 75
La Garde	248 75 48
Eoulx	93 75 17
Castellanne	1 237 04 79
Robion	17 47 00
Taloire	703 61 36
Chasteuil	9 01 90
Rougon	461 66 93
Total	4 749 22 56

Travaux. — On s'est proposé de créer des forêts sur les versants rapides et affouillables des bassins de réception des principaux cours d'eau torrentiels de la région.

Toute la région était «en proie» aux ravins et aux torrents.

Pour créer la forêt, on a procédé successivement aux divers travaux de boisement sur toutes les surfaces périmétrées, soit qu'elles aient été stables dès le début des travaux, soit que, de proche en proche, on ait pu les rendre stables par les travaux spéciaux dits de correction.

La série d'Angles, située entre 930 et 1,780 mètres, est constituée presque entièrement par un grand versant, à forte pente, avec des rochers calcaires à la partie supérieure et des marnes aptiennes au-dessous.

Le pin noir, le pin sylvestre, le pin à crochets et le mélèze, telles sont les essences qui ont été employées dans les travaux de plantation.

Le massif, en bon état de végétation, est à l'état de gaulis ou de perchis.

Des travaux de correction ont été effectués dans les ravins, au moyen de garnissages de branchages sur lesquels on a semé des graines de fenasse et planté des éclats de bauche et d'avoine toujours verte, ainsi que des plants d'hippophaés, de condriers, de saules, de peupliers, d'aunes et d'autres feuillus.

Les mêmes travaux d'enherbement et d'embroussaillement ont été exécutés sur les berges des ravins.

Le village d'Angles, menacé autrefois, est maintenant à l'abri de tout danger.

La série de Vergons, entre 950 et 1,800 mètres, comprend deux grandes divisions.

La première est située sur le versant sud du pic de Chamatte. Au-dessous d'un grand escarpement, des versants rapides de calcaires crayeux dominent une suite de combes creusées dans des calcaires marneux et des terres noires.

On a employé les mêmes essences que dans la série précédente; un massif résineux en bon état de végétation couvre maintenant le flanc de la montagne de Chamatte. Des garnissages, avec les mêmes travaux accessoires que dans la série d'Angles, ont arrêté le creusement du ravin.

Le massif des Adrechs, qui forme la deuxième grande division, est constitué par un perchis de pins noirs et de pins sylvestres en bon état de végétation.

La série de Soleilhas occupe, entre 1,350 et 1,875 mètres, un grand versant calcaire, exposé au sud, situé sur les deux rives du ravin de Saint-Barnabé, qui sépare les montagnes de Gaurre et de Picogu.

La restauration du sol comporte presque exclusivement des travaux forestiers; quelques garnissages, avec les travaux accessoires qu'ils entraînent, ont cependant été exécutés. On a employé pour le reboisement le pin noir, le pin à crochets, le mélèze et le pin cembro, cette dernière essence au voisinage immédiat des crêtes.

Dans la série de La Garde, comprise entre 1,050 et 1,300 mètres, on n'a effectué que des travaux forestiers consistant en plantation de pin noir et de mélèze.

Dans la série de Castellanne, la première division située à l'exposition du nord, entre 1,000 et 1,400 mètres, est entièrement couverte d'un beau massif de 25 à 45 ans. L'épicéa, le mélèze et le pin à crochets occupent la partie supérieure, le pin sylvestre et le pin noir la partie inférieure, avec un certain nombre de cèdres et de pins laricios de Corse.

La deuxième division, qui occupe une situation analogue à la première, a été plantée avec succès en pin noir, pin à crochets, épicéa et mélèze.

Les ravins ont été corrigés au moyen de garnissages où l'on a introduit la végétation ligneuse : aune blanc, coudrier, peuplier, saule, hippophaé.

La série de Taloire, située entre 650 et 1,662 mètres, comprend, sur le versant septentrional de la montagne de Robion, les bassins de formation du torrent du Riou et du ravin de Saleis, affluents du Verdon.

Les travaux de restauration comprennent quelques corrections peu importantes de ravins, au moyen de garnissages, et des plantations de pin noir et de mélèze.

La contenance déjà reboisée est de 2,185 hectares.

Dans les terrains qui n'appartiennent pas encore à l'État, les travaux de restauration à effectuer ne consisteront qu'en plantations et en garnissages. (Planches 31 à 34.)

31. Périmètre du Verdon moyen (Basses-Alpes). Série d'Angles.
Ravin du Petit Riou. Section principale.

32. Périmètre du Verdon Moyen (Basses-Alpes). Série de Vergons.
Le ravin de Font-Claude ; début du reboisement.

33. Périmètre du Verdon moyen (Basses-Alpes). Série de Vergons. — Même vue que la précédente ; plantations de 12 ans.

34. Périmètre du Verdon moyen (Basses-Alpes). Série de Vergons.
Versant de Chamatte au-dessus du col de Toutes-Aures.

PÉRIMÈTRE DU VERDON INFÉRIEUR.

Description du bassin. Altitudes. — Le bassin du Verdon a été partagé, en vue de l'étude des périmètres de restauration, en trois grandes divisions : le Verdon supérieur, le Verdon moyen et le Verdon inférieur, ainsi qu'on l'a indiqué plus haut.

Le bassin du Verdon inférieur, qui constitue la troisième de ces divisions, est limité au nord par le confluent de l'Artuby et du Verdon, au sud par le confluent du Verdon avec la Durance.

Le bassin du Verdon inférieur a une étendue totale de 95,504 hectares ainsi répartie : 56,529 hectares dans les Basses-Alpes et 38,975 hectares dans le Var.

Le projet actuel ne comprend que la partie située dans le département des Basses-Alpes; d'ailleurs, la partie comprise dans le département du Var ne renferme pas de surfaces dégradées assez importantes pour qu'il convienne de les englober dans un périmètre de restauration.

C'est une région présentant dans son ensemble deux parties très distinctes : la partie orientale est entièrement montagneuse, avec un relief très accidenté; la partie occidentale, à partir de Saint-Jurs et Moustiers, est un grand plateau entaillé de petites vallées et dominant le lit encaissé du Verdon par des berges très rapides ou des falaises rocheuses à pic, clues de Montpezat et de Quinson.

La vallée du Verdon inférieur, limitée souvent à un «cañon», présente, comme tout le cours du Verdon, une succession de bassins séparés par de longues clues : au-dessous de Moustiers, à Montpezat, à Quinson, à Gréoux.

Dans ces bassins, le Verdon divague sur de larges plages de galets.

Les affluents du Verdon sont peu nombreux; les plus importants sont la Maïre, le Colostre et la rivière de Laval.

La plus forte altitude (1,931 m.) est celle de la montagne de

Mourre-de-Chanier, et la plus faible (260 m.) celle du confluent avec la Durance.

Le bassin du Verdon inférieur présente des clues profondes, parmi lesquelles les clues de Rougon et de la Palud sont citées comme les plus remarquables des Alpes françaises.

Conditions géologiques. — Le bassin est, ainsi qu'on l'a dit précédemment, divisé en deux parties bien distinctes : à l'est, une partie très montagneuse jusqu'aux villages de Saint-Jurs et de Moustiers; à l'ouest, le grand plateau de Riez coupé de petites vallées et bordé au sud par le Verdon.

La partie montagneuse présente trois grandes bandes, orientées du nord-ouest au sud-est, de calcaires compacts du jurassique supérieur : la crête du Mourre-de-Chanier et les escarpements à mi-hauteur des versants de cette montagne, la longue crête de Montdenier, les escarpements qui apparaissent non loin de Saint-Jurs et qui dominent ensuite Moustiers et la route de la Palud.

Les mêmes masses puissantes de calcaires compacts du jurassique supérieur forment, au sud de la Palud, le massif de Collet-Barris et les grandes clues du Verdon.

Entre les deux crêtes de Chanier et de Montdenier, dans la profonde dépression de la vallée des Baux, à Châteauneuf-les-Moustiers, on rencontre successivement par bandes étroites, d'une façon presque régulière, la suite des terrains du lias et de l'infralias.

De grands affleurements de trias leur succèdent, puis deux zones de calcaires marneux barrêmiens et néocomiens.

A la naissance de la rivière des Baux, on trouve des calcaires et des marnes du cénomanien et de l'albien, avec des lambeaux du crétacé supérieur et des dépôts de molasse rouge.

Entre la crête de Montdenier et les escarpements de Moustiers, on rencontre également de larges zones de calcaires barrêmiens et néocomiens.

Dans le bassin peu étendu de la Palud, on trouve aussi les

mêmes terrains du barrêmien, du néocomien, du cénomanien, de l'albien, du crétacé supérieur et de la molasse rouge.

A Saint-Jurs, on retrouve un affleurement peu important de marnes irisées.

Tout le plateau de Riez avec ses dépendances est composé de dépôts miocènes : près de Moustiers, de Saint-Laurent, d'Esparron-du-Verdon et de Saint-Martin-de-Brômes, ce sont des bancs peu puissants de calcaires et de marnes; partout ailleurs, ce sont les immenses dépôts de poudingues à galets impressionnés.

Au sud du plateau de Riez, les calcaires du jurassique supérieur forment les clues du Verdon jusqu'à Esparron.

Les bords escarpés qui suivent ensuite la vallée du Verdon et la vallée du Colostre jusqu'à Saint-Martin-de-Brômes sont formés de calcaires barrêmiens.

Deux taches de marnes néocomiennes apparaissent aussi à Montpezat et à Quinson.

A la Palud (au quartier de Saint-Maurin) et à Moustiers (au village même et au quartier de Segriès), on rencontre des dépôts peu étendus de tuf.

La vallée du Verdon à Gréoux et les bassins du Verdon entre ses diverses clues, à Moustiers, à Sainte-Croix, à Montpezat et à Quinson comprennent des dépôts d'alluvions anciennes et récentes.

Dans la plupart des diverses formations qui viennent d'être citées, on trouve des assises de nature peu consistante, calcaires et marnes du néocomien, du cénomanien, de l'albien; mais, à raison de leurs dispositions et des surfaces limitées qu'elles occupent, le sol n'y est souvent dégradé que par places peu étendues.

Au contraire, dans la formation puissante des poudingues à galets impressionnés, le sol est presque partout en ruines, dès que les déclivités sont grandes.

Cette fâcheuse situation se présente principalement pour les grandes berges qui dominent les vallées de la Maïre et du Verdon.

Climat. — En ce qui concerne le climat, le bassin du Verdon inférieur se partage aussi en deux grandes parties.

La partie montagneuse, à l'est de Moustiers, a le climat froid de la région alpestre provençale.

Le plateau de Riez et les versants qui en dépendent ont le climat tempéré de la limite nord de la région de l'olivier.

Le printemps et l'automne ont généralement d'assez longues périodes pluvieuses.

L'été présente presque toujours de longues sécheresses.

Productions. — La région entière présente dans les vallées principales et sur le plateau de Riez des cultures importantes et variées, mais en régression constante depuis des temps reculés, surtout dans la zone montagneuse. On cultive principalement les céréales, les amandiers, la vigne et les plantes fourragères.

Sur les versants bien exposés qui dépendent du plateau de Riez ou qui font suite à la partie montagneuse, à l'ouest des escarpements de Moustiers, on cultive avec succès l'olivier.

Sauf dans la zone la plus élevée, on récolte presque partout des truffes, principalement à Montagnac, Roumoules, Montpezat et Quinson. Cette production a été augmentée par de nombreuses plantations de chênes rouvres et yeuses.

On élève un assez grand nombre de moutons.

Les taillis de chênes rouvres, à l'ouest, et de chênes yeuses, vers le sud, occupent encore une superficie assez considérable, notamment à Riez, Roumoules, Quinson, Allemagne et Gréoux.

A Châteauneuf-les-Moustiers se trouvent aussi quelques taillis de hêtres. A la Palud, un beau massif de pins sylvestres occupe les versants de la Barbin.

A Moustiers, les reboisements effectués depuis 30 ans commencent à former des massifs importants où le pin d'Alep domine avec mélange de pin noir d'Autriche.

Situation administrative. Contenance. Population. — Le bassin du Verdon inférieur comprend, dans les Basses-Alpes, 19 communes de l'arrondissement de Digne.

Sa contenance est de 59,529 hectares et sa population de 11,435 habitants.

État de dégradation du sol. — Le bassin du Verdon inférieur a un aspect moins dégradé que les autres régions des Basses-Alpes, à raison du plateau de Riez qui en constitue une notable partie et de la nature des calcaires compacts qui forment l'ensemble de sa région montagneuse à l'est de Moustiers.

Les dégradations sont limitées presque partout aux berges des vallées qui sillonnent ou qui limitent le plateau de Riez.

Là le sol est dénudé et très raviné, par suite de la nature éminemment affouillable des poudingues à galets impressionnés.

Il en est de même pour les terrains du trias, du barrêmien et du néocomien au sud-est de Saint-Jurs, et pour les dépôts miocènes situés sur la rive gauche de la Maïre, près du confluent de cette rivière avec le Verdon.

Les «causses» situés entre les escarpements de Moustiers et le serre de Montdenier continuent à se dénuder, mais leur sol rocheux résiste à l'affouillement.

Les dégradations superficielles ou profondes sont en relation directe avec la nature du sol; elles paraissent souvent dues à d'anciens déboisements et aux abus du pâturage.

Actuellement, les pâtures continuent à s'appauvrir et, sur beaucoup de points, elles se ravinent.

Les principaux cours d'eau déversent dans le Verdon de grandes quantités de matériaux détritiques, contribuant ainsi à rendre plus torrentiel le régime du Verdon. Les effets s'en répercutent ensuite dans les régions plus éloignées de la Durance et du Rhône.

Au pont de Quinson, station hydrométrique de la vallée inférieure du Verdon, on constate que les crues peuvent faire varier le débit de 5 mètres cubes à 1,000 mètres cubes à la seconde.

Composition et contenance du périmètre. — La contenance du périmètre du Verdon inférieur est de 3,979^h 44^a 20^c, dont 2,812^h 44^a 39^c appartiennent déjà à l'État.

Il comprend les huit séries suivantes :

La Palud	466^h 47^a 01^c
Châteauneuf-les-Moustiers	148 50 90
Moustiers	2,612 78 40
Saint-Jurs	325 25 70
Sainte-Croix-du-Verdon	48 54 80
Puimoisson	174 14 48
Montagnac	8 66 90
Montpezat	195 06 01
TOTAL	3,799 44 20

Travaux. — La série de la Palud, située entre 670 et 1,260 mètres, n'exige que l'exécution de travaux forestiers. Les essences employées sont le chêne rouvre, le pin sylvestre, le cèdre, et surtout le pin noir.

La série de Moustiers est située entre 480 et 1,100 mètres d'altitude. Elle est principalement constituée par une longue suite de berges du plateau de Riez, au-dessus des vallées du Verdon et de la Maïre. La restauration du sol comportait, outre le reboisement, la correction d'un grand nombre de ravins au moyen de garnissages de branchages. Ces travaux ont été effectués avec succès, de même que le reboisement de l'ensemble de la série.

Les essences qui ont été employées sont le pin noir, le pin sylvestre, le pin d'Alep, le cyprès et divers feuillus. Le pin d'Alep est l'essence dominante; il a été introduit par semis et par plantation.

35. Périmètre du Verdon inférieur (Basses-Alpes). Série de Moustiers.
Massif de pins d'Alep de 18 ans.

Les pins d'Alep ont une hauteur moyenne de 8 mètres et les autres résineux une hauteur moyenne de 6 mètres.

La série de Saint-Jurs, située entre 790 et 850 mètres, ne comporte que l'exécution de travaux forestiers: des semis de glands de chêvre rouvre et des plantations de pins noirs y ont été effectués.

La contenance déjà reboisée est de 783 hectares.

Dans les terrains qui n'appartiennent pas encore à l'État, on ne devra exécuter que des travaux forestiers et quelques garnissages. (Planche 35.)

PÉRIMÈTRE DE VAR-COLOMP.

Description du bassin. Altitudes. — Le bassin du Var-Colomp est formé de la partie du territoire des Basses-Alpes qui est comprise dans le bassin général du Var.

Ce bassin, d'une contenance de 42,626 hectares, se trouve ainsi situé principalement sur la rive droite du Var, dans la partie moyenne du cours de ce fleuve, un peu en amont et en aval d'Entrevaux. Il se divise naturellement en trois parties :

1° Une fraction assez étendue du bassin direct du Var avec une série d'affluents secondaires sur les deux rives;

2° Le vaste bassin du Colomp, rivière torrentielle de la rive droite du Var;

3° Pour une surface relativement peu considérable, une partie du bassin supérieur de l'Esteron, affluent le plus important de la rive droite du Var.

Le Var, après un parcours d'environ 40 kilomètres dans son bassin supérieur, pénètre dans le bassin du Var-Colomp, à Sausses, par 585 mètres d'altitude, en conservant à peu près la direction nord-sud qu'il a eue jusque-là.

C'est déjà une grande rivière, à régime éminemment torrentiel.

La vallée du Var, peu large jusqu'à Entrevaux, est très resserrée par les clues successives de Gueydan, de Cornillon et d'Entrevaux.

En aval de ce dernier point, la vallée s'infléchit à angle droit vers l'est et devient très large jusqu'à Puget-Théniers où commence le bassin du Var moyen, par 440 mètres d'altitude.

Sur ce parcours de 15 kilomètres, le Var divague sur un lit très large, avec une pente moyenne de 1 p. 100, minant ses berges et nécessitant déjà de très importants travaux de défense.

Le Colomp prend naissance dans le cirque élevé du massif du Grand-Coyer, vers 2,200 mètres d'altitude; il coule directement du nord au sud, pendant 22 kilomètres, presque toujours au milieu de blocs de grès et par une succession de petites cascades, dans une vallée profonde et très encaissée jusqu'au Plan-de-Colomp où son altitude n'est plus que de 610 mètres. Il s'infléchit ensuite, à angle droit vers l'est pendant 8 kilomètres, jusqu'à son confluent avec le Var, par 520 mètres d'altitude. Sa vallée, étranglée encore sur un point, à la clue de Saint-Benoît, est alors plus ouverte sans être jamais très large. Le Colomp, à régime torrentiel, recouvre de graviers toute la partie inférieure de sa vallée.

En amont du Plan-de-Colomp, la pente moyenne de la rivière est de 7 p. 100; en aval, elle n'est plus que de 1 p. 100.

Au Plan-de-Colomp se trouve aussi le confluent de la Vaïre, rivière importante, dont la vallée est bien ouverte à Annot et dont le bassin général est très étendu.

L'Esteron prend naissance à l'est du massif de Teillon (1,894 m.), à 1,260 mètres d'altitude, et a tout son cours orienté d'une façon générale de l'ouest à l'est. Il coule, à partir de Soleilhas, dans une large vallée située à 1,000 mètres d'altitude où sa pente est presque nulle.

Par 975 mètres d'altitude, il entre dans les Alpes-Maritimes où son cours est rapide et coupé par de nombreuses clues.

Le bassin du Var-Colomp est une région très montagneuse, bordée de chaînes élevées, au sud, à l'ouest et surtout au nord, subdivisée par de nombreux chaînons à relief accidenté et sillonnée par une infinité de cours d'eau à régime torrentiel.

Le massif du Grand-Coyer (2,700 m.) et celui de Pierre-Grosse (2,500 m.), au nord, appartiennent à la région alpine, avec leurs escarpements dominant d'immenses clappes et quelques belles pelouses.

Les autres crêtes, souvent élevées et abruptes, appartiennent à la moyenne montagne.

Toute cette région, par sa dénudation, par son relief mouvementé, par ses versants entamés de tous côtés par les érosions, présente d'une façon bien accentuée le caractère pittoresque et en même temps désolé des Alpes ruinées de Provence.

Les affluents du Var, du Colomp et de l'Estéron sont nombreux; les principaux d'entre eux sont, pour le Var, le Riou sec et la rivière de Chalvagne, pour le Colomp, la Vaïre, et pour l'Esteron, le Riou.

La plus grande altitude (2,700 m.) est celle du sommet de la montagne du Grand-Coyer, et la plus faible (440 m.), celle du Var à sa sortie des Basses-Alpes.

Conditions géologiques. — D'une façon générale, au sud d'une ligne partant du col de Toutes-Aures, passant au col Artaud, à Ubraye et suivant la Chalvagne et le Var, les crêtes sont orientées de l'est à l'ouest et formées de calcaires massifs du jurassique supérieur, accompagnés sur les versants de quelques affleurements du trias, de l'infralias, du jurassique moyen et du jurassique inférieur, notamment à Vergons, Ubraye et Entrevaux.

Au nord de cette ligne, sur la rive droite du Colomp et sur la rive gauche du Var, les crêtes ont à peu près la même orientation et sont constituées par les calcaires crayeux du crétacé supérieur.

Au nord-ouest les crêtes de Chamatte et de Rent, qui limitent le bassin du Var-Colomp, sont orientées du nord au sud et formées des mêmes calcaires crayeux.

Il en est ainsi également pour deux zones allongées, de l'est à l'ouest, au nord et au sud de la crête de Gourdan, et pour une bonne partie des territoires de Peyresq, d'Aurent et de Sausses, depuis les barres du Courradour jusqu'aux crêtes qui suivent le Mourre-Froid vers le Var.

Entre les cours de la Vaïre et du Var, au nord du cours inférieur du Colomp, les grès d'Annot affleurent par masses compactes au-dessus des parties inférieures des vallées de la Vaïre, du Colomp, du Gros-Vallon et du Riou-Sec creusées dans les calcaires et les marnes nummulitiques.

Le pic de Chamatte, les plateaux du Courradour et de Méailles, une partie des crêtes qui suivent le sommet du Ruch, la vallée inférieure de la Galange et quelques versants de la vallée inférieure du Var appartiennent également à la formation nummulitique.

Sur les versants et dans les vallées, les diverses assises du crétacé moyen et du crétacé inférieur apparaissent par bandes orientées comme les crêtes, ou par taches, dans les conditions les plus variées.

A cet égard, il y a lieu de citer principalemeut :

1° Les calcaires marneux facilement désagrégeables du néocomien, à Entrevaux, Ubraye et Soleilhas ;

2° Les assises plus résistantes des calcaires marneux du barrêmien et de l'aptien inférieur, à Entrevaux, Ubraye, Soleilhas et Vergons ;

3° Les marnes très affouillables de l'aptien supérieur, à Vergons, Sausses, Castellet-les-Sausses, Ubraye, Entrevaux, Montblanc, Castellet-Saint-Cassien, la Rochette et Saint-Pierre;

4° Les calcaires marneux et les marnes du cénomanien et de l'albien, à Sausses, Castellet-les-Sausses, Entrevaux, Ubraye, Montblanc, Castellet-Saint-Cassien, la Rochette et Saint-Pierre.

La moitié sud du territoire des communes de la Rochette et de Saint-Pierre est constituée par les sables miocènes de Puget-Théniers.

Quelques alluvions anciennes forment la terrasse du Plan-de-Colomp et une berge du Var en aval d'Entrevaux.

Il existe aussi des dépôts morainiques peu importants le long de la vallée du Colomp, à Aurent

Sur beaucoup de versants, particulièrement sur les territoires de Castellet-les-Sausses et de Puget-Théniers, on rencontre des dépôts récents provenant surtout des débris des crêtes supérieures.

On remarque encore, répartis sur tout le territoire, les dépôts récents des cônes torrentiels et des lits des rivières.

Climat. — Avec quelques variations locales, dues à des différences d'altitudes et d'expositions, le climat général de l'ensemble du bassin du Var-Colomp est le climat provençal de la région alpestre. En aval d'Entrevaux, une partie restreinte de la vallée du Var jouit du climat chaud de la région méditerranéenne.

Les hautes vallées de la Vaïre, du Colomp et du territoire de Sausses appartiennent seules à la zone alpine pour leurs parties les plus élevées.

Les neiges assez abondantes ne persistent généralement que sur les sommets et les versants nord.

Le printemps et l'automne ont toujours d'assez longues périodes pluvieuses.

L'été est caractérisé par des sécheresses prolongées et quelquefois par des séries d'orages violents se succédant à de courts intervalles.

Production. — La région entière présente dans les vallées principales, sur les plateaux et les versants peu rapides, des cultures assez importantes de fourrages, de céréales et de pommes de terre.

Dans les situations peu élevées et bien exposées, on cultive aussi la vigne et les fruitiers sur d'assez grandes surfaces.

Les pâturages occupent la plus grande partie de toute la contrée, mais ils sont généralement appauvris et en mauvais état.

Les forêts sont réparties d'une façon inégale et dans une proportion générale de 15 p. 100, faible pour une région aussi montagneuse. Les essences principales qui les composent sont par ordre d'importance: le pin sylvestre, le chêne, le hêtre, le châtaignier et le mélèze.

Situation administrative. Contenance. Population. — Le bassin du Var-Colomp comprend 20 communes de l'arrondissement de Castellanne.

Sa contenance est de 42,626 hectares et sa population de 5,920 habitants.

État de dégradation du sol. — Le bassin du Var-Colomp présente d'une façon générale l'aspect de désolation qui caractérise les Alpes méridionales et tout particulièrement les Basses-Alpes et la haute vallée du Var. Vers la partie centrale cependant, sur une zone étendue, à Annot, Méailles et Braux, les terrains formés de grès résistent bien aux érosions et sont souvent couverts de massifs forestiers étendus. Ailleurs, les bois sont disséminés et généralement confinés aux expositions est et nord.

Les vagues ou pâtures, comprenant parfois de très nombreux labours abandonnés, s'étendent sur tout l'ensemble du pays et se présentent presque toujours appauvris, dégradés et ravinés.

Les versants en pente raide sont entamés par les érosions, et les ravins en s'agrandissant sans cesse menacent d'achever la ruine des montagnes.

On distingue trois zones dans le bassin du Var-Colomp.

La zone supérieure, dans le voisinage des crêtes, comprend beaucoup d'escarpements, de clappes, d'arides rocheux et ça et là quelques pelouses.

La zone moyenne comprenant tous les grands versants à pente rapide et la plupart des bassins de réception des torrents.

La zone inférieure comprenant les vallées avec leurs cultures, les cônes torrentiels et les plages de galets des rivières torrentielles.

L'état général de dégradation de toute la région, principalement de la deuxième zone, s'accentue toujours davantage par suite des mêmes causes qui l'ont produit : conditions topographiques, géologiques et climatologiques défavorables ; déboisement ; extension des pâtures sur les pentes trop rapides ; abus de pâturage qu'il faut surtout rapporter à la transhumance et au régime de la propriété communale.

Les conséquences de cette situation ne sont pas localisées. Il en résulte pour le Var un régime torrentiel beaucoup plus accentué.

Composition et contenance du périmètre. — La contenance du périmètre du Var-Colomp est de 7,001h94a40c ; 2,322h82a50c appartiennent déjà à l'État. Il comprend douze séries dont une, celle de Vergons, provient d'anciens périmètres revisés en exécution de l'article 16 de la loi du 4 avril 1882.

	h	a	c
Sausses	428	75	70
Castellet-les-Sausses	241	37	00
Aurent	377	15	64
Saint-Benoit	311	84	57
Peyresq	1,487	12	77
Méailles	362	35	40
Le Fugeret	223	37	25
Annot	1,030	30	58
Vergons	677	58	17
Soleilhas	228	94	76
Ubraye	466	08	31
Entrevaux	1,167	10	85
TOTAL	7,001	94	40

Travaux. — La série de Sausses, entre 610 et 1,410 mètres, est constituée par des versants calcaires très escarpés, dominant des terres noires dénudées et ravinées.

IMPRIMERIE NATIONALE.

Le reboisement a été effectué au moyen de plantations de pin noir et de mélèze, qui sont actuellement en bon état de végétation.

Des garnissages, suivis de plantations de coudriers et d'éclats de bauche, ont arrêté le creusement des ravins; les berges ont été fixées avec des éclats de bauche.

La série d'Annot est située entre 1,900 et 2,400 mètres; elle est constituée principalement par un grand versant à forte pente, sur la rive droite de la Vaïre.

Les travaux de restauration comprennent des travaux forestiers et des travaux de correction consistant en garnissages.

Les essences qui ont été employées sont le pin noir, le pin à crochets et le mélèze; les plantations sont en bon état de végétation.

Des semis de graine de fenasse et de bauche et des plantations d'éclats de bauche ont complété l'action des garnissages.

La série d'Aurent, comprise entre 1,900 et 2,400 mètres, a été parcourue par des plantations de mélèze et par des semis de graine de mélèze et de pin cembro.

La série de Vergons, entre 910 et 1,880 mètres, est formée par les versants de rive gauche de la vallée supérieure de la Galouge. Exposée à l'est, au nord-est et au sud, coupée de ravins creusés dans des calcaires crayeux ou marneux et dans des terres noires, ces versants étaient autrefois complètement dégradés. Aujourd'hui des massifs résineux, à l'état de gaulis ou de perchis, couvrent l'ensemble du bassin des ravins, qui ont été corrigés au moyen de garnissages.

On a employé, pour les plantations, le pin noir, le pin sylvestre, le pin à crochets et le mélèze.

La série de Soleilhas, entre 1,400 et 1,800 mètres, ne comporte que des travaux forestiers, elle a été reboisée en pin noir, pin à crochets et mélèze.

La série d'Entrevaux, entre 450 et 1,500 mètres, comprend les bassins d'une série de ravins, affluents directs du Var; une division est située sur la rive droite de Colomp.

Les parties élevées, sur des terrains calcaires dégradés, comportent exclusivement des travaux forestiers; les parties inférieures, sur des calcaires marneux et des marnes, sont ravinées et nécessitent l'exécution de garnissages.

Le pin noir et le pin laricio de Corse sont les essences employées dans les travaux de reboisement.

La contenance déjà reboisée est de 2,062 hectares.

La restauration des terrains qui n'appartiennent pas encore à l'État se fera au moyen du reboisement, complété, dans certains cas, par des travaux de garnissage.

PÉRIMÈTRE DE CAULON-NESQUE.

Description du bassin. Altitudes. — Le Caulon, affluent de droite de la Durance, prend sa source dans les monts de Lure, vers 1,400 mètres d'altitude. Il est formé, dans la partie haute de son cours, par plusieurs torrents qui se réunissent à Redortiers, situé à l'altitude de 1,136 mètres.

C'est à partir de là que la rivière prend son nom. Elle passe à Banois, à 759 mètres d'altitude, limite des territoires des communes de Carniol et Valsaintes pour couler au pied du village d'Oppedette, où elle forme une suite de cascades désignées sous le nom de «Gorges d'Oppedette».

Elle passe alors sur le territoire du département de Vaucluse et ne vient plus toucher le département des Basses-Alpes que vers Céreste, à l'altitude de 319 mètres.

Jusque-là elle coule du nord au sud; elle prend ensuite la direction de l'ouest et gagne la Durance un peu au-dessous de Cavaillon, après avoir baigné Apt.

Le cours du Caulon est de 35 kilomètres environ dans le département des Basses-Alpes.

Sa pente est à peu près uniforme pendant tout son cours; elle est de 0,03 environ.

Son bassin de formation n'est pas très étendu, le plateau du Revest-du-Bion déversant ses eaux dans la Nesque.

La Nesque n'a dans le département des Basses-Alpes que son cours supérieur.

Elle descend aussi des monts de Lure d'où elle sort vers 1,400 mètres. Elle passe au Revest-du-Bion et va rejoindre la Sorgue, affluent du Rhône, dans le département de Vaucluse.

Le point culminant du bassin est à l'altitude de 1,431 mètres.

L'altitude la plus faible (319 mètres) se trouve au point où le Caulon sort du département des Basses-Alpes.

Conditions géologiques. — La partie supérieure des bassins du Caulon et de la Nesque est constituée par des calcaires néocomiens et par des grès assez résistants.

La partie inférieure du bassin du Caulon est formée par la molasse tertiaire qui se ravine facilement.

Climat. — Dans la partie supérieure du bassin du Caulon, le seul à considérer, le climat est froid; la neige persiste chaque année pendant six mois. Il devient ensuite tempéré jusqu'à 800 mètres, puis chaud au-dessous de 800 mètres.

Les différences de température du jour et de la nuit sont très fortes. Le printemps est souvent pluvieux; les orages sont fréquents en été.

Production. — La partie supérieure du bassin est occupée par des pâturages et des bois clairiérés.

Mais depuis une trentaine d'années des reboisements ont été effectués sur le plateau du Revest-du-Bion, dans le bassin de la Nesque, par des particuliers. C'est le pin maritime qui est l'essence dominante. Il a été propagé entre 1,000 et 1,100 mètres.

Dans la partie moyenne et la partie basse, le chêne rouvre forme des peuplements assez denses.

Le pin d'Alep et le chêne yeuse apparaissent vers 600 mètres d'altitude sur le versant septentrional du Lubéron. Les céréales et les fruits sont les principales productions de la région.

Situation administrative. Contenance. Population. — Le bassin du Caulon-Nesque s'étend sur 16 communes de l'arrondissement de Farcalquier.

Sa contenance est de 32,270 hectares et sa population de 3,200 habitants.

État de dégradation du sol. — Dans toute l'étendue du bassin les différences de niveau sont fortes et les pentes rapides.

Les roches sont souvent friables; des couches compactes sont parfois mélangées avec d'autres qui ne le sont pas, d'où résulte un manque d'homogénéité très préjudiciable à la conservation du sol sur les pentes.

Les alternatives de gelée et de dégel provoquent la désagrégation des roches. Les matériaux qui en proviennent forment des amas considérables de débris qui s'accumulent dans les ravins, et sont ensuite entraînés par les eaux.

Sur tous les terrains qui sont en nature de pâtures, de vagues et d'arides, c'est-à-dire sur la majeure partie du bassin, le pâturage exercé presque sans aucune restriction amène la dégradation du sol.

Composition et contenance du périmètre. — La contenance du périmètre de Caulon-Nesque est de 528h38a78c, dont 173h20a95c appartiennent actuellement à l'État.

Il comprend les quatre séries suivantes :

Banon	24h 39a 31c
Revest-des-Brousses	6 49 59
Vochères	158 22 88
Reillanne	339 27 00
TOTAL	528 38 78

Travaux. — La série de Reillanne, la seule appartenant actuellement en partie à l'État, a éte parcourue par des semis de chêne rouvre et des plantations de pin d'Alep et de pin noir.

Les ravins ont été corrigés au moyen de travaux de garnissages, suivis de l'introduction de plants d'aune et de boutures de saule et de peuplier.

La contenance déjà reboisée est de 139 hectares.

Des travaux de restauration de même nature seront effectués dans les terrains à acheter.

DÉPARTEMENT DES HAUTES-ALPES.

PÉRIMÈTRE DE LA ROMANCHE.

Description du bassin. Altitudes. — La Romanche sépare son bassin supérieur en deux parties complètement dissemblables.

La rive gauche est constituée par l'éperon septentrional du massif du Pelvoux. La ligne de crête, distante du lit de la rivière de moins de 5 kilomètres, le domine constamment de plus de 2,000 mètres et laisse pendre vers lui d'immenses nappes glacées. Sur les dernières pentes exposées au nord et ravagées par les avalanches, se maintiennent quelques massifs de mélèze, d'une contenance totale de 550 hectares.

La rive gauche, d'une tout autre formation géologique, offre des pentes sensiblement plus douces, la ligne de crête étant éloignée de plus de 7 kilomètres du fond de la vallée. Exposée au sud et à l'ouest, dépourvue de neiges persistantes, elle est couverte de cultures et de prairies bien au delà de 2,000 mètres d'altitude.

Toute la vie rurale s'est concentrée sur ce versant, qui est aussi presque exclusivement le siège des phénomènes torrentiels.

Le sommet le plus élevé est la cime de la Meje (3,987 m.) et le point le plus bas, le lit de la Romanche (1,150 m.).

Conditions géologiques. — La rive gauche est constituée par les schistes azoïques du Pelvoux, dominés par les crêtes granitiques émergeant des glaciers.

Sur la rive droite s'étage, au-dessus des marnes du lias, toute une superstructure perméable, boues glaciaires, poudingues, éboulis, dolomies et cargneules, grès et schistes du flysh.

Climat. — Le climat est très rigoureux : — 16° en hiver, + 18° en été ; la neige tombe en abondance et persiste jusqu'en mars. Par suite de la situation géographique, les pluies sont plus fréquentes et plus bienfaisantes que dans le bassin limitrophe de la Durance.

Productions. — Le seigle, l'orge, l'avoine, la pomme de terre suffisent à peine aux besoins de la population qui retire sa principale ressource de l'exercice du pâturage.

Situation administrative. Contenance. Population. — Le bassin supérieur de la Romanche englobe en entier le canton de la Grave, de l'arrondissement de Briançon.

	HECTARES	HABITANTS
La Grave	13,669	1,013
Villar-d'Arêne	8,278	402
TOTAUX	21,947	1,415

État de dégradation du sol. — Par suite des conditions climatologiques de la région, le bassin n'offre l'aspect caractéristique des dégradations torrentielles qu'aux points d'affleurement des marnes du lias. On sait, en effet, qu'en pareils terrains la disparition accidentelle de la couverture végétale amène fatalement l'altération et l'effritement superficiels de la roche sous-jacente ; il n'est besoin d'aucune force d'érosion pour balayer la pellicule pulvérulente ainsi formée, le moindre souffle, la moindre pluie y suffisent et la roche de nouveau mise à nu se délite de nouveau sous la seule influence de l'acide carbonique et de l'humidité atmosphériques. Cette désagrégation, très lente et toujours superficielle, ne mérite attention que lorsque, à la longue, une combe s'est formée concentrant les eaux pluviales sur un étroit goulet ; si celui-ci se creuse dans des terrains de transport, tous les dangers ordinaires sont à craindre, éboulement des berges, obstruction des routes, du débouché des ponts, du lit de la rivière qui reçoit le torrent. C'est le cas de quelques cours d'eau du bassin.

Mais le phénomène qui doit surtout retenir l'attention est signalé de longue date sous la désignation de «glissement du Villar-d'Arêne ou des ardoisières» (Surell, *Étude sur les torrents des Hautes-Alpes*, p. 50).

Là, sur une étendue de 100 hectares environ, en aval du petit lac du Pontet et sur la rive gauche du ruisseau qui lui sert de déversoir, tout le terrain est en mouvement, et dans cette zone, que traverse la route nationale de Grenoble à Briançon, le village même de Villar-d'Arêne se trouve menacé. La cause en est due aux infiltrations des eaux du lac et aussi des nombreuses rigoles d'irrigation qui viennent «saigner» le Rif du Pontet; au pied coule la Romanche, dont les crues, heureusement, ont épargné la berge droite très insuffisamment défendue par une digue rustique; mais vienne une inondation comparable à celle qui en 1856 emporta le barrage bien autrement puissant et efficace construit dans la même intention en 1808, une catastrophe en peut résulter.

Composition et contenance du périmètre. — Le périmètre de la Romanche se compose de deux séries dont l'une, celle du Villar-d'Arêne, comprend, d'une part, le lac du Pontet, son déversoir et les terrains environnants, et, d'autre part, les berges mêmes de la Romanche dans la section de son cours où des travaux pourront être utilement entrepris.

L'autre série, celle de la Grave, comprend les bassins de quatre torrents creusés dans les marnes du lias.

L'étendue du périmètre, qui est entièrement à acquérir, est de $464^h\ 64^a\ 65^c$.

Villar-d'Arêne	$207^h\ 21^a\ 51^c$
La Grave	257 43 14
TOTAL	464 64 65

Travaux. — Il sera nécessaire d'installer sur les terrains périmétrés une végétation forestière constituée par des résineux, mélèzes, pins à crochets et pins cembros, destinée à les protéger contre l'action des agents atmosphériques; comme préparation ou complément, on procédera à des enherbements sur les surfaces peu stables et à des embroussaillements sur les berges des torrents.

Le glissement de Villar-d'Arêne nécessitera l'exécution de divers travaux de correction : construction d'un barrage dans la Romanche, sur l'emplacement de l'ancien barrage Polonceau, assèchement du lac du Pontet, drainage sur tous les points où des infiltrations se sont produites.

Il sera nécessaire de construire dans le torrent de Chalvachère qui menace la route et le village de la Grave un barrage de base résistant; des barrages en pierre sèche et des clayonnages seront suffisants pour assurer la solidité du lit dans les autres torrents.

PÉRIMÈTRE DE LA HAUTE DURANCE.

Description du bassin. Altitudes. — Le bassin de le haute Durance est subdivisé en bassins secondaires par de puissantes arêtes dont les cimes ne cèdent en hauteur et en âpreté qu'à quelques pics de l'imposante muraille qui en forme l'enceinte; les cols de la frontière d'Italie sont plus bas, plus facilement praticables que ceux qui livrent passage d'une vallée dans une autre.

Deux vallées jumelles, étroites et longues (à peine 10 kilomètres dans leur plus grande largeur pour 30 kilomètres de longueur), orientées du nord-ouest au sud-est, se rejoignent à Briançon.

Ce sont les vallées de la Guisanne et de la Clarée. Ce dernier cours d'eau a reçu, à 3 kilomètres en amont de Briançon, la Durance et a pris son nom, mais, en fait, topographiquement, celle-ci n'en est qu'un affluent.

Au sud de la Clarée, faisant pointe à l'est, le bassin de la Cerveyrette; au sud de la Guisanne, faisant saillie à l'ouest, le bassin de la Gyronde; entre eux, la vallée de la Durance, orientée depuis Briançon du nord au sud, sur laquelle s'ouvrent encore, en aval du confluent de la Cerveyrette, les vallons sans profondeur des Ayes et de Bouchouse (rive gauche) et, en aval du confluent de la Gyronde, les longues gorges du Fournel et de la Biaysse, toutes deux orientées de l'ouest à l'est (rive droite).

Ce bassin mesure 50 kilomètres dans sa plus grande longueur, du col de la Madeleine à l'embouchure du Guil, et 43 kilomètres dans sa plus grande largeur, du Rocher des Bans au Grand-Gleyza. Sa superficie est de 113,000 hectares.

Une puissante ceinture de hauteurs de 170 kilomètres de développement le circonscrit, ne s'ouvrant au sud que sur une étroite plaine de 1,500 mètres de large.

En aucun point du bassin le fond des vallées ne s'élargit au delà de quelques centaines de mètres, souvent il se resserre et se réduit à la largeur du cours d'eau, parfois celui-ci coule même entre les murailles escarpées de la gorge qu'il s'est creusée. Rapides et tumultueuses, les eaux dévalent sur des pentes capricieuses roulant sous elles leur lit de galets sans affouiller ni divaguer. Ce sont des rivières torrentielles aux crues subites.

Contrairement à ce qu'on observe ordinairement dans les pays de montagne, il serait difficile d'assigner une orientation générale aux versants, de dire dans quel azimut ils offrent les rampes les plus douces, dans lequel se dressent le plus souvent les falaises abruptes; le type de la montagne, c'est la masse rocheuse dominant de ses escarpements des pentes au profil accentué mais continu; d'où le nombre significatif des sommets qui ont reçu des désignations telles que Rocher des Bans, Roche Faurio, Rocher du Grand-Galibier, Pierre Eyrautz ou encore Tête d'Oréac, Tête d'Amont, Tête de Vautisse, Château du Gouverneur, la Tome, etc.

La plus grande altitude (4,103 m.) est celle de la Barre des

Gerins et la plus faible (690 m.) celle de la Durance au confluent du Guil.

Conditions géologiques. — C'est un lieu commun géologique, quand on vient à parler des Alpes, de rappeler la profonde perturbation dans la disposition des couches, l'extrême diversité de celles-ci, dues à l'époque relativement tardive de leur soulèvement; une description tant soit peu détaillée de la stratigraphie d'une région aussi étendue et aussi bouleversée n'ajouterait aucune clarté à l'exposé que nous poursuivons ici. Nous n'en esquisserons que les grandes lignes.

A l'ouest se dresse la grande masse cristalline du Pelvoux caractérisée par ses granites, ses schistes séricitcux amphiboliques ou chloriteux, terrains durs, compacts, auxquels la région doit l'âpreté de son relief mais aussi l'innocuité de ses ruisseaux. Immédiatement au sud de ce massif s'épanouissent, sur l'Eyglière et la crête de Dormillouze (rive droite de l'Oude, vallons du Fournel et de la Biaysse), les schistes du flysch.

Du nord du bassin s'étale jusqu'à Briançon une bande de terrain houiller, grès anthracifère, enfin, à la pointe orientale, dans la vallée de la Cerveyrette apparaissent les schistes lustrés; les intervalles de ces formations principales sont remplis par les calcaires dolomitiques, les calcaires à gyroporelles caractéristiques de la région briançonnaise, les marbres en plaquettes et les schistes luisants, les gypses et les cargneules et enfin les dépôts meubles de formation récente : boues glaciaires, éboulis ou moraines qui forment les terrains d'élection des phénomènes torrentiels.

Climat. — Le relief puissant des versants, l'infinie variété de leurs expositions, les multiples orientations des vallées déterminent une grande diversité dans les conditions climatologiques du bassin, depuis la région polaire des glaciers du Pelvoux où l'eau du ciel se précipite invariablement en neige jusqu'au coin exceptionnellement abrité et exposé où la culture de la vigne est encore possible. Toutefois, le caractère général du climat est la sécheresse, à laquelle le Briançonnais doit un ciel d'une limpidité renommée. La neige, persistante dans la région du Pelvoux, ne disparaît généralement du paysage que pendant deux mois de l'année, août et septembre; elle persiste jusque dans le fond des vallons de la fin novembre à la fin mars.

Le printemps ne se distingue guère de l'hiver, la température ne devient clémente que vers la fin mai, phénomène favorable au point de vue qui nous occupe car il amène la fusion graduelle et relativement lente de la neige.

L'été et l'automne sont secs, les pluies d'orage y sont assez rares et bien moins intenses que dans le sud du département et dans celui des Basses-Alpes.

L'année moyenne ne compte que 90 jours de pluie et donne une lame d'eau de 522 millimètres. Les vents du nord-est et du nord-ouest sont fréquents et violents, secs et très froids

Productions. — Les productions du pays se ressentent de ces conditions défavorables à la végétation agricole. La vigne, dont la culture était concentrée naguère presque exclusivement sur le territoire de la commune des Vigneaux, a été détruite par le phylloxéra et les vignobles n'ont pas été reconstitués. Quelques arbres fruitiers, parmi lesquels le noyer domine, donnent de médiocres produits dans le sud du bassin mais disparaissent à la hauteur de Briançon.

Le blé, très restreint, l'avoine, le seigle, l'orge suffisent à peine à la consommation d'une population extrêmement clairsemée (20 habitants au kilomètre carré); la pomme de terre entre pour une grande part dans son alimentation.

L'élevage des bêtes à laine indigènes ou transhumantes et des bêtes aumailles constitue son principal revenu. Bien que le mulet soit, par excellence, la bête de somme de cette âpre région et y soit abondamment répandu il n'est pas indigène et provient des Basses-Alpes, du Poitou ou de l'Auvergne.

Les richesses minérales sont, nominalement, considérables, mais, pour la plupart, inexploitées parce qu'elles se trouvent, économiquement, inexploitables. Par suite des nombreuses dislocations dont les couches géologiques ont été l'objet, les gisements, souvent à peu près inaccessibles, sont éparpillés en lambeaux infimes éludant la science des prospecteurs; toutefois une grande partie de la population se chauffe au moyen de l'anthracite locale, combustible terreux et friable de trop médiocre qualité et d'exploitation trop restreinte pour faire l'objet d'un commerce d'exportation.

Briançon possède une fabrique de bourrette de soie (schappe) installée depuis soixante ans qui occupe 1,200 ouvriers. Il convient encore de mentionner une laiterie établie à Briançon, assez importante pour produire à elle seule plus du tiers de la quantité totale de beurre fabriquée dans l'arrondissement et en exporter 50,000 kilogrammes. Cette dernière occupe directement un très petit nombre d'ouvriers mais offre un débouché au produit principal de la région, le lait.

Situation administrative. Contenance. Population. — Le périmètre de la haute Durance englobe le territoirre de 23 communes, dont 18 dans l'arrondissement de Briançon et 5 dans l'arrondissement d'Embrun.

La contenance est de 113,257 hectares et la population de 23,817 habitants.

État de dégradation du sol. — Pour que le sol se dégrade, pour que se produisent les érosions caractéristiques du torrent, deux conditions doivent concourir : la présence d'un terrain affouillable, le développement d'une grande force d'érosion.

Les terres affouillables sont représentées dans le Briançonnais par les calcaires, les gypses, les cargneules et les terrains de transport qui sont loin de constituer la masse principale de ses montagnes. Encore faut-il que l'œuvre d'érosion soit amorcée, en quelque sorte, par la dégradation superficielle du sol. Or les forêts et les pâturages recouvrent encore et protègent convenablement les pentes orientées au nord ou au levant. Seuls les versants exposés au midi ou au couchant n'offrent à la vue que des massifs de pins manifestement dévastés pour laisser la plus large place à des pâtures, elles-mêmes dégradées et misérables. C'est qu'à ces expositions la neige fond plus vite et plus tôt; plus vite, et les eaux de fusion vont dévaler en masses plus considérables, partant plus rapides et plus érosives; plus tôt, et les habitants vont livrer ces coteaux au parcours du printemps dont les effets ont été si souvent décrits et déplorés.

Quoi qu'il en soit, les érosions étant l'œuvre soit de l'eau de la fonte des neiges produite en abondance, à la vérité, mais non cependant avec la soudaineté constatée dans le sud du département, soit par des pluies qui n'ont, dans cette région, ni la fréquence ni la violence de celles qu'on observe dans les Basses-Alpes, les phénomènes torrentiels ne se présentent dans le périmètre de la haute Durance qu'assez rares et atténués.

Mais, par contre, la longue accumulation des neiges, leur fusion lente sur un sol perméable favorisent l'imbibition de ce sol par des infiltrations qui provoquent des affaissements et des glissements. Cette imbibition est cause, également, du phénomène du soulèvement, qui oppose un obstacle presque insurmontable au développement spontané de la végétation et, par suite, à la reconstitution naturelle de la couverture végétale une fois entamée.

Des considérations qui précèdent il découle que la restauration artificielle des terrains dont la dégradation est signalée s'impose d'abord dans un intérêt local, les éboulements et les affaissements s'exerçant aux dépens des forêts, prairies et cultures, ensuite dans un intérêt plus général, les matériaux charriés par ces torrents venant couvrir les routes, obstruer le débouché des ponts jetés sur leur cours, barrant ou déviant le lit des rivières dans lesquelles ils se déversent, dans un intérêt public enfin, les apports des torrents étant la cause primordiale de l'instabilité et des divagations de la Durance dans la partie inférieure de son cours.

Composition et contenance du périmètre. — Le périmètre de la haute Durance comprend quinze séries, dont dix proviennent d'anciens périmètres revisés.

La contenance totale est de 3,202h 38a 95c, dont 2,202h 22a 27c appartiennent à l'État.

La contenance par série est indiquée ci-dessous :

	h	a	c
Névache	238	91	16
Val-des-Prés	296	80	26
Briançon	66	61	56
Le Monêtier-de-Briançon	674	98	12
Saint-Chaffrey	132	77	65
Cervières	141	09	28
Puy-Saint-André	45	88	94
Saint-Martin-de-Queyrières	143	09	00
Le Pelvoux	402	85	76
Vallouise	209	82	31
Les Vigneaux	236	73	10
Freissinières	8	71	60
Saint-Crépin	393	31	08
Eygliers	162	99	68
Réotier	47	68	75
TOTAL	3,202	38	95

Travaux. — Il résulte des renseignements donnés précédemment qu'en général les torrents ne sont pas très dangereux sauf à l'extrémité méridionale où les pluies sont plus fréquentes et plus abondantes que dans le reste du bassin.

Aussi, on n'a construit que trois barrages de base importants dans

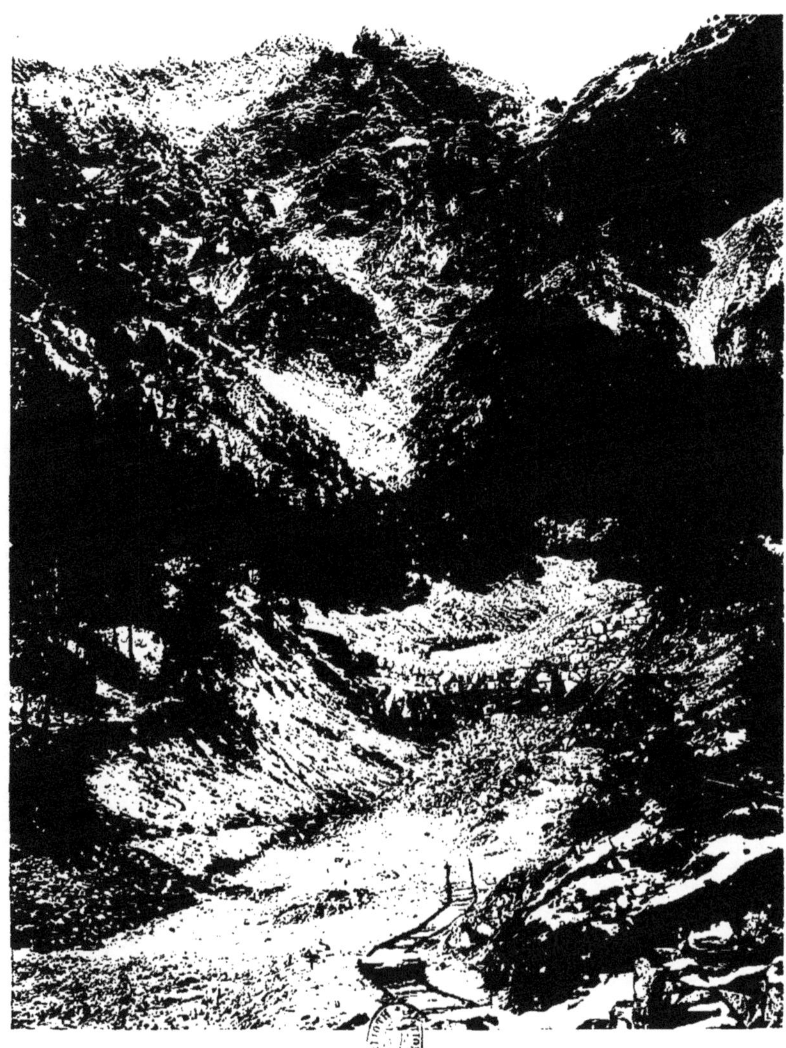

36. Périmètre de la Haute-Durance (Hautes-Alpes). Série de Briançon.
Bassin supérieur du torrent de Mallefosse.

37. Périmètre de la Haute-Durance (Hautes-Alpes). Série de Saint-Crépin. — Ensemble de la série.

38. Périmètre de la Haute Durance (Hautes-Alpes). Série de Saint-Crépin.
Plantation de pins sylvestres.

toute l'étendue du périmètre situé au nord de la série de Saint-Crépin. Les autres travaux de correction comprennent de petits ouvrages en pierre sèche, des clayonnages, des fascinages et quelques drainages et canaux d'assainissement.

Des barrages nombreux et importants ont été établis dans la série de Saint-Crépin, surtout pendant la période de 1866 à 1883.

Dans la série de Réotier, voisine de la précédente, d'assez nombreux ouvrages ont été construits de 1888 à 1892.

Le pin à crochets, le mélèze et le pin cembro ont été surtout employés pour les travaux de reboisement; on a utilisé le pin sylvestre de 1,000 à 1,500 mètres d'altitude dans six séries.

On a eu recours à l'aune blanc et à l'hippophaé pour fixer les berges humides des torrents; dans le même but on a procédé à des enherbements au moyen de bandes alternatives de bauche et de sainfoin, complétées de distance en distance par des cordons de boutures de saule et de plants d'aune.

Les travaux de toute nature sont terminés dans huit séries. Ils seront bientôt achevés dans le reste des terrains appartenant à l'État; il ne reste guère d'ouvrages de correction à établir que dans la série de Saint-Crépin.

Les plants sont âgés de 1 an à 31 ans; jusqu'à 2,000 mètres d'altitude les résultats sont satisfaisants.

La contenance totale reboisée est de 1,670 hectares. (Planches 36 à 38.)

PÉRIMÈTRE DU GUIL.

Description du bassin. Altitudes. — Le bassin du Guil affecte la forme d'un quadrilatère irrégulier dont les côtés sinueux et dentelés sont formés par des crêtes escarpées.

La rivière du Guil qui coule du nord-est au sud-ouest le divise en deux parties d'inégales grandeurs. Celle de la rive gauche est deux fois plus étendue que celle de la rive droite.

La première exposée au nord est creusée de vallées parallèles

IMPRIMERIE NATIONALE.

étroites et profondes qui donnent passage à des cours d'eau importants.

La deuxième comprend un versant sud généralement rocheux, très raide et parfois même à pic; il ne présente qu'une seule déchirure importante, celle d'Arvieux, qui aboutit au col Isoard.

Le Guil prend naissance au pied du Mont Viso, à peu de distance du Pô. Encaissé tout d'abord dans un ravin profond, il s'étale ensuite jusqu'à Abriès sur un lit de largeur variable, puis, sur plus de 10 kilomètres, il longe à gauche de belles forêts de mélèzes qui viennent baigner leur pied dans ses eaux.

Après Château-Queyras il s'engage dans les «Combes», gorges grandioses, inaccessibles en certains points et où ailleurs il n'y a place que pour le torrent et la route.

En dessous du Mont-Dauphin le Guil est contenu par des digues.

La plus grande altitude (3,324 m.) est celle du pic de Roche Brune et la plus faible (690 m.) celle du confluent du Guil et de la Durance.

Conditions géologiques. — Les gorges du Guil, de Guillestre à Château-Queyras, sont ouvertes dans les calcaires du Briançonnais, massif excessivement épais sous lequel on voit seulement affleurer au Veyer des gypses et des quartzites du trias.

A la partie supérieure de ces calcaires on remarque les bancs rouges exploités à Guillestre comme pierre de taille et comme marbre.

En sortant des gorges du Guil au débouché du vallon d'Arvieux le paysage change brusquement; on pénètre dans les schistes lustrés du trias, contenant encore des gypses à leur partie supérieure.

C'est dans cette large bande de schistes, prolongement de ceux de Cézanne, de Bardonnèche et de la haute Maurienne, que sont creusés tous les vallons du Haut-Queyras; ils forment encore toute la crête de la frontière au nord et à l'est d'Abriès, les cols Lacroix, Agnel et Saint-Véran.

Au fond même de la vallée du Guil, depuis le col Valante jusqu'au col de la Traversette, ces schistes, accompagnés de calcaires grenus et d'une belle nappe de serpentine, s'appuient sur des schistes verts chloriteux et amphiboliques.

Les schistes lustrés qui caractérisent le Queyras font défaut dans la vallée de Ceillac. Celle-ci est constituée dans le fond par des alluvions provenant d'un ancien lac desséché, puis par des terrains triasiques (quartzites, calcaires à gyroporelles, gypses et cargneules) et sur les sommets, vers l'est, par des roches jurassiques.

Ces mêmes formations se retrouvent dans la vallée de Vars où elles sont surmontées par du flysch.

Il faut aussi remarquer dans les bassins du Guil et du Chagne des dépôts assez importants de boues glaciaires.

Climat. — Le climat du bassin du Guil est celui de la haute montagne, les hivers y sont longs et rigoureux, les étés courts et tempérés par le vent qui souffle chaque après-midi. La neige tombe en abondance et persiste longtemps sur le sol, les pluies sont rares, l'atmosphère est d'une pureté remarquable.

Les orages violents sont assez fréquents dans la pointe sud-est du bassin.

Productions. — La moitié du bassin du Guil est occupée par des pâturages et les bois en couvrent près du quart. Les cultures comprennent la pomme de terre et quelques céréales, seigle, orge, avoine.

Sauf à Guillestre, les arbres fruitiers ne sont pas représentés dans le bassin.

L'élevage du bétail et le laitage sont les principales ressources des habitants. Des fruitières sont installées dans chaque commune, elles produisent du beurre et différents fromages : le bleu du Queyras, l'alpin et le gruyère.

Situation administrative. Contenance. Population. — Le bassin du Guil comprend 7 communes de l'arrondissement de Briançon et 6 communes de l'arrondissement d'Embrun.

La contenance est de 71,665 hectares et la population de 7,692 habitants.

État de dégradation du sol. — Parmi les terrains constituant le périmètre du Guil, les boues glaciaires sont les plus facilement attaquables par l'érosion.

Presque tous les torrents du bassin traversent des dépôts de cette nature et y puisent leurs principaux éléments de destruction.

Les schistes lustrés viennent ensuite; les feuillets qui les composent sont facilement pénétrés par l'eau et se désagrègent sous l'influence de la gelée et du dégel. Ces matériaux donnent, lors des pluies, une boue visqueuse.

Les terrains triasiques sont plus solides, cependant les quartzites et surtout les calcaires massifs à gyroporelles se divisent sous l'effort de la gelée en menus fragments qui constituent ces immenses casses qu'on observe au pied des crêtes et qui fournissent à certains torrents des quantités appréciables de matériaux.

A ces causes de dégradations inhérentes à la nature et au relief du sol viennent se joindre celles résultant de l'imprévoyance de l'homme. Celui-ci, par une dépaissance abusive ou des déboisements irréfléchis a détruit la végétation couvrant les hauts sommets et a provoqué la formation ou l'agrandissement des torrents qui, aujourd'hui, le menacent jusque dans sa demeure.

Il faut encore signaler l'arrosage trop abondant des prairies de montagnes. Les eaux d'irrigation, copieusement distribuées, ne sont pas recueillies, de sorte qu'elles imbibent complètement le sol qui perd toute cohésion et flue sous l'action de la pesanteur.

De plus, les canaux ne sont pas étanches et il se produit, par suite, des infiltrations dans les terrains inférieurs.

Une fois que des crevasses se sont formées, les moindres pluies suffisent pour activer le mouvement, qui, dès lors, ne peut plus s'arrêter de lui-même lorsque la base du versant est rongée par un cours d'eau.

A ce moment les intéressés demandent souvent l'intervention de l'administration, qui doit procéder à des travaux dispendieux pour remédier au mal.

Composition et contenance du périmètre. — Le périmètre du Guil comprend sept séries, il a été constitué par une loi du 7 août 1910.

La contenance totale du périmètre est de $2{,}701^{h}97^{a}54^{c}$; $938^{h}17^{a}39^{c}$ appartiennent déjà à l'État.

La répartition de la contenance entre les diverses séries est la suivante :

Saint-Véran	206^{h}	82^{a}	80^{c}
Château-Ville-Vieille	185	62	10
Arvieux	821	88	45
Ceillac	243	04	90
Vars	1,124	99	19
Guillestre	65	27	98
Risoul	54	32	12
TOTAL	2,701	97	54

Travaux. — Des travaux de restauration sont effectués depuis 1904 sur une étendue de 304 hectares de la série d'Arvieux, traversée par la route stratégique du col d'Izoard.

Les travaux de correction n'ont consisté que dans l'exécution de fascinages et clayonnages et de petits barrages en pierres sèches d'une hauteur totale de 1 mètre.

Des enherbements sur les parties dénudées, des semis dans les éboulis, des plantations de pins à crochets, de mélèzes, d'aunes et de pruniers de Briançon, tels sont les travaux forestiers effectués.

Une contenance de 75 hectares est déjà reboisée; l'achèvement de la restauration ne présente aucune difficulté spéciale.

La série de Vars comprend deux divisions. La première, d'une étendue de 306 hectares, est traversée par le torrent de Chagne, qui reçoit à la partie supérieure le Chagnon, affluent de rive droite.

Le Chagnon, creusé en grande partie dans des boues glaciaires, a fait, depuis 1885, l'objet de travaux de correction, complétés récemment par des drainages et des clayonnages. Il n'est pas nécessaire de construire de nouveaux ouvrages, mais il est absolument indispensable d'entretenir avec beaucoup de soin ceux qui existent.

Des plantations de pins, de mélèzes et d'aunes ont été effectuées sur toute l'étendue de la division.

La deuxième division, d'une contenance de 517 hectares, a été parcourue par des plantations de mélèze sur les versants et de feuillus dans les ravins. Il n'y a pas lieu de corriger le torrent de Rif-Bel qui coule au pied de la division.

La série de Risoul, dont l'étendue est de 55 hectares, est entièrement reboisée; on a employé le pin noir, le pin sylvestre, l'aune, le robinier et le cytise.

Un barrage et quelques seuils en pierres sèches ont été construits dans le torrent de Palps qui traverse une des parcelles de la division.

Les travaux de restauration peuvent être considérés comme terminés dans cette série.

La série de Guillestre, de 61 hectares de superficie, ne présente aucune particularité dans la partie inférieure. A l'exception de 8 hectares qui ne sont pas suffisamment stables, elle a été plantée en pins noirs, pins sylvestres et feuillus divers.

Les abords du pont de Panacelle, à la partie supérieure de la

39. Périmètre du Guil (Hautes-Alpes). Série de Vars. — Torrent du Chagnon.

40. Périmètre du Guil (Hautes-Alpes). Série de Guillestre. — Entrée du canal souterrain du Chagne.

Phototypie Berthaud, Paris.

41. Périmètre du Guil (Hautes-Alpes) Série de Guillestre. — Sortie du canal souterrain du Chagne.

série, ont été consolidés par des travaux de correction importants.

Un éperon de calcaire dur, formant saillie sur la rive droite du Chagne, rejetait le courant sur la rive gauche, formée par un versant constamment rongé à la base.

Afin d'empêcher cette érosion continue, qui menaçait d'entraîner des éboulements étendus, on a pris le parti de dévier le Chagne en ouvrant une canalisation dans l'éperon rocheux; ce travail a été complété par la construction de plusieurs barrages, destinés à fixer le cours du torrent, et par des travaux de correction et de drainage sur les deux rives.

Il sera utile d'établir un nouveau barrage dans le Chagne et peut-être aussi de construire un ouvrage au pied du ravin du Mélezet, son affluent de rive gauche.

La contenance totale reboisée est de 715 hectares.

Dans les terrains qui n'appartiennent pas encore à l'État, la restauration se fera presque uniquement par le reboisement au moyen de plantations de pins à crochets, de mélèzes et d'aunes.

Les travaux de correction, à part deux barrages de base dans la serie d'Arvieux, ne comprendront que des clayonnages et de petits ouvrages de pierre sèche. (Planches 39 à 41.)

PÉRIMÈTRE DE DURANCE-D'EMBRUN.

Description du bassin. Altitudes. — Le périmètre de Durance d'Embrun occupe un vaste cirque de 26 kilomètres environ de diamètre, au pourtour dentelé, qu'enserrent des montagnes escarpées. Des chaînes secondaires la divisent en vallées étroites, profondes et sinueuses.

La Durance le traverse du nord-est au sud-ouest et le partage en deux parties à peu près égales.

Cette rivière coule entre 895 et 700 mètres d'altitude dans

une vallée étroite à versants généralement raides, le versant exposé au nord plus rapide que celui qui est exposé au sud.

Les vallées secondaires, presque toutes parallèles, sont dirigées du sud-est au nord-ouest.

Comme la vallée principale, elles ont des versants très raides dont le sol, parfois instable, est déchiré de ravins profonds.

La longueur du cours de la Durance est de 26 kilomètres et la largeur moyenne de son lit est de 300 mètres.

Sa pente moyenne est de 0,0075; son débit, qui descend à 125 mètres cubes à l'étiage, atteint 1,800 mètres cubes en temps de crue.

Le sommet le plus élevé est la Tête de Voutisse (3,162 m.).

Conditions géologiques. — Les crêtes limitant le périmètre ou le découpant en vallées secondaires, ainsi que le haut des versants, appartiennent à l'étage nummulitique. « Ces montagnes, dit Lory, ne présentent qu'un énorme développement de schistes argileux et de grès couronnés, dans les cimes les plus élevées, par quelques lambeaux de calcaires à myrianites. »

Ce terrain s'appuie sur le lias qui, dans l'Embrunais, est caractérisé par des schistes à texture feuilletée et par des marnes noires.

Au fond de la vallée de la Durance, on trouve des alluvions, sur les versants des dépôts de boues glaciaires parfois assez importants.

« Les terrains de l'Embrunais relevés sur des inclinaisons très fortes forment généralement des masses peu solides et facilement altérables sous l'action combinée des eaux, de la pesanteur et des agents atmosphériques. Telle est la friabilité de plusieurs de ces roches qu'elles se délitent par le seul fait de leur exposition au soleil sans le concours de l'humidité ni de la gelée[1]. »

« La vallée de la Durance depuis le confluent du Guil jusqu'à Savines, c'est-à-dire dans la partie constituant le périmètre qui

[1] Surell, *Études sur les torrents des Hautes-Alpes.*

nous occupe, est, dit Lory, dominée des deux côtés par de hautes montagnes d'une physionomie spéciale et très uniforme dont les points culminants atteignent 3,000 mètres. Elles sont formées d'une immense série de grès généralement tendres alternant avec des assises de schistes argileux qui prennent souvent la structure d'ardoises et sont exploitées comme telles, avec des schistes argilo-calcaires et avec des calcaires schisteux de teinte foncée.

« Les couches, bien que montrant souvent des contournements locaux très compliqués et des plissements bizarres, sont cependant à peu près horizontales dans leur ensemble et ne paraissent pas avoir été plissées ou disloquées suivant des directions bien caractérisées. Aussi ces montagnes se présentent comme des massifs d'une structure orographique confuse, dont les vallées ne semblent être que de grands et profonds ravins d'érosion, rayonnant en tous sens des parties les plus élevées. »

Climat. — La caractéristique du climat de l'Embrunais est une grande sécheresse. Les brouillards sont inconnus dans la région, l'air y est d'une pureté remarquable, le ciel d'une sérénité inaltérable. Les pluies, très rares, se présentent toujours sous forme d'averses abondantes; aussi tombe-t-il dans la contrée autant d'eau que dans le centre de la France.

A cette grande sécheresse il faut joindre des écarts brusques de température, des hivers longs et rigoureux auxquels succèdent presque sans transition des étés courts et chauds. Le sol est pendant six mois couvert d'une couche épaisse de neige qui en certains points détermine des avalanches dangereuses et qui fond très rapidement au printemps.

Productions. — Les magnifiques chutes d'eau susceptibles de produire à bon compte la force motrice commencent à attirer l'industrie dans l'Embrunais.

La moitié de la région est couverte de pâturages ou de bois; les cultures n'occupent que le cinquième de la surface. Les produits agricoles, composés de céréales, de pommes de terre, de fruits et d'herbages, sont consommés dans le pays où chaque cultivateur veut se suffire à soi-même.

L'élevage reste la principale ressource des habitants, mais il produit peu, les races étant mal choisies, mal sélectionnées et mal soignées.

Situation administrative. Contenance. Population. — Le bassin de la Durance d'Embrun est situé dans l'arrondissement d'Embrun; il comprend 15 communes. Sa contenance est de 56,869 hectares et sa population de 11,805 habitants.

État de dégradation du sol. — Les terrains de l'Embrunais, en pente généralement très rapide, manquent de cohésion et sont facilement altérés par les agents atmosphériques. D'autre part les hivers sont rigoureux dans la région et la pluie y tombe toujours sous forme d'averses ou d'orages violents.

Terrains affouillables et force d'érosion c'est-à-dire les deux éléments qui concourent le plus activement à la création des torrents, se trouvent donc, par une coïncidence fâcheuse, réunis dans les environs d'Embrun.

Si, à ces causes de dégradation inhérentes à la nature du sol, on joint, d'une part, la dépaissance abusive qui s'est exercée pendant de trop longues années et a amené la ruine complète des pâturages, d'autre part, l'irrigation au moyen de canaux non étanches qui provoque des infiltrations entraînant des glissements considérables, on s'explique aisément la formation des torrents qui déchirent les montagnes et les dégâts qu'ils ont causés.

Qu'un orage survienne sur ces pentes dénudées et instables, une lave se forme qui emporte tout sur son passage. C'est ce qui a eu lieu à Crévoux le 16 août 1899.

Que la neige tombe prématurément sur un sol non gelé et sursaturé par les arrosages, des infiltrations se produisent qui font glisser des quartiers entiers de montagne.

« Lorsqu'on marche de Gap vers Embrun en suivant la route n° 94, plus du quart du trajet se fait sur le lit même des torrents. On les aperçoit disséminés par tout le pays, inondant toutes les vallées, sillonnant tous les revers. De là cet air de désolation particulier à la contrée qui frappe tout d'abord les étrangers quand ils parcourent pour la première fois la région.

« Cette multiplicité de torrents est, pour ce département, le plus cruel des fléaux. Attachés comme une lèpre au sol de ces montagnes ils en rongent les flancs et dégorgent dans la plaine des monceaux de débris. C'est ainsi qu'ils ont créé, par une longue suite d'entassements, ces lits monstrueux qui s'accroissent toujours et menacent de tout engloutir. Ils vouent à la stérilité tout le sol qu'ils tiennent enseveli sous leurs dépôts. Ils engloutissent chaque année quelques propriétés nouvelles, ils interceptent les communications et empêchent d'établir un bon système de routes.

« Ces ravages sont d'autant plus déplorables qu'ils se consomment dans un pays très pauvre, sans industrie, où les terres cultivables sont rares et font l'unique ressource des habitants. Ceux-ci n'arrivent souvent à se créer un champ qu'après des prodiges de fatigue et de persévérance. Puis le torrent survient, qui leur arrache en une heure le fruit de dix années de sueurs[1] ».

Composition et contenance du périmètre. — Le périmètre de Durance d'Embrun, constitué par une loi du 7 août 1910, comprend quinze séries.

La contenance totale du périmètre est de 4,517^{h}93^{a}11^{c}, dont 1,271^{h}53^{a}33^{c} restent à acquérir; elle est répartie ainsi qu'il suit :

Saint-Clément	111^{h} 13^{a} 34^{c}
Saint-André-d'Embrun	83 73 97

[1] Surell, *Études sur les torrents des Hautes-Alpes.*

Châteauroux	93h	94a	15c
Crévoux	804	37	90
Embrun	420	79	18
Les Orres	320	86	76
Saint-Sauveur	293	61	39
Baratier	109	62	08
Puy-Sanières	183	72	28
Les Crottes	1,234	81	68
Réallon	301	24	31
Puy-Saint-Eusèbe	100	46	07
Savines	135	52	37
Saint-Appollinaire	211	29	15
Prunières	112	78	68
TOTAL	4,517	93	11

Travaux. — C'est en 1865 que les travaux de reboisement commencèrent dans le périmètre de Durance d'Embrun.

Il paraît intéressant de résumer sommairement par ordre chronologique et par séries les efforts tentés au milieu des difficultés les plus diverses et les améliorations qui en sont résultées.

Dans la série d'Embrun, le bassin du torrent de Sainte-Marthe avait été mis en défens en 1863. A cette époque, ce bassin était entièrement ruiné. Le moindre orage entraînait des quantités considérables de matériaux qui lancés dans le torrent en corrodaient les berges déjà fort instables et couvraient le cône d'une boue épaisse renfermant des blocs énormes.

Sur ce cône régnait la désolation; malgré les travaux de défense et peut-être à cause de ces travaux qui tendaient toujours à surélever le lit, les crues devenaient de plus en plus désastreuses.

L'administration attaqua immédiatement le mal dans sa racine en commençant à restaurer le bassin supérieur.

Les années 1865, 1866, 1867 furent employées à se rendre maître de la tête du torrent et à diminuer la violence des eaux; tous les ravins furent coupés par de petits seuils; des canaux d'amorce furent établis pour disperser les eaux et on jeta des graines fourragères sur les places dépourvues de végétation.

En 1868, on jugea qu'on pouvait s'attaquer au canal d'écoulement.

On commença par établir à l'extrémité inférieure de puissants barrages en état de résister aux plus fortes crues et l'on construisit successivement les autres en montant et assez rapprochés pour que chaque barrage servît de soutien au barrage supérieur. A mesure que l'atterrissement produit par chaque barrage se constituait, on abattait les berges à pic de manière à leur donner un talus stable.

En même temps que l'on consolidait ainsi le thalweg principal, on boisait et on gazonnait les versants latéraux. On étouffait les petits ravins par des barrages en pierres, des clayonnages, des fascinages et l'on drainait le sol sur les points où les infiltrations le désagrégeaient intérieurement.

Les résultats de ces premiers travaux ne se firent pas attendre; dès 1869, tout danger avait disparu pour la plaine.

Depuis lors le système de barrages a été complété sur les 418^{h} constituant la série d'Embrun par de nouveaux ouvrages et par de forts clayonnages jetés en travers du torrent de 5 en 5 mètres dans les parties les plus désagrégées.

Des plantations ont été faites dans tous les terrains susceptibles d'être reboisés.

Actuellement, on continue les travaux de fixation des terres noires au moyen de travaux d'enherbement.

Le torrent de Sainte-Marthe, jadis si redoutable, n'est aujourd'hui qu'un simple ruisseau que les orages les plus violents ne peuvent que grossir pendant quelques heures.

Mais des glissements importants se produisent encore sur ses berges et menacent les ouvrages de correction, il faut donc pour achever l'œuvre commencée entretenir avec le plus grand soin ces ouvrages et fixer par des enherbements les parties encore instables.

La série d'Embrun est comprise entre 900 et 2,650 mètres; toutes les parties stables ont été plantées en pins noirs, pins sylvestres, pins à crochets, mélèzes et pins cembros.

Dans les séries des Orres, de Baratier et de Saint-Sauveur, le torrent de Vachères, très dangereux à raison des quantités considérables de matières qu'il entraîne, menaçait le village de Baratier et les riches cultures de la plaine de la Durance.

On entreprit au printemps 1864 la correction de ce torrent sur la commune de Baratier, mais dès qu'on attaqua la Grande-Combe, ravin formant limite des territoires des Orres et de Saint-Sauveur, les populations se soulevèrent, de très graves désordres se produisirent et l'on dût suspendre les travaux qui furent continués en 1865, 1866, 1867 sur Baratier seulement.

En 1867, on mit en défens, malgré l'opposition des habitants, une partie du territoire de Saint-Sauveur et des Orres, et, en 1868, on reprit les travaux sur ces communes. Mais au lieu de débuter par des reboisements on commença par des travaux d'art dans le lit du torrent vers le confluent de la Grande-Combe. L'aspect de ces travaux, auxquels ils étaient loin de s'attendre, surprit d'abord les habitants; peu à peu l'esprit d'opposition s'affaiblit et l'œuvre entreprise put être continuée non seulement sans difficultés, mais même avec le concours de ses anciens adversaires.

Le point essentiel du programme consistait à tarir la source des matières charriées par le torrent de Vachères et par ses affluents. Le torrent de l'Homme a été traité par des barrages, des reboisements et des gazonnements. La Grande-Combe a été barrée par quatre ouvrages et un barrage important a été construit immédiatement en aval du confluent de ce torrent avec celui de Vachères.

Des glissements importants se produisant dans la commune de Saint-Sauveur et les hameaux des Salettes, des Allemands et des Touisses se trouvant menacés, on construisit en 1880-1881, en amont du grand barrage dont il a été question plus haut, neuf ouvrages rectilignes de 40 à 64 mètres de longueur et de 4 à

9 mètres de hauteur. Ces barrages avaient pour but de relever le lit du torrent et d'épauler les berges.

Ces travaux ont sensiblement amélioré la situation, mais les berges présentent encore des glissements dus aux infiltrations des eaux d'arrosage. Une réglementation sérieuse des irrigations et l'amélioration des canaux seraient nécessaires pour arrêter les mouvements constatés dans ces berges.

Dans les trois séries, les ravins ont été fixés au moyen de petits seuils en pierre sèche, de clayonnages, de fascinages et de garnissages.

De plus, on a procédé à l'enherbement, à l'embroussaillement des surfaces desséchées.

Les terrains stables de la série des Orres, dont l'altitude est comprise entre 1,200 et 2,400 mètres, ont été parcourus par des plantations de pins noirs, pins sylvestres, pins à crochets et mélèzes.

Les mêmes essences ont été utilisées dans la série de Saint-Sauveur, comprise entre 800 et 2,275 mètres.

Dans la série de Baratier, qui s'étend de 960 à 1,300 mètres, on n'a employé que le pin noir et le pin sylvestre.

Ces divers travaux de reboisement ont en général bien réussi.

Les séries de Prunières, de Sainte-Apollinaire et de Savines (partie) sont traversées par le Riou Bourdoux qui était, en 1860, un torrent redoutable. A chaque pluie, la route nationale traversant le cône de déjection était coupée sur plusieurs points et la circulation était interrompue. Des accidents graves étaient arrivés souvent, des cantonniers et de nombreux ouvriers étaient, plusieurs fois dans l'année, occupés à déblayer la route et même à la reconstruire là où elle avait entièrement disparu.

Le bassin supérieur du torrent, entièrement dénudé et profondément raviné, fournissait des masses considérables d'eau qui, s'engageant dans un canal creusé au milieu de marnes noires, se transformaient rapidement en laves.

Dès 1864 et malgré l'opposition systématique de la commune

de Sainte-Apollinaire, le bassin du torrent fut mis en défens, puis les travaux de correction et de consolidation se poursuivirent.

En 1882, on construisit un grand barrage en pierres sèches, avec radier, qui produisit un très heureux effet en maintenant les berges.

Toutes les parties susceptibles de reboisement ont été plantées en pin noir et pin sylvestre. Ces plantations très bien réussies forment actuellement des bouquets de gaulis entrecoupés de parties dénudées trop en pente au moment des travaux, mais qu'on enherbe maintenant au fur et à mesure du talutage.

En même temps, les ravines ont été coupées par des clayonnages ou des petits seuils pour épauler les berges et en permettre la fixation au moyen d'enherbements et d'embroussaillements.

L'altitude variant de 750 à 2,100 mètres, on n'a pu se limiter à l'emploi des pins noirs et des pins sylvestres, comme on l'avait fait au début des travaux; on a employé dans les parties élevées le pin à crochets, le mélèze et le pin cembro.

Le Riou Bourdoux est aujourd'hui peu dangereux, mais, à raison de la nature des terrains qu'il traverse, il faut entretenir avec soin les ouvrages construits dans son bassin et poursuivre les travaux d'embroussaillement jusqu'à fixation complète de toutes les berges.

Les séries de Réallon, de Puy-Sainte-Eusèbe et de Savines (partie) sont traversées par le Réallon, rivière torrentielle importante qui rejoint la Durance en face de Savines. A raison des quantités considérables de matériaux qu'il charrie, ce torrent cause dans la vallée de grands dégâts et rejette la Durance contre le pied du plateau où est construit le bourg de Savines.

Le bassin supérieur du Réallon est formé d'immenses pâturages assis sur les grès nummulitiques. Il est par suite assez solide. Les apports proviennent principalement des berges du torrent et de ses affluents, dans la partie où ces cours d'eau traversent les boues glaciaires ou les marnes noires.

Malgré de sérieuses difficultés, on mit en défens, vers 1865, le canton des Ruines, comprenant des terrains instables, puis on en entreprit la correction au moyen de seuils, de clayonnages et de reboisements.

Toutes les parties accessibles ont été plantées en pins noirs et en pins sylvestres dans le bas, en mélèzes et pins à crochets dans le haut, l'altitude variant de 980 à 2,375 mètres. Actuellemeut on enherbe les berges et on continue la correction des ravins partout où le relief du terrain permet d'effectuer des travaux utiles.

Les combes de Puy-Sanières, dans la série du même nom, comprennent un vaste cirque de plus de 1,200 mètres de diamètre et se terminent vers l'amont par de hautes falaises de terres noires. Elles se prolongent jusqu'à la Durance et ne présentent qu'un immense chaos de terrains instables qui, à chaque orage ou lors de la fonte des neiges, se mettent en mouvement, coupant le chemin d'Embrun à Réallon et menaçant la ligne ferrée de Veynes à Briançon.

On attribue la formation des combes de Puy-Sanières au glissement de 1635 dans lequel le village du Grand-Puy fut englouti.

C'est en 1876 que commencèrent les travaux; à raison de l'instabilité du sol on ne construisit pas d'ouvrages en maçonnerie et l'on se borna à couper les ravines par des clayonnages puis à planter les parties susceptibles de reboisement; l'altitude ne dépassant pas 1,350 mètres, on n'a employé que le pin noir et le pin sylvestre.

Depuis onze ans, on procède à des enherbements partout où l'état des berges le permet.

Plus encore que dans les autres séries, l'entretien des ouvrages s'impose dans la combe de Puy-Sanières, car le sol y est si mobile que la disparition d'un clayonnage pourrait amener l'anéantissement des travaux de plusieurs années.

La série des Crottes renferme le torrent de Boscodon, affluent de gauche de la Durance, un des torrents les plus considérables de la région.

La hauteur de son cône dépasse 73 mètres.

IMPRIMERIE NATIONALE.

En 1889, on commença le reboisement des terrains dénudés compris dans le bassin de réception.

Ces plantations en pins noirs, pins sylvestres, pins à crochets, mélèzes et pins cembros, s'élèvent jusqu'à 2,300 mètres; elles ont fort bien réussi et occupent toutes les parties susceptibles de reboisement.

En 1894, un barrage muni plus tard d'un radier et d'un contre-barrage fut établi près du hameau de l'Abbaye pour épauler la berge gauche rongée par le torrent et sur laquelle se trouve la belle forêt de Boscodon.

Dans le même but, sept épis furent construits en 1896 et 1897.

Depuis 1898, on travaille à la correction du Bragousse qui fournit au Boscodon d'énormes quantités de matériaux. Trois barrages sur voûte et un chenal de dérivation ont été construits.

De nombreux clayonnages ont été établis dans les ravins.

Ces ouvrages ont sensiblement amélioré la situation; il est nécessaire de les entretenir avec soin.

Les séries de Châteauroux et d'Embrun (partie) sont traversées par le Bramafan. Ce torrent, qui descend du mont Guillaume, prend naissance dans les grès nummulitiques. Les matériaux qu'il transporte, en grande quantité, sont arrachés à ses berges dans la partie où il traverse les terrains de transport.

C'est vers 1890 qu'ont commencé les travaux de correction du Bramafan.

Les berges instables ont été maintenues au moyen de seuils, de clayonnages et de cordons de boutures.

Des plantations de pins, jusqu'à 1,800 mètres d'altitude, ont parcouru toutes les parties susceptibles de reboisement.

Des enherbements sont pratiqués au fur et à mesure de la régularisation des pentes.

Ces travaux, s'ils sont continués, amèneront bientôt la consolidation de tout le bassin.

42. Périmètre de Durance-d'Embrun (Hautes-Alpes). Série d'Embrun.
Partie inférieure du torrent de Sainte-Marthe.

Le Rabioux, dans la série de Châteauroux, et le Couleau, dans les séries de Châteauroux et de Saint-Clément, descendent l'un et l'autre de la crête limitant le périmètre au nord.

Comme le Bramafan, ils ont des bassins supérieurs solides et ne deviennent dangereux que dans la traversée des boues glaciaires.

Traitées depuis 1889, les parties en mouvement sont presque entièrement fixées et reboisées; on peut citer les beaux résultats obtenus sur la rive gauche par des plantations d'aunes.

Les nouvelles séries, celles de Crévoux et de Saint-André, qui ont en vue la restauration du bassin de la rivière de Crévoux, ne comporteront pas de travaux de correction importants. Des clayonnages et dss garnissages suffiront, avec le reboisement, pour atteindre le but cherché.

En résumé, les travaux exécutés depuis quarante ans dans le périmètre de la Durance d'Embrun ont sensiblement amélioré la situation.

Pour achever l'œuvre entreprise, il faut entretenir les ouvrages établis et achever de couvrir de végétation les parties encore dénudées, au fur et à mesure de la régularisation des pentes.

Il faudrait aussi réglementer les irrigations et amener les communes à reconstituer le domaine pastoral qu'elles possèdent dans la zone où les torrents prennent naissance.

La contenance totale reboisée est de 2,283 hectares. (Pl. 42.)

PÉRIMÈTRE DE DURANCE-LUYE.

Description du bassin. Altitudes. — Le bassin de la Durance-Luye s'étend entre Chorges et le Sauze à l'est, et Gap, Lestut et Bréziers à l'ouest.

Ce bassin renferme les vallées secondaires de la Luye et de la Vance.

La Luye coule de l'est à l'ouest, depuis la Bâtie-Neuve jusqu'à Gap, puis elle se dirige vers le sud jusqu'à la Durance.

La Vance, après avoir coulé de l'est à l'ouest entre Chorges et la Bâtie-Neuve, s'infléchit vers le sud-ouest jusqu'à la Durance.

La Durance, qui suit la direction est-ouest, reçoit ces deux affluents sur sa rive droite, dans la partie inférieure de son cours.

Le plus haut sommet, sur le pourtour du bassin, est le pic de la Fourche (2,912 m.).

Les altitudes de la Durance sont de 680 mètres à l'est et de 590 mètres à l'ouest.

Conditions géologiques. Climat. Production. — Les terrains qui constituent, en général, les séries du périmètre de la Durance-Luye sont les boues glaciaires, le flysch et les marnes oxfordiennes.

Le climat est rigoureux pendant l'hiver, même dans la vallée de la Durance; les étés sont chauds et secs.

On rencontre la vigne partout; elle occupe de grandes surfaces à Jarjayes, à Remollon, à Théus et à Espinasses.

Les arbres fruitiers, pommiers, poiriers, pruniers, cerisiers, cognassiers sont abondants; le noyer est moins répandu.

Le sol cultivé est en général très productif en céréales et en fourrages, notamment dans la vallée de la Luye.

Les forêts sont peuplées en pin sylvestre, hêtre et mélèze, rarement en sapins.

Le chêne se rencontre partout, mais rarement à l'état de futaie.

Situation administrative. Contenance. Population. — Le bassin de la Durance-Luye s'étend sur le territoire de 23 communes, dont 15 appartiennent à l'arrondissement de Gap et 8 à celui d'Embrun. Sa contenance est de 42,383 hectares et sa population de 19,213 habitants.

État de dégradation du sol. — Les séries de Remollon, Théus, Espinasses, Rousset et la Bâtie-Neuve renferment des terrains profondément ravinés par des torrents, mais qui sont en bonne voie de restauration.

Des torrents dangereux se trouvent aussi dans les séries de Gap, de Chorges et de Jarjayes.

Dans les autres séries, l'état de dégradation du sol est moins avancé; les dégradations sont en général la conséquence d'un pâturage excessif.

Composition et contenance du périmètre. — Le périmètre de Durance-Luye comprend dix-huit séries, dont dix ont été constituées par application de l'article 16 de la loi du 4 avril 1882.

La contenance totale est de 3,992^{h} 81^{a} 85^{c}; 2,990^{h} 00^{a} 70^{c} sont actuellement la propriété de l'État.

Cette contenance se répartit ainsi qu'il suit :

Charges	165^{h}	53^{a}	55^{c}
Le Sauze	177	78	91
Rousset	750	94	78
Espinasses	649	18	41
Bréziers	70	41	90
Rochebrune	140	67	91
Théus	349	35	20
Remollon	277	48	35
Montgardin	121	08	28
Avançon	80	00	83
Saint-Étienne-d'Avançon	62	58	80
Jarjayes	84	59	04
La Bâtie-Neuve	336	95	52
Ancelles	282	72	80
La Rochette	23	61	01
Gap	309	31	92
Rambaud	8	59	36
Lettret	101	95	28
TOTAL	3,992	81	85

Travaux. — La série de Rousset s'étend de 700 à 1,450 mètres d'altitude : les ravins qui la sillonnent sont creusés dans les terres noires souvent recouvertes de boues glaciaires. On n'y a effectué d'autres travaux de correction que des garnissages de lit.

Les travaux de reboisement proprement dits sont terminés.

Les plantations de pins noirs, de pins sylvestres et de mélèzes sont parcourues par des éclaircies dont les produits s[illegible]t utilisés pour les garnissages.

Les pieds des berges sont fixés au moyen de plantations d'aunes blancs, d'hippophaés et de saules.

Dans la série d'Espinasses, comprise entre 650 et 1,500 mètres d'altitude, les torrents puisent également leurs matériaux dans les terres noires et les boues glaciaires.

On a employé dans les travaux de reboisement le pin noir, le pin sylvestre, le pin à crochets, le mélèze et l'épicéa, cette dernière essence en petite quantité. De même que dans la série précédente, les plantations forment actuellement des peuplements de belle venue; la forêt est créée.

Dans les parties humides et dans les petits ravins, sur les berges des torrents et des combes, on a utilisé l'aune, le saule et l'hippophaé.

Un torrent assez important, le Trente-Pas, a été corrigé par la construction de dix barrages en pierre sèche.

Les travaux à effectuer sont peu importants; ils consistent dans l'entretien des travaux de correction, la plantation de résineux sur les surfaces fixées par l'embroussaillement, le recepage des feuillus donnant des signes de dépérissement, le garnissage des ravins au moyen des produits des éclaircies.

La série de Rochebrune est parcourue par de nombreux ravins creusés dans les terrains du lias supérieur, dans des éboulis ou dans des boues glaciaires. L'altitude est comprise entre 640 et 1,240 mètres.

On a effectué des plantations de pins noirs et de pins sylvestres sur les versants, et de feuillus dans les ravins. Il ne reste qu'à continuer le garnissage et les embroussaillements et à étendre les cépées de feuillus au moyen de marcottages.

Dans la série de Théus, de 700 à 1,675 mètres, les plantations, en pin noir et en pin sylvestre, sont terminées sur les terrains stables. A mesure que les pentes s'adoucissent, on fixe les berges des nombreux ravins tributaires des torrents de Valauria, de l'Hubac et de Chamoussières; on y effectue aussi des fascinages et des garnissages.

Les travaux de correction du torrent de Valauria sont à peu près suffisants.

Les travaux de restauration de toute nature sont terminés dans la série de Remollon, qui est située entre 800 et 1,190 mètres. Le torrent de l'Hermitan, qui traverse la série, est creusé dans des boues glaciaires; on y a établi des barrages en pierre sèche et des clayonnages.

On a employé, pour les travaux de reboisement, le pin noir et le pin sylvestre sur les versants et les feuillus sur les atterrissements des ouvrages de correction.

La série de Saint-Étienne-d'Avançon, de 975 à 1,800 mètres, est entièrement reboisée en pin sylvestre. Il n'y a d'autres travaux à effectuer que les opérations culturales habituelles.

La série de la Bâtrie-Neuve est traversée par deux torrents creusés dans des marnes oxfordiennes et des terrains d'éboulis.

Les travaux sont entièrement terminés. L'altitude étant comprise entre 975 et 2,467 mètres, on a employé pour les plantations le pin noir dans la partie inférieure, le pin à crochets et le mélèze dans la partie supérieure. On a planté des aunes, saules et hippophaés sur les atterrissements des ouvrages de correction des torrents du Sapet et du Devezet.

Le flysch et les boues glaciaires sont les terrains ravinés de la série d'Ancelles qui s'étend de 1,400 à 2,467 mètres. Les travaux sont complètement terminés; les reboisements ont été effectués avec le pin noir, l'épicéa, le pin à crochets, le mélèze et le pin cembro.

La série de la Rochette est comprise entre 842 et 1,043 mètres, elle est entièrement reboisée. Les deux torrents qui la traversent et qui sont creusés dans des boues glaciaires surmontant des marnes oxfordiennes ont été fixés par la construction de quatre barrages en maçonnerie.

Le reboisement de la série de Gap, 1,450 à 2,179 mètres, a été effectué en pin noir, pin sylvestre, pin à crochets et mélèze. Des barrages ont été construits dans le torrent de Buzan et de ses affluents. Les travaux sont terminés; il y a lieu cependant de remplacer par des mélèzes, dans une partie de la série, les pins sylvestres et les pins à crochets qui résistent mal aux rigueurs de l'hiver et à la sécheresse de l'été.

Les travaux de reboisement ont porté sur une étendue de 2,017 hectares.

Dans les terrains qui n'appartiennent pas encore à l'État, on n'effectuera que des travaux de reboisement et de petits ouvrages de correction peu importants : clayonnages, garnissages, petits seuils en pierre sèche, destinés à faciliter l'embroussaillement des ravins.

PÉRIMÈTRE DE DURANCE-DÉOULE.

Description du bassin. Altitudes. — Le bassin de Durance-Déoule comprend plusieurs bassins secondaires, qui ont été groupés en vue de simplifier l'étude des terrains à restaurer et par suite l'exécution des travaux à entreprendre.

Ses limites sont fixées naturellement au nord-ouest et à l'ouest, par les montagnes de Charance et de Ceuse et leurs prolongements, et par les montagnes d'Aujour et de Loup; à l'est, sur une longueur de 36 kilomètres environ, par la Durance, qui le sépare du département des Basses-Alpes.

Il y a lieu de distinguer trois bassins principaux : le bassin de la Rousine, le bassin de la Déoule et le bassin du torrent de Reynon.

La Rousine est formée par la réunion des torrents de Chaffal et de Malcombe; son régime est torrentiel, et elle est sujette à des débordements fréquents occasionnés par ses nombreux affluents; ceux-ci descendent presque tous de la montagne de Ceüse; les plus importants sont le torrent du Marderet, le ruisseau de Maupas, le torrent de Boudon grossi des torrents de Boujac et de Saint-Pierre et le torrent de Combassine.

Le bassin de la Déoule est plus important; ce torrent reçoit les eaux de plusieurs tributaires, pour la plupart dangereux. Les plus remarquables sont : à droite, les torrents de Juape, de l'Adroit, de Ribicoudou, de Nouiret, de Joubert, de Bousserand et du Coq; à gauche, les torrents de la côte d'Oze, de Chabottes, de Saint-Joseph, du Laux, de Céas et de Briançon. Son régime est essentiellement torrentiel.

Le torrent de Reynon prend naissance et se développe dans la commune de Ventavon.

Il n'est pas dangereux par lui-même, mais son régime est troublé par les apports de ses affluents; les plus importants sont sur la rive gauche, et parmi eux il y a lieu de citer les torrents de Combe-Chaude, Bon-Secours, Roche-Courbe, Barrachier et la Fayolle.

En dehors de ces trois bassins principaux, le périmètre de Durance-Déoule renferme encore quelques torrents et ravins dont les eaux se jettent directement dans la Durance, en aval des confluents de la Rousine et de la Déoule, et surtout du confluent du torrent de Reynon; mais dans cette dernière partie les terrains étant en pente très douce et généralement cultivés, les cours d'eau sont le plus souvent des ruisseaux sans danger.

L'altitude maxima est celle du sommet de la montagne de Ceuse (2,019 m.), et l'altitude minima celle du point où la Durance sort du département (482 m.).

Conditions géologiques. — La presque totalité du bassin de Durance-Déoule est formée par des terrains jurassiques, et surtout par les assises inférieures de l'étage oxfordien; celles-ci s'appuient sur les schistes du lias, dans lesquels est creusée la vallée de la Durance. En s'élevant de la vallée de la Durance vers la montagne de Céuse, on rencontre successivement au-dessus du lias les subdivisions de l'étage oxfordien, dont l'assise la plus élevée, le calcaire de la Porte de France, constitue les escarpements de la crête de Céuse, et les crêtes rocheuses de la Petite-Céuse, de Charance, du Serre-de-Chanel, etc. Sur ce calcaire repose immédiatement, en général, le premier étage de la formation crétacée, le néocomien inférieur; mais cet étage, largement représenté dans le bassin du Buëch, apparaît seulement dans le bassin de Durance-Déoule à l'extrémité occidentale du territoire de Barcillonnette; il est formé de marnes bleues, surmontées de calcaires plus ou moins marneux.

Il faut encore signaler dans le bassin de Durance-Déoule quelques taches, parfois assez étendues, de dépôts glaciaires remontant à différentes époques, et des alluvions modernes.

Climat. — Le climat varie naturellement suivant les altitudes et les expositions; il est caractérisé par de brusques variations de température, et par un écart considérable non seulement entre les moyennes de l'été et de l'hiver, mais entre les moyennes du jour et de la nuit, en toutes saisons.

Les orages sont fréquents en été, les pluies abondantes au printemps et à l'automne. Le vent du nord souffle parfois avec violence.

Production. — Elles varient avec le climat, c'est-à-dire suivant les altitudes et les expositions, plus que suivant la nature géologique du terrain, qui se prête partout aux cultures.

Le blé est la production la plus importante et suffit aux besoins de la consommation locale. Viennent ensuite par ordre d'importance : les pommes de terre, les fourrages verts, le seigle, l'avoine, la betterave, les légumes, etc.

La vigne était prospère autrefois, et les vins de la commune de Neffes en particulier étaient estimés; les vignobles ont été en partie récemment reconstitués. Les arbres fruitiers sont abondants. Les terrains riverains de la Durance sont fertiles, et jouissent déjà du climat de la haute Provence; aussi trouve-t-on l'amandier à Ventavon, où il existe, de plus, plusieurs plantations de mûriers pour l'élevage des vers à soie.

Il n'y a pas de troupeaux transhumants, mais l'élevage du bétail indigène, bêtes à laine et chèvres, tient une place importante dans l'économie rurale de la région.

Il n'y a que quelques pâturages proprement dits, sur les sommets et les hauts plateaux, mais près des 2/5 de la surface totale consiste en vagues et arides qui constituent, avec la plupart des bois particuliers, les terrains livrés au parcours.

En dehors des terrains domaniaux reboisés, il n'y a que quelques petits massifs de résineux, pins sylvestres et pins noirs d'Autriche; le surplus des forêts communales ou particulières est composé de taillis plus ou moins médiocres; le hêtre domine aux expositions septentrionales et aux altitudes élevées, le chêne au sud.

Situation administrative. Contenance. Population. — Le bassin de Durance-Déoule s'étend sur 17 communes ou parties de commune de l'arrondissement de Gap.

Sa contenance est de 24,800 hectares et sa population de 5,523 habitants.

État de dégradation du sol. — L'état actuel de dégradation du sol est dû à la nature géologique des terrains et aux abus du pâturage.

Le sol, peu consistant, provenant le plus souvent de la désagrégation des schistes et des marnes et reposant sur des versants en pente forte, est facilement entamé sous l'action des chutes d'eau violentes et subites.

Le déboisement paraît avoir été peu pratiqué. On ne rencontre pas dans la région de troupeaux transhumants, mais chaque propriétaire entretient un nombre plus ou moins grand de bêtes à laine, souvent de chèvres, qu'il laisse le moins possible à l'étable et dont il surcharge ses terres et les vagues communaux, surtout au printemps et en automne. Cette surcharge est désastreuse ; les troupeaux arrachent les jeunes plantes et le piétinement désagrège la surface, surtout dans les fortes pentes.

Les effets de ces dégradations se manifestent par la ruine des cultures riveraines des torrents, par l'envahissement des cultures inférieures et des voies de communication, par les matériaux arrachés aux flancs des montagnes et charriés par les ravins et torrents.

La Rousine, peu dangereuse par elle-même, a son régime troublé principalement par deux de ses affluents, le Marderet et le torrent de Baudon; ce dernier est profondément encaissé entre des berges, souvent abruptes, de schistes liasiques et de boues glaciaires.

En aval du village de la Saulce, la route nationale n° 85, qui passe à Gap et à Sisteron, est souvent endommagée par les apports de matériaux charriés par les torrents de Combe-Chaude et de Masse-Bœuf; des endiguements ont été construits dans le lit de la Déoule, entre le plan de Vitrolles et son confluent avec la Durance, en vue de protéger le chemin de grande communication de Barcillonnette à la route nationale n° 85, un peu avant sa jonction avec cette route.

Composition et contenance du périmètre. — Le périmètre de Durance-Déoule comprend onze séries, dont quatre ont été constituées en partie par application de l'article 16 de la loi du 4 avril 1882. La contenance totale est de 2,874^{h}07^{a}03^{c}; 1,189^{h}01^{a}59^{c} sont actuellement la propriété de l'État.

La contenance des séries est indiquée ci-dessous :

Pelleautier	201^{h}	65^{a}	49^{c}
Neffes	32	79	80
Sigoyer	688	86	81
Fouillouse	100	95	96
La Saulce	9	28	78
Lardier-et-Valença	144	47	79
Vitrolles	89	88	90
Esparron	342	98	16
Barcillonnette	422	51	82
Monêtier-Allemont	158	54	60
Ventavon	682	08	92
TOTAL	2,874	07	03

Travaux. — Les premiers travaux entrepris dans le périmètre de Durance-Déoule remontent à 1882, mais ce n'est qu'en 1885 que le reboisement proprement dit a été commencé.

Les débuts ont eu lieu dans la série de Pelleautier.

La création de la végétation forestière a été l'unique moyen employé pour supprimer l'érosion superficielle.

Les reboisements de la montagne de Céuse, séries de Pelleautier et de Sigoyer, embrassent une surface de 400 hectares, en grande partie d'un seul tenant. Les principales essences employées sont : le pin sylvestre, le pin à crochets, le pin noir d'Autriche et le mélèze. Ces essences ont été placées sans distinction de sols, ceux-ci leur convenant uniformément, et à peu près à toutes les expositions, le mélèze et le pin à crochets plus particulièrement au nord, et aussi aux altitudes supérieures, soit 1,700 mètres. Le pin noir d'Autriche ne dépasse guère 1,100 mètres.

La plus grande partie du massif est exposée au sud-est.

Les peuplements sont d'âges gradués de 1 à 25 ans, mais les 3/5 environ ont plus de 15 ans.

Les reboisements ont produit sur le régime des eaux du versant de la montagne de Céuse des effets que nul ne songe à nier à l'heure actuelle; les torrents qui prennent naissance au pied des escarpements ont cessé d'être dangereux pour les riches cultures de la vallée de la Rousine.

Comme travaux de correction, il n'y a à signaler que 28 barrages ou seuils rectilignes, en maçonnerie de pierres sèches, construits en 1883 et années suivantes dans divers ravins de la série de Pelleautier, en vue d'en fixer le profil et de maintenir les berges; ce but a été atteint; les berges ont été reboisées, le plus généralement en saules et aunes.

Dans la série de Lardier, on a effectué des plantations de résineux et procédé à l'introduction préalable de la végétation herbacée et arbustive sur les parties entièrement dénudées.

Les séries de Barcillonnette et de Ventavon ont été parcourues par des plantations et des semis de pin noir, de mélèze et de cèdre.

On a ouvert dans ces diverses séries les sentiers nécessaires pour la circulation des ouvriers et pour le transport des outils et des plants.

La contenance boisée est actuellement de 704 hectares.

Les travaux à effectuer dans les terrains appartenant à l'État et dans ceux restant à acquérir devront consister uniquement en semis, plantations, embroussaillements, recepages, éclaircies et ouverture de sentiers.

PÉRIMÈTRE DU PETIT-BUËCH.

Description du bassin. Altitudes. — Le bassin du Petit-Buëch est situé en entier dans le département des Hautes-Alpes et représente environ le quart de l'étendue totale de ce département.

Le Petit-Buëch prend sa source sur le territoire de Gap-Chaudun et se jette dans le Grand-Buëch au-dessus de la Bâtie-Montsaléon, après un cours de 40 kilomètres.

Ses principaux affluents sont : sur la rive droite, le ruisseau de Porel, les torrents de la Crotte, de l'Épervier et de Matacharre, la Sigouste, le torrent de Labéoux, grossi lui-même des torrents des Sellettes, des Veaux, de Rabioux et de Jourdanne; enfin les torrents de Glaisette et de Saint-Marcellin; et sur la rive gauche, les torrents de Manteyer et de Sigaud, le torrent du Drouget et le torrent de Maraize, grossi des torrents de Suzanne et de Pontellier.

Le relief général du bassin, très accentué vers le nord, caractérisé par des crêtes élevées, à pentes souvent abruptes, et quelques hauts plateaux, s'adoucit considérablement vers le sud, mais reste accidenté. Le Petit-Buëch coule du nord-est au sud-ouest et imprime cette orientation générale à toute la vallée.

L'altitude maxima (2,712 m.) est celle du sommet du pic de Bure, sur la montagne d'Aurouze, crête séparative du bassin de la Souloise, et l'altitude minima (668 m.) est celle du confluent du Grand-Buëch et du Petit-Buëch.

Conditions géologiques. — La constitution géologique du bassin est à peu près aussi tourmentée que son relief.

Les calcaires durs et massifs de la formation jurassique supérieure, étages tithonique et kimméridjien, entrent exclusivement dans la structure des crêtes culminantes, tandis que les roches tendres des étages callovien, oxfordien, séquanien et infracrétacés — marnes calcaires et marnes schisteuses, noires bleuâtres ou grises — constituent les versants inférieurs et le fond des vallées.

Sur ces formations sédimentaires ont été successivement déposés des terrains de transport.

Les plateaux situés entre les vallées des deux Buëch sont couronnés par des alluvions du pliocène supérieur. Des dépôts glaciaires se trouvent au pied de la montagne d'Aurouze et à la Roche-des-Arnauds.

A la partie inférieure du bassin, les terrains infracrétacés prédominent; ce sont des marnes des étages valanginien et aptien, recouvertes d'éboulis provenant des falaises calcaires tithoniques qui les surmontent.

Quelle que soit leur origine, toutes les roches constituant les versants et le fond des vallées sont poreuses, gélives et tombent facilement en débris; les eaux pluviales dissolvent peu à peu leur calcaire, laissant un résidu d'argile, parfois mélangé de sable.

Climat. — L'altitude, le relief, l'exposition des versants et l'orientation des vallées déterminent le régime climatologique des principales divisions du bassin; aussi y trouve-t-on la gradation naturelle des climats, depuis le climat tempéré, qui règne à Veynes, jusqu'au climat très froid, qui sévit à la Cluse, où la neige persiste six mois et plus, de novembre à mai.

En général, le climat est sec, caractérisé par de brusques variations de température; les pluies sont abondantes au printemps, et quelquefois à l'automne.

Les vents dominants soufflent du nord et de l'ouest.

Productions. — Le blé est de toutes les productions du pays la plus importante; il suffit aux besoins de la consommation locale et fait place au seigle et à l'avoine à mesure qu'on s'élève en altitude.

Après le blé, la pomme de terre est le produit le plus cultivé, même à d'assez grandes hauteurs.

La vigne se rencontre dans la vallée inférieure du Petit-Buëch, jusqu'à la Roche-des-Arnauds, et dans le bassin de la Maraize; les vins du pays ont une certaine réputation.

Dans les zones tempérées, les arbres fruitiers abondent et

donnent des produits appréciés, en particulier des pommes, des poires et des noix, consommées en partie sur place.

L'élevage des bêtes à laine est encore une des grandes ressources des habitants. Il n'y a pas dans cette partie du département de troupeaux transhumants, mais les troupeaux indigènes surchargent les terrains particuliers et les vacants communaux; ils comprennent presque tous des chèvres.

Les hauts plateaux sont recouverts de pâturages d'assez bonne qualité; mais près de 40 p. 100 de l'étendue totale du bassin, versants et fonds des hautes vallées, sont formés de vacants et d'arides, qui constituent les terrains de parcours les plus fréquentés, partant les plus dégradés.

Les bois recouvrent environ un cinquième de la surface et appartiennent en majeure partie aux communes. Il y a lieu de mentionner l'existence des petites sapinières domaniales d'Aune, de la Cluse et de Gap-Chaudun.

La commune de Montmaur possède un beau massif d'un millier d'hectares, peuplé principalement de pins sylvestres et de hêtres; mais, en dehors de cette forêt et des sapinières, très restreintes, de Manteyer, la Roche-des-Arnauds et Rabou, les forêts communales sont pauvres; ce ne sont en général que des taillis de hêtres, quelquefois de chênes aux expositions sud et est, avec des parcelles de pins sylvestres.

Situation administrative. Contenance. Population. — Le bassin du Petit-Buëch s'étend sur 14 communes ou parties de commune de l'arrondissement de Gap.

Sa contenance est de 39,375 hectares et sa population de 6,028 habitants.

État de dégradation du sol. — Le bassin supérieur du torrent de Labéoux est celui où le phénomène torrentiel a accumulé les dévastations les plus saisissantes; il n'y existe pas un seul ravin

IMPRIMERIE NATIONALE.

qui ne présente des lambeaux de terrains en érosion; celles-ci apparaissent en de vastes combes aux versants déchirés par un ravinement intense. Le surplus du bassin ne renferme, à part quelques maigres cultures et massifs forestiers, que des casses et des éboulis adossés à des escarpements rocheux.

Le bassin du Drouzet offre des caractères de dévastation analogues, mais beaucoup moins accusés; les dépôts glaciaires n'y existent pas.

Le torrent de Glaisette, qui passe près de Veynes, a son bassin supérieur en entier constitué par des marnes aptiennes fortement argileuses qui justifient son nom et celui de Glaise, donné au hameau bâti sur les dernières pentes du cirque. Ces argiles plastiques forment une boue visqueuse et glissent par paquets, fournissant un contingent sans cesse renouvelé de matières terreuses au torrent et aux nombreux ruisseaux et ravins qui l'alimentent.

Les hauts affluents du Petit-Buëch et les branches qui forment le torrent principal descendent également de pentes ravagées et dévastées.

Le cône du torrent de Matacharre, la vaste plage de dépôts qui forme le lit particulièrement instable du cours inférieur du Labéoux, le lit démesurément large et inconstant des torrents de la Maraize et du Petit-Buëch en amont et en aval de Veynes témoignent de l'importance de ces sortes de dégâts.

La cause fondamentale de cet état de dégradation réside dans la nature géologique des terrains, ainsi que dans leur situation topographique : les roches qui constituent les versants et le fond des vallées, schistes, marnes et calcaires, sont gélives et se délitent facilement à l'air et sont facilement entraînées par les eaux, dont la concentration est toujours rapide.

Mais la cause occasionnelle des ruines actuelles vient surtout des abus du pâturage.

Composition et contenance du périmètre. — Le péri-

mètre du Petit-Buëch comprend douze séries, dont sept ont été constituées en exécution de l'article 16 de la loi du 4 avril 1882.

Sa contenance totale est de 9,148h 15a 74c; 6,556h 18a 31c sont actuellement la propriété de l'État.

La contenance des séries est indiquée ci-après :

	h	a	c
Gap-Chaudun	2,025	85	50
Rabou	44	33	86
Manteyer	214	98	05
La Roche-des-Arnauds	1,913	62	65
Montmaur	1,698	03	77
La Cluse	1,279	22	16
Châteauneuf-d'Oze	1,182	38	91
Furmeyer	11	50	00
Veynes	359	90	79
Oze	221	60	17
Le Saix	38	36	53
Saint-Auban-d'Oze	158	33	35
TOTAL	9,148	15	74

Travaux. — Les premiers travaux de restauration remontent à 1873 pour les communes de Montmaur et de Manteyer; en 1884, près de 200 hectares furent acquis à Châtillon-le-Désert, aujourd'hui commune de Châteauneuf-d'Oze, et depuis 1902 cette dernière série renferme 1,040 hectares d'un seul tenant appartenant à l'État.

La série de Gap-Chaudun, 1,961 hectares, a été acquise en 1895.

Les séries contiguës de Montmaur et de la Roche-des-Arnauds forment un ensemble de plus de 3,000 hectares.

Le but des travaux entrepris a été, de façon plus ou moins directe, la suppression de l'affouillement par l'introduction de la végétation forestière.

Des enherbements et des plantations de feuillus ont été effectués sur des berges et des versants ravinés.

L'aune blanc, le saule, le peuplier, le cytise des Alpes, l'hippophaé rhamnoïde ou argousier, l'orme, les érables et le robinier ont été essayés jusqu'à 1,350 mètres d'altitude et à toutes les expositions; le robinier, l'orme et l'érable n'ont pas donné de réussite satisfaisante; ces espèces ont besoin de terrains suffisamment frais et fertiles.

Le mélèze, le pin sylvestre et le pin à crochets ont été employés pour les semis, exceptionnellement le pin cembro; le succès a été médiocre.

Les plantations ont été exécutées par potets et par touffes. Toutes les essences résineuses qui croissent dans la région les constituent : pin sylvestre, pin laricio d'Autriche, mélèze, pin à crochets, épicéa et pin cembro; le sapin n'a été planté qu'exceptionnellement, par suite du manque d'abri; mais il devra être propagé en mélange avec le mélèze, concurremment avec l'épicéa, en particulier à Chaudun.

Le pin sylvestre réussit jusqu'à 1,400 et 1,500 mètres et à toutes les expositions; le pin noir d'Autriche jusqu'à 1,600 mètres, pourvu que le sol soit suffisamment frais et fertile; le pin à crochets et le mélèze montent jusqu'à 1,800 mètres et dépassent même 2,000 mètres à la Roche-des-Arnauds. Ces deux essences sont quelquefois en mélange. Les reboisements de la Cluse sont uniquement formés de pins à crochets jusqu'à 2,100 mètres de hauteur, à l'exposition est.

Le pin cembro et l'épicéa ont réussi médiocrement.

La contenance boisée totale est actuellement de 2,898 hectares.

Après avoir reboisé les terrains stables, soit directement, soit après fixation du sol par des travaux préparatoires, et concurremment avec ces opérations, pour combattre efficacement l'affouillement dans le lit des torrents et de leurs affluents, on a diminué les pentes souvent excessives de leurs profils au moyen de travaux de correction.

Ces travaux de correction ont produit l'effet qu'on en attendait.

43. Périmètre du Petit Buëch (Hautes-Alpes). Série de Montmaur.
Partie inférieure du Rif Lauzon au début des travaux.

44. Périmètre du Petit Buëch (Hautes-Alpes). Série de Montmaur.
Même vue que la précédente ; plantations de 15 à 25 ans.

45. Périmètre du Petit Buëch (Hautes-Alpes). Série de Montmaur.
Bassin supérieur du Rif Lauzon au début des travaux.

46. Périmètre du Petit Buëch (Hautes-Alpes). Série de Montmaur.
Même vue que la précédente ; plantations de 20 à 25 ans.

47. Périmètre du Petit Buëch (Hautes-Alpes). Série de Montmaur.
Plantation d'aunes à l'altitude de 1200 mètres ; vue prise en 1891.

48. Périmètre du Petit Buëch (Hautes-Alpes). Série de Montmaur.
Même vue que la précédente ; état actuel.

49. Périmètre du Petit Buëch (Hautes-Alpes). Série de Montmaur.
Rive gauche du torrent de la Sigouste au début des travaux.

50. Périmètre du Petit Buëch (Hautes-Alpes). Série de Montmaur.
Même vue que la précédente ; plantations de 5 à 25 ans.

Phototypie Berthaud, Paris.

Le réseau de voies de desserte et de communication comprend 15 kilomètres de routes et 143 kilomètres de chemins et sentiers, en partie accessibles aux attelages.

Dans les terrains qui n'appartiennent pas encore à l'État, il suffira, après leur acquisition, d'y effectuer des travaux d'enherbement, d'embroussaillement et de reboisement et d'y ouvrir les sentiers nécessaires : des clayonnages et garnissages pourront aussi y être utilement exécutés. (Planche 43 à 50.)

PÉRIMÈTRE DU BUËCH SUPÉRIEUR.

Description du bassin. Altitudes. — Le périmètre du Buëch supérieur comprend toute la partie septentrionale du bassin de ce torrent, depuis son entrée dans le département des Hautes-Alpes jusqu'à son confluent avec le torrent du Riou, à la limite du territoire de la commune d'Eyguians.

Les affluents les plus importants du Buëch sont, sur la rive droite, le torrent de Vaunières, le torrent de Chauranne, le torrent d'Aiguebelle et le Blême.

Le Petit-Buëch est l'affluent de rive gauche le plus important du Buëch. Ses principaux tributaires sont les torrents de Labéoux, de la Sigouste, de Matacharre, de Sigaud, du Drouzet et de la Maraize; son vaste bassin a déterminé la constitution d'un périmètre spécial.

Le torrent de Chaune reçoit les torrents d'Eyssareunes, d'Ourges, de Guisette, du Rochas et des Reynardières.

Le dernier affluent de gauche du Buëch supérieur est le torrent du Riou; il se grossit des eaux de nombreux ravins.

L'altitude maxima (2,360 m.) du bassin du Buëch supérieur est celle du sommet de la montagne de Corps et l'altitude minima (611 m.) celle du pont du Riou.

Conditions géologiques. — Le Buëch, à sa sortie du massif de la Croix-Haute, coupe obliquement, de Lus à Saint-Julien, des couches redressées et à pic des terrains de la formation crétacée.

Depuis Saint-Julien jusqu'à Sisteron, il coule toujours dans des terrains jurassiques, et surtout dans les assises inférieures de l'étage oxfordien; celles-ci s'appuient sur les schistes du lias, dans lesquels est creusée la vallée de la Durance.

Dans le bassin du Buëch, la première assise néocomienne, composée de marnes bleues et de calcaires gris bleuâtres, repose toujours sur des calcaires oxfordiens compacts et est surmontée d'une épaisse série de bancs calcaires plus ou moins marneux, quelquefois siliceux et compacts.

Les terrains crétacés apparaissent sur le territoire de Saint-Julien-en-Beauchêne, dans le bassin des torrents de Beaumugne et d'Echarenne; on les retrouve à la Piarre et à Montclus; ils sont représentés par des marnes des étages valanginien et aptien; dans la vallée de la Blême, tous les étages inférieurs de la formation crétacée se présentent en succession régulière.

La formation jurassique domine dans la constitution du bassin; les calcaires marneux de l'étage rauracien se trouvent en abondance dans la partie haute. Les bassins de Chauranne, de Chaune, du Riou et la plus grande partie du bassin d'Aiguebelle présentent une succession de cuvettes marneuses, le plus souvent profondément ravinées, séparées par des arêtes calcaires.

Ces terrains secondaires sont recouverts par places, souvent sur des étendues considérables, de dépôts glaciaires remontant à différentes époques, d'éboulis calcaires et de terrains de transport et d'alluvions, d'origines variables, parmi lesquelles une alluvion ancienne à signaler à l'altitude de 80 à 100 mètres environ au-dessus du niveau actuel des deux Buëch à leur confluent, ainsi que deux terrasses d'alluvions pliocènes, au bois de Cella et au-dessous de Pont-la-Dame.

Climat. — Le climat est rude dans le bassin supérieur du Buëch et ne devient tempéré que dans la région d'Aspres et de Serres. Il est caractérisé par de brusques variations de température et par des écarts considérables entre les moyennes de jour et de nuit.

La neige ne disparaît guère que pendant cinq mois d'été dans la partie haute, alors que dans le bas elle ne persiste généralement que de décembre à février.

Les orages sont fréquents en été; les pluies abondantes au printemps et à l'automne. Le vent du nord souffle parfois avec violence.

Productions. — La région en général est peu fertile, aride même; le ravinement et l'accumulation des éboulis y ont exercé leurs ravages.

En dehors du massif de Durbon, on ne rencontre que de maigres bois, localisés sur les pentes exposées au nord; les cultures sont cantonnées dans le fond des vallées et n'ont quelque importance que dans les environs de Serres.

Le blé occupe la première place et suffit en général aux besoins de la consommation locale; puis viennent la pomme de terre et les fourrages verts; on ne récolte que peu de seigle et d'avoine.

Le commerce des fruits est important, surtout dans la plaine de Serres et dans les terrains qui bordent le Buëch en aval d'Aspres; ils consistent en poires, prunes, pommes, noix et amandes, en très grande partie expédiées au dehors.

Même dans la partie haute du bassin, à Saint-Julien et à Agnielles, les arbres fruitiers sont cultivés avec succès dans le fond abrité des vallées.

La vigne est introduite et conservée partout où elle peut réussir, souvent sur des espaces très restreints; elle fait son apparition dans la plaine d'Aspres et on la trouve même à Savournon et à Saint-Génis, aux expositions chaudes.

Les hauts-plateaux et sommets sont recouverts de pâturages, dont la médiocrité doit être attribuée en grande partie aux abus de parcours.

La végétation forestière est susceptible de s'implanter partout avec succès, ainsi qu'en témoignent les reboisements déjà exécutés.

Les communes de la Beaume, de la Faurie et de la Piarre possèdent quelques jolies sapinières, trop peu étendues. Le hêtre, le pin sylvestre et le sapin, quelque peu le chêne rouvre, sont les essences spontanées de la région.

L'élevage du bétail, bêtes à laine et chèvres, tient une place considérable dans l'économie rurale du pays; il n'y a pas de troupeaux transhumants.

L'élevage des vaches pour l'industrie laitière commence à se faire avec succès dans la commune de Saint-Julien-en-Beauchêne.

Situation administrative. Contenance. Population. — Le bassin du Buëch supérieur s'étend sur le territoire de 19 communes, qui font partie de l'arrondissement de Gap.

Sa contenance est de 42,000 hectares et sa population de 6,742 habitants.

État de dégradation du sol. — C'est surtout dans les bassins des torrents de Chouranne et de Chaune que les ruines sont le plus étendues et qu'il devient urgent de porter remède à leurs progrès incessants.

Les causes de l'état de dégradation du sol sont de deux sortes. Les premières, causes naturelles, viennent de la nature géologique du terrain, de l'action des agents atmosphériques et de la situation topographique.

Les secondes causes consistent dans l'exercice immodéré du pâturage.

Il n'y a pas de troupeaux transhumants dans la région, mais

chaque propriétaire possède un nombre plus ou moins grand de bêtes à laine et de chèvres, dont il surcharge ses terrains et les vagues communaux. Lors de la fonte des neiges, les troupeaux affamés par leur séjour à l'étable arrachent l'herbe courte et peu résistante; les alternatives de gelée et de dégel en cette saison contribuent au déchaussement des plantes et ne font qu'aggraver le mal; en tout temps le piétinement désagrège la surface du sol. Aussi est-il à remarquer que c'est dans le voisinage des habitations que les terrains sont les plus dégradés.

Une fois le sol dépouillé du tapis herbacé qui le protégeait, les eaux, ne rencontrant plus d'obstacles sur des versants rapides, se précipitent dans le fond des vallées en une multitude de petits ruisseaux et ravins, ravagent les cultures sur leur passage et charrient vers la plaine les matériaux arrachés aux flancs des montagnes.

Le plus souvent, dans le bassin supérieur du Buëch, la mise en mouvement de ces masses d'eau et des matériaux qu'elles entraînent a provoqué l'éboulement des terrains supérieurs et des glissements latéraux. A Saint-Genis, ce qui reste du village est dangereusement menacé par des glissements de marnes schisteuses en mouvement; à la Beaume-des-Arnauds, à Saint-Pierre-d'Argençon et à Savournon, les versants marneux qui succèdent aux escarpements calcaires forment par endroits un véritable chaos présentant un aspect de désolation. Au Bersac, des maisons sont menacées de ruine du fait de la dégradation des terrains supérieurs.

Composition et contenance du périmètre. — Le périmètre du Buëch supérieur comprend quatorze séries, dont quatre ont été constituées en partie par application des dispositions de l'article 16 de la loi du 4 avril 1882.

La contenance totale est de $7,399^{h}12^{a}58^{c}$; $3,795^{h}50^{a}26^{c}$ sont actuellement la propriété de l'État.

La contenance des séries est indiquée ci-dessous :

Saint-Julien-en-Beauchêne	2,181h 86a 36c
La Faurie	55 45 02
Agnielles	694 39 97
Aspres-sur-Buëch	148 65 62
La Beaume	507 40 34
Saint-Pierre-d'Argençon	452 67 98
Aspremont	103 72 65
La Piarre	197 59 30
Sigottier	229 67 00
Montclus	286 05 50
Serres	139 04 01
Savournon	1,222 96 03
Le Bersac	68 01 50
Saint-Genis	1,111 61 30
TOTAL	7,399 12 58

Travaux. — Le périmètre actuel du Buëch supérieur renferme deux groupes de terrains, à l'extrémité nord-est et à l'extrémité sud-est du bassin, dans des conditions différentes d'altitude, de sol et de climat.

Le premier comprend les séries d'Agnielles et de Saint-Julien-en-Beauchêne, ensemble 2,569 hectares, dans lesquels les premiers travaux de restauration remontent seulement à 1890.

Le climat est rude et les altitudes fortes.

Le second groupe comprend les séries de Saint-Génis et de Savournon, d'une contenance totale de 1,226 hectares.

Le climat est plus doux que dans les séries précédentes et les altitudes sont moins fortes.

Dans la série de Saint-Julien-en-Beauchêne, il n'existait, à l'époque de l'acquisition des terrains, que quelques pins à crochets rabougris, à des altitudes comprises entre 1,500 et 1,800 mètres.

Le sol, calcaire, est souvent recouvert d'éboulis; le climat est rude. On y a introduit avec succès l'épicéa et le mélèze entre 1,400 et 1,600 mètres d'altitude et le pin à crochets entre 1,400 et 1,800 mètres.

Ces diverses essences présentent une végétation vigoureuse, à toutes les expositions.

Dans la série d'Agnielles, le sol et le climat sont les mêmes que dans la série précédente. Les essences locales qu'on y rencontre sont : le hêtre, de 1,200 à 1,400 mètres; le sapin, de 1,400 à 1,600 mètres et le pin à crochets, de 1,500 à 1,800 mètres.

On a utilisé, pour le reboisement, le pin noir au sud et à l'ouest et entre 1,200 et 1,400 mètres d'altitude; le mélèze, à toutes les expositions, de 1,200 à 1,500 mètres, et le pin à crochets, à toutes les expositions également, de 1,400 à 1,800 mètres.

Toutes ces essences croissent avec vigueur et résistent parfaitement aux intempéries.

On a planté au pied des berges des ravins des feuillus divers : aune blanc, saule et cytise des Alpes, de 1,200 à 1,500 mètres d'altitude.

Dans la série de Savournon, le sol est calcaire et l'exposition dominante est celle du sud. Les essences spontanées sont : le chêne au nord et le hêtre au sud, jusqu'à 1,250 mètres.

Les essences introduites sont le pin noir à toutes les expositions et le mélèze au nord, jusqu'à 1,300 mètres, limite extrême de la série. Quelques robiniers ont été plantés à 850 mètres d'altitude dans le fond des ravins.

Ces diverses essences présentent une végétation très satisfaisante.

Les conditions de sol et d'altitude sont les mêmes dans la série de Saint-Genis que dans la série précédente, mais on y rencontre toutes les expositions.

Les essences indigènes sont : le chêne au sud et le hêtre au nord, jusqu'à 1,350 mètres.

On a planté le pin noir et le pin laricio de Corse jusqu'à

1,250 mètres, le pin à crochets et le mélèze jusqu'à 1,350 mètres, altitude extrême de la série. Le mélèze a été placé au nord.

Le pin noir et le pin laricio de Corse ont parfaitement réussi à toutes les expositions; ils forment actuellement de beaux massifs.

La contenance des terrains actuellement boisés est de 3,519 hectares.

Le réseau des chemins et des sentiers établis dans les diverses séries présente une longueur de 50 kilomètres.

Les travaux à effectuer dans les terrains restant à acquérir ne devront comporter que des travaux de reboisement et d'embroussaillement, avec ouverture des sentiers d'accès nécessaires.

PÉRIMÈTRE DU BUËCH INFÉRIEUR.

Description du bassin. Altitude. — Le Buëch coule du nord-ouest au sud-est et partage le bassin en deux parties très inégales en surface; la longueur de son cours y est d'environ 25 kilomètres.

Les principaux affluents du Buëch sont, sur la rive droite :

1° La Blaisance, grossie de nombreux petits torrents ou ruisseaux dont les plus importants sont les torrents de Réquécharde et de Fontarasse;

2° Le torrent du Céans, grossi du torrent du Chevalet et du ravin du Bouard;

3° La Méouge, qui reçoit le torrent de Couzaud et les ravins des Granges, de Pouzaras et le torrent de Saint-Laurent;

4° Le torrent de Saint-Aubert;

5° Le torrent de Clara, grossi du ruisseau de Bresson.

Et sur la rive gauche, le torrent de Vésagne, grossi du torrent de Chichier, dangereux par le volume considérable de ses apports et par la violence et la soudaineté de ses crues.

Le relief orographique est caractérisé sur la rive droite du Buëch par une succession de plis parallèles formant trois vallées principales orientées de l'ouest à l'est, et séparées par des lignes de crêtes élevées; la rive gauche n'offre, à l'exception de la montagne du Loup, qu'une succession dégradée de collines et de mamelons.

L'altitude maxima du bassin (1,610 m.) se trouve sur la ligne de crête séparative du Buëch et du Jabron et l'altitude minima (470 m.) est celle du point où le Buëch sort du département des Hautes-Alpes.

Conditions géologiques. — Les terrains du bassin du Buëch inférieur appartiennent exclusivement aux formations sédimentaires anciennes et modernes. Ces dernières forment des terrasses étagées sur les collines et plateaux qui séparent le cours inférieur de la Durance de celui du Buëch, et couvrent également d'une bordure discontinue le pied des versants de la rive droite, le fond de la vallée étant surtout constitué par des alluvions modernes.

Les couches sédimentaires anciennes appartiennent à la série moyenne et supérieure du système jurassique et à la base de l'infracrétacé.

Les calcaires en bancs épais ou massifs du jurassique supérieur (étages kimméridjien et tithonique) forment de longues crêtes rocheuses escarpées d'un côté, qui donnent au relief un aspect caractéristique; les versants et les plaines que ces crêtes surmontent sont uniformément constitués par des marnes et des calcaires marneux du jurassique et du crétacé inférieur. Les formations marneuses jurassiques, avec alternance de bancs calcaires plus ou moins réduits, affleurent seules sur la rive gauche, tandis que, sur la rive droite, elles s'effacent graduellement, sous des couches d'éboulis, devant les couches encore plus marneuses de l'infracrétacé.

Il y a à signaler de petits massifs de gypses et de cargneules qui surgissent entre Lazer et Upaix.

Climat. — Le climat est sec, doux dans les parties basses, tempéré dans les parties hautes. Les variations de température sont assez brusques.

La neige fait son apparition en décembre, mais ne séjourne guère au-dessous de 900 mètres d'altitude, sauf sur les versants exposés au nord. Les étés sont secs et chauds.

Les vents dominants sont ceux du nord et du sud.

Production. — Région de fertilité moyenne. Les cultures en occupent la plus grande partie, 40 p. 100 environ ; celle du blé est la principale.

Viennent ensuite, par ordre d'importance, la pomme de terre, l'avoine, le seigle, l'orge.

Les mûriers sont cultivés du côté de Laragne pour l'élevage des vers à soie, on rencontre déjà quelques oliviers dans le voisinage de la Provence.

Les arbres fruitiers sont variés et abondants; les pruniers et les poiriers en particulier donnent des fruits très appréciés, expédiés en grande partie à Marseille.

Les bois recouvrent le quart environ de la surface du bassin et appartiennent pour la plus grande partie aux particuliers; ce sont de médiocres taillis de chênes rouvre, avec quelques parcelles de hêtres et de pins sylvestres. Les pâturages proprement dits, de qualité très inférieure, n'occupent qu'une étendue très restreinte, les bois particuliers et les vacants sont utilisés comme terrains de parcours.

Situation administrative. Contenance. Population. — Le bassin du Buëch inférieur s'étend sur le territoire de 25 communes ou parties de communes de l'arrondissement de Gap. Sa contenance est de 36,300 hectares, et sa population de 6,943 habitants.

État de dégradation du sol. — Les dégradations sont

localisées dans la moitié occidentale du bassin, disséminées, mais parfois assez étendues.

On n'a compris dans le périmètre que les terrains dont l'état de dégradation constituait un danger né et actuel, suivant les prescriptions de la loi de 1882, mais il paraît probable que l'étendue des terrains en ruine augmentera dans une forte proportion si les abus de pâturage ne cessent pas.

Excepté à Lazer, les phénomènes torrentiels ne sont pas généralisés; les terrains sillonnés de combes et de ravins n'occupent d'ordinaire que des espaces assez restreints; mais, là où elles se produisent, les érosions, sont toujours très accusées, par suite de la faible consistance du terrain et des ravages causés par un pâturage immodéré dans le fond des vallées.

Ces phénomènes torrentiels se manifestent dans le bassin du Buëch inférieur, comme dans toute la région, par les quantités considérables de sables, de graviers et de menus matériaux arrachés aux flancs des versants, et transportés par d'innombrables ruisseaux et ravins jusqu'au cours d'eau principal.

Ces matériaux encombrent les cultures, coupent les voies de communication, et exhaussent le lit des torrents principaux.

Composition et contenance du périmètre. — Le périmètre du Buëch inférieur comprend douze séries.

Sa contenance totale est de 1,665^{h} 66^{a} 84^{c}, dont 401^{h} 49^{a} 66^{c} appartiennent actuellement à l'État.

La répartition de la contenance totale par série est indiquée ci-dessous :

Trescléoux	61^{h} 76^{a} 80^{c}
Eyguians	191 70 47
Saint-Cyrice	314 77 28
Orpierre	85 81 50
Laragne	218 35 60
Lazer	403 30 17

Montéglise	42h 92a 60c
Châteauneuf-de-Chabre	49 75 10
Barret-le-Haut	29 33 30
Barret-le-Bas	93 41 26
Antonaves	12 12 22
Ribiers	162 39 54
Total	1,665 66 84

Travaux. — Les premières acquisitions de terrains ont eu lieu en 1900 et il n'a encore été entrepris dans le périmètre que les quelques travaux suivants.

Des reboisements ont été effectués au moyen de semis de glands de chêne rouvre et de plantations de pin noir d'Autriche. Des plantations d'hippophaés ont été faites sur des surfaces dénudées et des berges instables, en vue de retenir la terre végétale à la surface, et de préparer le reboisement définitif de ces terrains en résineux.

Des pépinières ont été créées en vue de préparer les jeunes plants nécessaires aux reboisements; jusqu'à présent elles ont été ensemencées surtout en pin noir, et quelque peu en hippophaé.

Des recepages de feuillus ont été exécutés dans de vieux peuplements de chênes rouvres abîmés par les troupeaux dans le but de favoriser la reprise du taillis et de provoquer par rejets de souches le développement de la végétation forestière. Divers feuillus ont également été marcottés; ces opérations, de même que les plantations de feuillus, ont pour but de retenir la terre végétale à la surface, et de préparer l'introduction des résineux. Ces travaux de fixation préparatoires au reboisement sont complétés dans les endroits les moins stables par des semis de graines fourragères, sainfoin et fenasse.

Quelques combes et ravines ont été traitées au moyen du garnissage de leurs lits à l'aide des brins provenant des recepages.

Dans quelques ravins on a effectué des curages et façonnages de lits; ce travail a simplement consisté à ranger au pied des berges les blocs qui encombrent le lit, de façon à les défendre et à rendre aux eaux leur écoulement normal.

La contenance boisée est actuellement de 45 hectares.

Les travaux à exécuter dans les terrains non encore reboisés et dans ceux qui restent à acquérir ne devront consister qu'en plantations, enherbements et garnissages.

PÉRIMÈTRE DE L'OULE.

Description du bassin. Altitudes. — Le bassin supérieur de l'Oule appartient au département des Hautes-Alpes pour une superficie de 6,000 hectares environ.

Il est fermé au nord par la montagne de Peyre-Grosse et Laup-Duffre, à l'est et au sud par les montagnes de Chauvet et de de Maraysse.

Les principaux affluents de l'Oule sont : sur la rive droite, le torrent de Riou, les torrents de la Grenette et de Clot-Reynaud, dont la réunion forme le torrent de Riou-la-Maoure, les torrents de Malagrotte et de l'Infernet, et le torrent des Archiers; sur la rive gauche, le torrent de Beaume-Noire, le Béal-de-la-Craux, le torrent des Combes et le ruisseau de Claret ou de Font-Froide.

L'altitude maxima du bassin (1,759 m.) est celle du sommet de la montagne de Laup-Duffre, et l'altitude minima (660 m.), celle du point où la rivière d'Oule quitte le département des Hautes-Alpes.

Conditions géologiques. — Le bassin supérieur de l'Oule offre une succession remarquable des étages géologiques de la formation jurassique supérieure et de la formation crétacée inférieure.

Les crêtes supérieures qui l'enserrent sont constituées en premier lieu par des calcaires de l'étage tithonique, des marnes calcaires et schisteuses des étages séquanien et oxfordien; de larges

IMPRIMERIE NATIONALE.

places d'éboulis se remarquent à la montagne de Chauvet et au grand Playet.

Les terrains jurassiques sont faiblement représentés, sur la rive droite de l'Oule, par quelques marnes rauraciennes et des calcaires stratifiés de l'étage séquanien.

Dans le fond de la vallée, l'Oule coule uniformément dans des marnes aptiennes, auxquelles succèdent, sur sa rive droite, les marnes et calcaires des étages aptien inférieur, barrêmien, hauterivien, valanginien et berriasien, qui viennent s'appuyer sur les terrains jurassiques. Sur la rive gauche on rencontre, au-dessus des marnes aptiennes, une zone peu étendue de marnes noires de l'albien et de l'aptien supérieur, des marnes calcaires grisâtres du cénomanien et quelques grès grossiers du sénonien inférieur et du turonien; puis l'on retrouve, dans le même ordre que sur la rive droite, la succession de terrains inférieurs de la formation crétacée, venant reposer sur les dernières assises de la formation jurassique.

Climat. — Climat sec et tempéré. Les variations de température sont brusques, et les moyennes du jour et de la nuit présentent des écarts parfois très grands.

La neige apparaît généralement en novembre et persiste jusqu'en avril, au moins dans les parties élevées. Les pluies sont abondantes au printemps et à l'automne, rares en été, où les orages sont fréquents.

Les vents dominants soufflent du nord et du sud.

Productions. — La région est assez fertile, surtout dans le fond des vallées et à la partie inférieure des versants.

Il y a peu de bois et point de pâturages proprement dits, mais le tiers environ de la surface totale est formé de vacants ou vagues dans lesquels de nombreux troupeaux de moutons vont toute l'année chercher leur nourriture.

Le hêtre est la principale essence forestière; on rencontre aussi de nombreux pins sylvestres. Le sapin se trouve souvent dans le peuplement de hêtre; il se propage sous le couvert de cette essence.

Le blé et l'avoine sont les principales productions du sol; on cultive encore les fourrages verts et la pomme de terre. Il y a de nombreux arbres fruitiers, entre autres des pommiers et des pruniers dont les produits font l'objet d'un commerce assez important.

Situation administrative. Contenance. Population. — Le bassin supérieur de l'Oule comprend le territoire de 4 communes de l'arrondissement de Gap. Sa contenance est de 6,020 hectares et sa population de 850 habitants.

État de dégradation du sol. — Les dégradations sont locales, disséminées, peu étendues jusqu'à présent. La nature géologique du terrain en est la cause principale.

Un fait à remarquer dans le bassin supérieur de l'Oule, c'est qu'alors que dans la région des Alpes méridionales ce sont surtout les versants exposés au sud qui sont les moins boisés et les plus dégradés, dans la haute vallée de l'Oule, au contraire, la plus grande partie des terrains ravinés sont exposés au nord. Ces terrains sur la rive gauche du torrent sont presque uniquement composés de marnes aptiennes et de marnes calcaires des étages albien et cénomanien. L'imperméabilité du sous-sol, le peu de consistance de la couche de terre végétale formée par la décomposition de la roche en place, schistes, marnes et calcaires, des chutes d'eau subites et souvent violentes, constituent les conditions les moins favorables à la conservation de ces terrains.

Composition et contenance du périmètre. — La contenance du périmètre de l'Oule est de $372^{h}\,73^{a}\,15^{c}$, dont $146^{h}\,09^{a}\,95^{c}$ appartiennent actuellement à l'État.

Il comprend les quatre séries suivantes :

L'Épine	17h 96a 75c
Montmorin	273 38 70
Bruis	56 66 45
Sainte-Marie	24 71 25
Total	372 73 15

Travaux — Les premières acquisitions de terrains remontent à 1902.

Les essences locales, qui se trouvent dans les terrains domaniaux, sont le hêtre et le pin sylvestre; on y a introduit, par voie de plantation, le pin noir, le mélèze et le pin à crochets.

Des boutures de saule ont été placées dans les ravins.

Des garnissages de lit ont été effectués au moyen de produits de recepages.

La contenance boisée actuelle est de 124 hectares.

PÉRIMÈTRE DE L'EYGUES.

Description du bassin. Altitudes. — Le bassin supérieur de l'Eygues appartient au département des Hautes-Alpes.

Son relief est caractérisé par un haut plateau mamelonné et accidenté, relié au nord et au sud à deux lignes de crêtes qui, se prolongeant à l'ouest et se ramifiant, enserrent complètement le cours principal du torrent.

Les principaux affluents sont, sur la rive droite, les torrents de l'Esclatte, du Lidane et du Bardon; et sur la rive gauche, la rivière d'Armulause.

Ces affluents, dont la longueur varie de 8 à 10 kilomètres, presque à sec pendant la belle saison, ont un régime très irrégulier.

L'altitude maxima du bassin (1,567 m.) est celle du sommet

de la montagne de Mayresse, et l'altitude minima (520 m.) est celle du point où l'Eygues quitte le département des Hautes-Alpes.

Conditions géologiques. — Les terrains constituant le bassin de l'Eygues appartiennent exclusivement aux formations sédimentaires anciennes. Elles se rapportent, dans leur ensemble, à la série inférieure du système crétacé; on trouve, exceptionnellement, quelques affleurements du crétacé supérieur.

Les calcaires plus ou moins marneux, en bancs épais, forment la charpente des crêtes et la partie supérieure des versants; le fond des vallées et les versants inférieurs sont formés généralement par les marnes aptiennes dans lesquelles se trouve la majeure partie des terrains dégradés.

Climat. — Climat sec et tempéré, caractérisé par de brusques variations de température et par des écarts parfois considérables entre les moyennes du jour et de la nuit.

La neige fait son apparition vers la fin de novembre, mais ne séjourne guère que sur les versants exposés au nord, jusqu'en avril généralement. Les pluies sont abondantes au printemps, quelquefois à l'automne. Les étés sont secs et chauds. Les vents dominants soufflent du nord-ouest et du sud.

Productions. — La région est d'une fertilité moyenne; le fond des vallées et les parties inférieures des versants sont presque les seuls terrains livrés aux cultures.

Il n'y a qu'une contenance insignifiante de pâturages proprement dits, mais le tiers environ de la surface totale est formé de vacants ou vagues livrés au parcours des troupeaux, et on peut ranger dans la même catégorie une proportion à peu près égale de taillis appartenant à des particuliers.

Le chêne rouvre pubescent est, avec le pin sylvestre, la principale essence forestière.

Le blé est cultivé partout; malgré le peu de fertilité du sol, son rendement est assez élevé, par suite de l'emploi de plus en plus généralisé des engrais chimiques.

On cultive également, mais dans de faibles proportions, l'avoine, le seigle et l'orge.

Le bassin renferme une notable quantité de prairies naturelles et des prairies artificielles, dont l'importance augmente chaque jour.

Les pommes de terre constituent un produit appréciable. Il y a de nombreux arbres fruitiers, surtout des pruniers, dont les fruits sont expédiés à Nyons, Avignon et Marseille.

L'élevage des bêtes à laine est général; le pays ne convient pas au gros bétail.

Situation administrative. Contenance. Population. — Le bassin supérieur de l'Eygues s'étend sur le territoire de cinq communes de l'arrondissement de Gap. Sa contenance est de 10,300 hectares et sa population de 1,780 habitants.

État de dégradation du sol. — De même que dans le bassin de l'Oule, les dégradations sont locales, disséminées, encore peu étendues. Le phénomène torrentiel n'est pas généralisé; les marnes nues et friables, qui forment en grande partie les versants inférieurs, livrent peu à peu à l'érosion une énorme quantité de sable, graviers et menus matériaux qui, emportés par les eaux, vont encombrer le lit du cours d'eau principal.

Ces terrains dégradés étaient autrefois recouverts par une végétation ligneuse ou herbacée qui atténuait dans une large mesure l'action des eaux. Les abus d'exploitations et le parcours incessant des bêtes à laine et des chèvres ont seuls amené ces terrains à l'état de ruine que l'on constate aujourd'hui.

La concentration rapide des eaux de pluie et d'orage, qu'aucune végétation ne retient à la surface du sol, provoque des crues subites qui causent sur le parcours du torrent, aux propriétés riveraines et aux voies de communication, les plus grands dégâts.

Composition et contenance du périmètre. — La contenance du périmètre de l'Eygues, constitué par une loi du 7 août 1910, est de 500h 97a 46c, dont 186h 83a 51c appartiennent actuellement à l'État.

Il comprend quatre séries, savoir :

Ribeyret	71h	94a	90c
Saint-André-de-Rosans	288	90	01
Moydans	30	54	14
Rosans	109	58	41
Total	500	97	46

Travaux. — Les premières acquisitions remontent seulement à 1899, et ont eu lieu dans la série de Saint-André-de-Rosans.

On a employé le pin noir et le mélèze pour les travaux de reboisement; pour fixer les berges instables on a utilisé l'aune, le saule, le robinier et l'hippophaé.

Ces diverses essences résistent bien aux intempéries.

Les quelques pins sylvestres et hêtres épars qu'on rencontre montent jusqu'au sommet de la série, à l'altitude de 1,025 mètres; ils s'y comportent bien.

La contenance boisée actuelle est de 90 hectares.

Sur une petite partie de la série les terres schisteuses, entièrement dénudées, ne pouvaient être immédiatement reboisées; on a dû, pour fixer le sol, procéder à son enherbement préalable au moyen de graines de sainfoin et de fenasse.

On a procédé aussi sur divers points à des marcottages et à des recepages de feuillus.

Quelques combes et ravins ont été traités au moyen du garnissage de leurs lits à l'aide des brins provenant des recepages.

Dans quelques ravins plus importants, on a effectué quelques curages de lit, consistant à ranger au pied des berges les blocs qui encombrent le thalweg et détournent les eaux de leur écoulement normal; le pied des berges est ainsi défendu et consolidé.

La série de Saint-André-de-Rosans est actuellement desservie par 3 kilomètres de sentiers.

PÉRIMÈTRE DU DRAC SUPÉRIEUR.

Description du bassin. Altitudes. — Le périmètre du Drac supérieur est formé du haut bassin de la rivière torrentielle du Drac situé dans le département des Hautes-Alpes, défalcation faite des bassins des rivières de la Souloise et de la Séveraisse.

Ce bassin embrasse la totalité du Champsaur, qui comprend les vallées secondaires de Molines, de Champoléon, d'Orcières et d'Ancelles.

La rivière du Drac prend naissance dans les vallées de Champoléon et d'Orcières, où elle reçoit les noms de Drac de Champoléon et de Drac d'Orcières. Elle est alimentée, dans la vallée de Champoléon, par le glacier des Bouchiers et les lacs de Grapillouse, et dans la vallée d'Orcières par d'assez nombreuses sources.

Elle possède de nombreux affluents qui tous sont des torrents sans eau la plupart du temps, sauf ceux de la Severaissette dans la vallée de Molines, et d'Ancelles dans la vallée de ce nom.

La vallée du Champsaur, entourée de hautes montagnes, présente une largeur considérable jusqu'à la rencontre des deux Drac, au delà de Pont-du-Fossé.

L'altitude maxima (3,438 m.) est celle de la crête des Bouchiers, et l'altitude minima (770 m.) celle du confluent du Drac et de la Séveraisse.

Conditions géologiques. — Le granite, qui constitue la base géologique du massif montagneux des deux versants de la vallée du Drac-Séveraisse, s'étend dans celle du Drac supérieur sur les communes des Costes, de la Motte et de Molines, et se perd au fond de la petite vallée des Infournas. On le retrouve ensuite dans la vallée du Drac de Champoléon, où il occupe complètement les deux versants, et il disparaît ensuite de nouveau vers les limites des communes de Champoléon et d'Orcières.

Ailleurs apparaissent les marnes ou calcaires nummulitiques, çà et là les marnes callovo-oxfordiennes, puis, sur les communes du Glaizil, du Noyer et de Poligny, les calcaires crétacés. Les boues glaciaires recouvrent la majeure partie du territoire et constituent les terrains cultivés.

Climat. — Le climat du Champsaur est froid, les hivers y sont très rigoureux, la neige y tombe abondamment et ne disparaît que très lentement, de sorte qu'il existe dans cette vallée une très grande humidité, bienfaisante pour le développement des fourrages et des arbres. Au printemps et à l'automne le brouillard couvre souvent cette vallée pendant plusieurs jours consécutifs.

Productions. — On rencontre, dans le bassin supérieur du Drac, beaucoup d'arbres fruitiers, poiriers, pommiers, pruniers, cerisiers, et une quantité considérable de peupliers.

Il existe quelques belles sapinières sur les communes du Noyer, de Poligny, de Saint-Jean-Saint-Nicolas et d'Orcières, et une petite forêt de mélèze de très belle apparence sur la commune de Chabottes.

C'est la région par excellence des arbres résineux et feuillus, notamment du hêtre, qui atteint de belles dimensions et y est vigoureux, et des fourrages. On récolte toutes sortes de céréales, la pomme de terre et le chanvre.

Le commerce et l'élevage du mouton constituent le plus grand produit pour les habitants; la vache commence à se répandre, et, partant, l'industrie laitière qui prend chaque jour de l'extension.

Situation administrative. Contenance. Population. — Le bassin supérieur du Drac comprend le territoire de 26 communes de l'arrondissement de Gap.

Sa contenance est de 56,075^h 51^a 69^c, et sa population de 13,749 habitants.

État de dégradation du sol. — Si de vastes torrents n'existent pas dans le Champsaur, il n'en est pas moins vrai qu'un très grand nombre de ravins s'accroissent journellement au détriment des magnifiques cultures qui les avoisinent.

Les bassins de réception des cours d'eau sont dévastés d'une façon permanente par un pacage abusif, de sorte que de nouveaux ravins se forment tandis que ceux qui existaient déjà se creusent de plus en plus.

Il résulte de cette situation un exhaussement continu du lit du Drac depuis le confluent des deux Dracs jusqu'au delà de Saint-Bonnet, et l'apport dans ce cours d'eau de matériaux de toutes dimensions que les crues emportent en partie dans la plaine de Grenoble. Depuis Pont-du-Fossé jusqu'à la limite de l'Isère, les riverains construisent digues sur digues pour maintenir le Drac dans son lit, ce qui n'empêche pas cette rivière de ronger à droite et à gauche les cultures qui l'avoisinent. Le mal s'accroît chaque année.

Composition et contenance du périmètre. — Le périmètre du Drac supérieur se compose de vingt-cinq séries, dont douze ont été constituées en exécution des dispositions de l'article 16 de la loi du 4 avril 1882.

Sa contenance est de 12,494^h 49^a 31^c; 8,661^h 77^a 24^c appartiennent actuellement à l'État.

Les contenances des séries sont indiquées ci-dessous :

Orcières........................	2,059^h 43^a 86^c
Champoléon........................	2,133 48 65

Saint-Jean-Saint-Nicolas	519h	19a	07c
Saint-Léger	87	81	88
Chabotonnes	14	27	70
Chabottes	16	46	45
Ancelles	940	56	60
Saint-Michel-de-Chaillol	738	00	20
Buissard	13	50	30
Saint-Julien	46	94	70
Forest-Saint-Julien	30	37	13
Laye	422	31	58
La Fare	386	83	50
Saint-Bonnet	134	33	30
Bénévent-Charbillac	40	00	00
Molines	2,786	25	02
La Motte	177	00	00
Les Infournas	384	24	73
Poligny	175	19	20
Le Noyer	317	55	00
Saint-Eusèbe	68	76	80
Les Costes	202	67	70
Le Glaizil	414	64	60
Chauffayer	20	70	00
Aspres-les-Corps	363	91	34
TOTAL	12,494	49	31

Travaux. — Les résultats obtenus par la restauration des terrains appartenant à l'État sont réellement satisfaisants. Les ravins et torrents existant dans ces terrains ne fournissent plus d'apports au Drac. Tous les grands bassins ont été gazonnés et plantés, leur restauration est achevée.

Les essences qui ont été employées dans les travaux de reboisement sont le pin cembro aux altitudes maxima de 2,200 à 2,300 mètres, le mélèze et le pin à crochets aux altitudes de 1,500 à 2,200 mètres, le pin sylvestre et le pin noir d'Autriche aux altitudes inférieures Ces essences, provenant de plants élevés en pépinières, ont été utilisées à l'âge de 2, 3 et 4 ans sur tous les sols et à toutes les expositions.

Chaque série renferme des massifs homogènes des essences résineuses ci-dessus indiquées.

On rencontre des âges différents suivant l'année des plantations, celles-ci ayant été échelonnées sur plusieurs années. En résumé, la forêt est créée.

Les travaux de correction les plus importants ont été construits dans le torrent de Merdarel, de la série d'Orcières. Ils consistent en quelques barrages en maçonnerie dans la section inférieure et en barrages en pierre sèche dans la section supérieure.

Dans les autres séries des ouvrages en pierre sèche seulement, et des clayonnages ont été construits, en plus ou moins grand nombre, et ont collaboré dans une large mesure à l'extinction des torrents et ravins.

Des plantations de feuillus, hippophaé, saule daphné, aune blanc et aune vert, ont été effectuées sur les berges des ravins.

L'hippophaé s'est étendu par drageonnement, les saules et les aunes ont été, le plus souvent, l'objet de recepages suivis de marcottages.

La contenance des terrains actuellement boisés est de 4,682 hectares.

Dans les terrains qui n'appartiennent pas encore à l'État, on n'effectuera guère que des travaux de reboisement; les travaux de correction seront réduits au minimum. (Planches 51 à 53.)

PÉRIMÈTRE DU DRAC-SÉVERAISSE.

Description du bassin. Altitudes. — Le périmètre du Drac-Séveraisse est formé du bassin de la rivière torrentielle de la Séveraisse.

La vallée de cet important affluent du Drac, désignée sous le nom de Valgodemar, est étroite et profondément encaissée entre

51. Périmètre du Drac Supérieur (Hautes-Alpes). Série d'Orcières.
Reboisement en pins à crochets, saules et aunes.

52. Périmètre du Drac Supérieur (Hautes-Alpes). Série de Saint-Michel-de-Chaillol.
Cordons d'aunes verts dans le ravin des Mourgues.

53. Périmètre du Drac supérieur (Hautes-Alpes). Série d'Orcières. Restauration du Riou-Babou.

de hautes montagnes couronnées de crêtes escarpées, sur lesquelles se dressent des pics élevés.

La rivière de la Séveraisse, le plus considérable des affluents du Drac, après la Romanche, coule dans un bassin d'une superficie de 22,000 hectares. Elle prend naissance sur les pentes et dans les glaciers d'un vaste cirque, très fréquenté par les touristes à cause de ses cimes élevées, dont quelques-unes sont réputées inaccessibles.

Ce cirque s'ouvre sur le flanc ouest de la chaîne du Pelvoux; deux chaînons parallèles dirigés vers l'ouest s'en détachent, partant, l'un du Sirac et l'autre des Rouies, pour compléter, au nord et au sud, l'enceinte de la vallée du Valgodemar. La rivière de la Séveraisse se forme effectivement au Clot, où se réunissent les eaux provenant, d'une part, des glaciers des Rouies et des Says et, d'autre part, de ceux du Sellar et du Sirac, va se jeter dans le Drac, à la Trinité, après un parcours de 26 kilomètres.

Cette rivière reçoit de nombreux affluents, dont les plus importants sont : les torrents de Navette et de Prantiq, situés sur le versant de rive gauche, les torrents du Clot, de Combefroide et de Villard-Loubières, sur celui de rive droite.

L'altitude maxima (3,651 mètres) est celle du sommet de la montagne des Bans, et l'altitude minima (770 mètres), celle du confluent du Drac et de la Séveraisse.

Conditions géologiques. — Les massifs sont constitués dans leur ensemble par des roches cristallophylliennes, gneiss et micaschistes.

Ce terrain est accidentellement recouvert par des roches sédimentaires appartenant au lias schisteux et aux calcaires fissiles du bajocien et du bathonien. Des épanchements de granite apparaissent dans le fond du torrent de Navette et forment le bassin du Pétarel, d'où ils passent dans celui du Prantiq.

Un autre massif de cette roche éruptive apparaît encore sur la crête de la rive droite au-dessus de Saint-Firmin et de Saint-Maurice.

Des lambeaux d'éboulis et de dépôts glaciaires sont répartis sur l'ensemble des parties supérieure et inférieure du bassin.

Climat. — Le climat change rapidement avec la situation des lieux sous les influences variables des altitudes et expositions, depuis le climat tempéré de Saint-Firmin jusqu'au climat très rigoureux des hauts sommets.

Productions. — Les récoltes sont hâtives grâce à la température estivale qui survient après un court printemps. L'abondance et la limpidité des eaux facilitent les irrigations dont profitent les rares cultures et prairies.

Les pruniers, noyers, poiriers, pommiers et cerisiers sont les arbres fruitiers cultivés.

On rencontre quelques beaux spécimens de châtaigniers à Saint-Sernin et à Saint-Jacques.

A Saint-Maurice et à Villard-Loubières le noyer seul produit un médiocre rendement. Au delà de cette dernière localité les fruits ne parviennent pas à maturité.

Le seigle, le froment, l'avoine et l'orge sont les céréales cultivées dans cette vallée. La pomme de terre contribue pour une large part à l'alimentation.

Les habitants retirent de l'industrie pastorale et de l'élevage du gros bétail leurs principales ressources.

La vallée du Valgodemar renferme des gîtes métallifères, notamment des filons de plomb argentifère exploités jadis au hameau des Roux (commune de Saint-Maurice) et dans les montagnes de Gioberney à Guillaume-Peyrouse. Aucune industrie manufacturière n'y existe, bien que les chutes d'eau naturelle soient nombreuses et qu'il soit facile d'employer comme moteur l'énergie de la Séveraisse, qui n'a été utilisée qu'en partie en 1904, pour l'installation auprès de Saint-Firmin, d'une usine électrique destinée à fournir l'éclairage aux localités voisines et à la ville de Gap.

Siuation administrative. — La vallée du Valgodemar renferme 6 communes, qui font partie de l'arrondissement de Gap. Sa contenance est de 21,901 hectares et sa population de 2,700 habitants.

État de dégradation du sol. — Les hauts versants constitués par les roches massives de granite présentent une série d'escarpements entre lesquels s'étagent des casses et des versants à pentes relativement adoucies et même de petits plateaux. Ce sont ces versants et plateaux qui portent les gazons et pelouses. Les matériaux provenant de la désagrégation de la roche fondamentale amoncelés en clappes couvrent les pentes et les dépressions des zones inférieure et moyenne.

C'est dans ces formations et dans les moraines du fond de la vallée du Valgodemar, mises chaque jour davantage à découvert par le retrait progressif des glaciers, que l'activité torrentielle des branches et des affluents de la Séveraisse puise les éléments de son charriage.

L'érosion est beaucoup plus active dans les anciens dépôts glaciaires et dans les schistes liasiques à feuillets mal agrégés situés à une moindre altitude.

Les torrents de Robert et de Clément, sur le territoire de la commune de Saint-Firmin, et celui de Lallé à Saint-Jacques, qui traversent des boues glaciaires mêlées de blocs, en fournissent la preuve. Les deux premiers présentent un lit encombré de blocs de toutes dimensions, qui sont transportés par les crues dans les cultures riveraines et sur la route de la Chapelle à Saint-Firmin. Celui de Lallé a fait irruption dans le hameau de ce nom à des époques répétées; récemment encore, en 1901, il couvrait de débris les propriétés contiguës aux habitations.

Les débris du glaciaire mêlés aux éboulis constituent aussi les matériaux de transport des torrents de Prantiq et de Navette.

La rivière torrentielle de la Séveraisse est sujette à des crues de grande amplitude; elle élargit sans cesse son lit et alimente de plus en plus le Drac en matériaux détritiques.

Composition et contenance du périmètre. — Le périmètre du Drac-Séveraisse se compose de six séries. Sa contenance est de 7,319h,51a,70c; 2,050h,92a,62c appartiennent déjà à l'État.

La contenance des séries est indiquée ci-dessous :

Guillaume-Peyrouse	2,635h	44a	56c
Clémence-d'Ambel	1,342	20	24
Villard-Loubières	1,171	10	52
Saint-Maurice	1,138	23	30
Saint-Jacques	487	25	40
Saint-Firmin	545	27	68
TOTAL	7,319	51	70

Travaux. — Les terrains compris dans les séries de Villard-Loubières, de Guillaume-Peyrouse et de Saint-Firmin ont été acquis par l'État en 1899 et ceux compris dans celle de Clémence-d'Ambel en 1901.

Les travaux de restauration, consistant en plantations de mélèze, pin à crochets, pin cembro, ont été commencés en 1901 et en 1903 et paraissent devoir donner de bons résultats.

La contenance actuellement reboisée est de 601 hectares.

Il n'y a pas lieu d'entreprendre des travaux de correction.

PÉRIMÈTRE DU DRAC-SOULOISE.

Description du bassin. Altitudes. — Le bassin de restauration du Drac-Souloise embrasse la partie haute du bassin de la rivière torrentielle de la Souloise, la partie basse appartenant au département de l'Isère.

Il s'étend sur le canton du Dévoluy, moins la commune de la Cluse dont les eaux sont tributaires du Petit-Buëch.

Ce haut bassin, formé du territoire de 3 communes seulement, possède une superficie de 14,360 hectares; il est encadré entre les montagnes du Faraud, d'Aurouze et du Grand-Ferrand.

Il est partagé en deux vallées où coulent la Souloise et le torrent de Ribière, son tributaire.

Ce petit bassin a pour issues les cols de Festre et du Noyer, qui le mettent en communication avec la vallée du Petit-Buëch et celle du Champsaur, tandis que les gorges de la Souloise lui ouvrent un accès plus facile dans le département de l'Isère.

La Souloise s'étend du nord au sud; elle prend naissance au col de Rabou, à l'altitude de 1,893 mètres, passe par Saint-Étienne, puis dans la gorge resserrée et profonde des Étroits, arrose Saint-Disdier et s'engage ensuite dans la gorge qui précède son débouché dans le département de l'Isère.

Elle a un cours de 20 kilomètres, dont 12 dans le département des Hautes-Alpes, où sa pente moyenne est de 0 m. 03 par mètre.

L'altitude maxima (2,761 m.) est celle du Grand-Ferrand, et l'altitude minima (980 m.) celle du point où la Souloise quitte les Hautes-Alpes.

Saint-Étienne se trouve à 1,268 mètres, Agnières à 1,270 mètres, Saint-Disdier à 1,025 mètres, le col de Festre à 1,438 mètres, celui du Noyer à 1,654 mètres.

Conditions géologiques. — Les crêtes sénoniennes sont constituées de lits superposés de calcaires dont l'épaisseur atteint par places 700 mètres; leur exposition à l'air leur donne une teinte claire blanchâtre. Ces calcaires sont fréquemment traversés par des fissures profondes et étroites ou perforés d'abîmes désignés

IMPRIMERIE NATIONALE.

dans le pays sous le nom de «chourruns». Le fond de la vallée et le pied des versants sont formés de molasse rouge oligocène.

Viennent en continuité avec ces couches sous lesquelles ils émergent des affleurements de marnes du flysch, puis les marnes friables, grès et calcaires du nummulitique.

Ces formations tendres sont localement recouvertes par d'importants dépôts glaciaires.

Climat. — Le climat est rude, les hivers sont longs et très froids, avec abondance de neige. Des étés chauds leur succèdent presque sans printemps.

Productions. — L'avoine est la céréale la plus répandue, ensuite le seigle, puis le froment. La culture de la pomme de terre et de la betterave possède une certaine extension.

La principale ressource des habitants est l'élevage du gros bétail et du mouton.

Le pays ne renferme aucune richesse minière ni aucune industrie manufacturière.

Il n'existe pas d'arbres fruitiers. Les forêts sont rares; celle de Saint-Étienne, peuplée en sapins de très belles dimensions, a une contenance de $259^h\ 13^a$. Çà et là se trouvent quelques forêts de pins sylvestres rabougris, quelques bouquets de mélèze provenant de plantations, et des haies de feuillus et d'arbustes divers.

Situation administrative. Contenance. Population. — La région embrassée par le bassin comprend le territoire des 3 communes de Saint-Étienne, Saint-Disdier, Agnières, qui appartiennent à l'arrondissement de Gap.

La contenance totale est de 14,360 hectares et la population de 1,633 habitants.

État de dégradation du sol. — Dans le bassin du torrent

de Ribière les ravinements ne sont pas très importants : ce torrent, qui est surtout alimenté par des sources, est plutôt un ruisseau qui, même au moment d'un orage ou de la fonte des neiges, est peu dangereux.

La Souloise possède un bassin plus dégradé, notamment sur sa rive droite. Cette rive presque dépourvue de toute végétation herbacée et ligneuse renferme une multitude de ravinements qui, tous, charrient dans la Souloise leur contingent plus ou moins volumineux de matériaux détritiques.

On rencontre, en descendant le cours de cette rivière de l'amont vers l'aval :

Le Merdarel, torrent boueux issu d'une ruine marneuse avec parois croulantes;

Le Rif, qui descend du col du Noyer et se joint à la Souloise au-dessous de Saint-Étienne dans la gorge profonde et resserrée des Étroits; son régime est profondément troublé par deux ravins, dont l'un coupait en 1901 le chemin de grande communication n° 17;

Le Queyras, qui transporte les matériaux meubles arrachés aux versants désagrégés sur l'une et l'autre de ses rives.

La Souloise, dont le lit se relève insensiblement, envahit sur plusieurs points les propriétés riveraines et porte dans le Drac une quantité considérable de matériaux.

Les déboisements pratiqués à une époque déjà ancienne, puis les abus de pâturage, doivent être considérés comme la cause directe de l'état de dégradation des sols meubles, friables ou de faible consistance qui composent le bassin de la Souloise.

Composition et contenance du périmètre. — Le périmètre du Drac-Souloise, constitué par une loi du 7 août 1910, se compose de trois séries.

La contenance totale est de $1,793^{h},88^{a},30^{c}$ répartie ainsi qu'il suit par séries.

Saint-Étienne	1,103h 51a 30c
Agnières	256 11 10
Saint-Disdier	434 25 20
TOTAL	1,793 88 30

Travaux. — Les travaux projetés ont pour but la régularisation du régime des eaux de la Souloise, par la création de massifs forestiers, la reconstitution des pâturages ruinés et la correction des torrents et ravins au moyen de plantations, enherbements et ouvrages de correction.

DÉPARTEMENT DES ALPES-MARITIMES.

PÉRIMÈTRE DU VAR SUPÉRIEUR.

Description du bassin. Altitudes. — Le périmètre de restauration du Var supérieur correspond à la partie du bassin hydrographique du Var, comprise entre sa source et le point où le cours d'eau sort momentanément du département des Alpes-Maritimes pour entrer dans celui des Basses-Alpes.

Le Var prend sa source dans le vallon de Sanguinières, au col de la Boucharde, à une altitude voisine de 2,500 mètres. De ce point jusqu'au village d'Entraunes (1,280 m.), il coule dans la direction nord-sud. D'Entraunes à Guillaumes (783 m.) il se dirige vers le sud-est.

A Guillaumes, il décrit une courbe très prononcée, convexe vers le nord-est, et prend la direction du sud-ouest, qu'il garde jusqu'à son entrée dans les Basses-Alpes (600 m.), après un parcours de 37 kilomètres. La pente générale moyenne de son lit est donc de 5,14 p. 100. Elle est de 11,1 p. 100 entre la source et Entraunes (11 km.), de 3,31 p. 100 entre Entraunes et Guillaumes (15 km.) et de 1,66 p. 100 entre Guillaumes et son entrée dans les Basses-Alpes (11 km.).

Les principaux affluents du Var sont, sur la rive gauche : le ruisseau du Colombier, le ravin de Jallorgues, les torrents de l'Estrop, du Bourdoux, de la Combe, le Chamoussillon, le Cheylan, le Bourdoux de Villeneuve, le ruisseau de Bante, la Barlatte et le Colombier, le Tuébi, le Riou, le Tire-Bœuf, la Clue, le Chaudan, le vallon de Riboussau et le vallon de Saint-Léger; et sur la rive droite, les torrents de Garet, d'Aiglières, du Garetton, le ravin de la Pistonnière, le torrent du Chaudan, la Laune, le Glots, le Mounard, le torrent des Eneaux, le torrent de la Loubière, les ruisseaux de Cloutasse, de Veniane, de Ciamp-Long, les torrents de la Palus, du Berthon, de la Salette et du Rioul.

L'orographie de la partie supérieure du bassin du Var est caractérisée par la présence de deux chaînes de montagnes : la chaîne du Mounier et celle du Saint-Honorat, sensiblement parallèles, dirigées du nord-ouest au sud-est, entre lesquelles coule le Var. La chaîne du Mounier est jalonnée par les cimes suivantes : Tête de Sanguinière (2,792 m.), Tête Ronde, Pointe Gias Vieux, Sanguignerette (2,857 m.), pointe Côte de l'Âne (2,931 m.), fort Carra (2,764 m.), col de Jallorgue (2,520 m.), cime de l'Escalion (2,738 m.), cime de Pal (2,816 m.), col de Pal (2,218 m.), mont Rognoso (2,671 m.), Molare (2,618 m.), Peira de Vie (2,584 m.), Rocca Maïre, col de Crous (2,208 m.), Peira-Grossa (2,553 m.), Cimanegra, col de Crousette (2,489 m.), mont Mounier (2,818 m.).

La chaîne du Saint-Honorat est moins élevée que la précédente. Le mont Saint-Honorat atteint cependant 2,519 mètres, le Fourciac, 2,505 mètres, le Puy du Pas Roubinous, 2,430 mètres, le sommet de la Fréma, 2,749 mètres, le col des Champs, 2,191 mètres.

Le fond de la vallée est très étroit, réduit parfois même au lit du Var, comme dans les gorges de Daluis, profondes de 100 à 150 mètres, sur une longueur de 3 kilomètres.

A une altitude de 1,200 à 1,500 mètres, la vallée s'élargit pour former une zone de plateaux où se rencontrent de nombreux villages ou hameaux.

Conditions géologiques. — La géologie du bassin du Var supérieur est très compliquée; on y rencontre tous les étages géologiques compris entre le permien et le miocène.

Les schistes rouges du permien apparaissent au sud-est du bassin sur une superficie égale au dixième de celle du bassin, entre les gorges de Daluis et la cime de Barrot. Tout autour le trias dolomitique et gypseux se développe largement sur les communes de Daluis, de Guillaumes et de Péone, où il occupe environ les deux dixièmes de la superficie totale du bassin.

Le jurassique est particulièrement développé dans les communes de Villeneuve-d'Entraunes, Châteauneuf-d'Entraunes, Sauze et Entraunes, où les marnes noires oxfordiennes apparaissent à nu sur des surfaces considérables (2/10 du bassin). Sur les crêtes de la chaîne du Mounier et sur les flancs du Saint-Honorat s'étagent les diverses assises de la série crétacique qui recouvre environ les trois dixièmes du bassin. Les marnes grises du cénomanien et de l'aptien sont particulièrement développées dans les communes de Saint-Martin d'Entraunes et d'Entraunes.

Le grès d'Annot, qui recouvre environ un dixième du bassin, se rencontre sur la crête de la chaîne du Saint-Honorat, à la tête du Mérich et dans le massif de Sanguinières, où le Var prend sa source.

Sur plusieurs points, à Esteing, à Péone (Réal), à Saint-Martin-d'Entraunes, à Villeneuve-d'Entraunes, des éboulis considérables recouvrent les flancs des montagnes.

Climat. — Le climat du bassin supérieur du Var est rigoureux. Ces régions élevées (minimum, 600 m.; maximum, 2,818 m.) subissent tour à tour les rigueurs des pays chauds et des pays froids; en été la chaleur est extrême sur les pentes méridionales et la sécheresse très grande; en hiver le froid est intense, la neige recouvre la plus grande partie du bassin pendant trois mois. En toute saison des nuits très froides succèdent à des journées très chaudes, rendant les journées printanières très redoutables. Les orages sont fréquents et généralement très violents.

Dépourvu pendant longtemps de voies de communication et obéissant à cette habitude instinctive de demander à sa terre tous les produits nécessaires à son entretien, le paysan du haut Var se livre à toutes sortes de cultures : vigne, blé, orge, pomme de terre, pâturages, élevage des moutons et des veaux.

Sous l'influence de la laiterie coopérative du haut Var qui, installée à Guillaumes depuis le 1er novembre 1903, draine tout le lait de la vallée pour le vendre en nature à Nice, de nombreux cultivateurs de Villeneuve, Eneaux, Saint-Martin, désireux de produire du lait qui leur est payé au prix moyen de 0 fr. 165 le litre, ont renoncé à la culture du blé pour se livrer aux cultures fourragères.

Les pâturages naturels couvrent les trois quarts environ de l'étendue superficielle du bassin. Pour la plupart, ils sont livrés au parcours des moutons indigènes et transhumants.

Les forêts occupent peu de place dans le haut Var (1/10 du territoire).

Elles sont localisées aux expositions septentrionales. Le mélèze est assez abondant.

Le pin à crochets se rencontre avec l'épicéa dans un massif assez important de la commune de Péone (canton Rougnono).

Le sapin et l'épicéa sont rares.

Enfin le pin sylvestre et le chêne se rencontrent un peu partout en bouquets dispersés.

Situation administrative. Contenance. Population. — Le bassin supérieur du Var s'étend sur 9 communes de l'arrondissement de Puget-Théniers.

Sa contenance est de 38,767 hectares et sa population de 3,567 habitants.

État de dégradation du sol. — Les nombreux torrents, affluents du Var, indépendamment des dangers locaux qu'ils présentent, exercent sur le lit du fleuve une influence considérable par les apports de matériaux qu'ils jettent à chaque crue dans ce fleuve. Le Var, grossi par les boues de ces affluents, est à son entrée dans les Basses-Alpes un torrent dangereux, et peut, à la suite d'un orage violent, causer les plus graves désastres aux villages et aux cultures qu'il traverse dans son cours moyen et inférieur.

Les seules causes qu'on puisse invoquer pour expliquer la formation de ces dégradations sont le déboisement de la vallée du Var, la constitution géologique éminemment affouillable de son sol, où abondent les marnes et les gypses, les conditions rigoureuses du climat local, dont les mauvais effets ont été augmentés par des abus de pâturages des chèvres et des moutons.

Composition et contenance du périmètre. — La contenance du périmètre du Var supérieur, constitué par une loi du 26 juillet 1892, est de 9,904ʰ 17ᵃ 56ᶜ, dont 4,290ʰ 17ᵃ 28ᶜ appartiennent déjà à l'État. Il comprend les neuf séries suivantes :

Entraunes	4,065ʰ	87ᵃ	35ᶜ
Saint-Martin-d'Entraunes	636	41	53
Villeneuve-d'Entraunes	921	98	50
Châteauneuf-d'Entraunes	858	29	05
Péone	932	30	18
Guillaumes	1,544	67	09
Sauze	378	60	05
Daluis	492	55	37
Saint-Léger	73	48	44
TOTAL	9,904	17	56

Travaux. — La série d'Entraunes est située à une altitude moyenne de 2,000 mètres.

Le reboisement a été entrepris par semis et par plantations.

Des semis de mélèze et de pin à crochets, exécutés à des altitudes supérieures à 2,000 mètres, ont donné de bons résultats, surtout en ce qui concerne le mélèze. On a effectué aussi des plantations de pin à crochets et de mélèze. Cette dernière essence convient particulièrement aux montagnes élevées des Alpes-Maritimes; elle réussit jusqu'à l'altitude de 2,300 mètres. Des enherbements ont été faits avec des graines récoltées sur place : trèfle des Alpes, sainfoin, plantain des Alpes.

Pour fixer les berges dénudées, on a établi des banquettes de gazon, dont la construction a été suivie immédiatement de semis de graines de plantes herbacées vivaces; on a employé dans le même but l'hippophaé dans la partie inférieure de la série.

On a planté des sorbiers et des alisiers jusqu'à 2,200 mètres d'altitude.

A défaut des bois nécessaires pour établir des garnissages, on a construit à la partie supérieure des ravins secs de petits barrages en pierre sèche et en mottes de gazon. Enfin quelques barrages en pierre sèche ont donné d'excellents résultats dans le ravin Pascal.

Dans les terres noires et les gypses de la série de Villeneuve-d'Entraunes, située entre 900 et 2,000 mètres, on a employé la bauche et le sainfoin pour les enherbements.

Des banquettes établies en mottes de gazon ont été complétées par des plantations d'hippophaés, d'aunes, de frênes, de boutures de saules et de pins noirs et par des semis de sainfoin et de bugrane.

Des garnissages et de petits seuils en pierre sèche et en mottes de gazon, accompagnés de plantations d'essences feuillues, ont été exécutés pour fixer le lit des petits ravins secs. L'aune glutineux et l'hippophaé ont particulièrement réussi dans les marnes noires. Les essences employées pour le reboisement sont le pin noir et le pin sylvestre; le pin noir donne de bons résultats dans les terres noires.

Les parties inférieure et moyenne du torrent de Bourdoux ont été corrigées au moyen de barrages se protégeant mutuellement; les berges sont consolidées et la route nationale est garantie contre les incursions du torrent.

Dans la série de Guillaumes, on a exécuté des enherbements et des banquettes en mottes de gazon, dans les mêmes conditions qu'à Villeneuve-d'Entraunes.

Partout où la pente du terrain ne dépasse pas 45 p. 100 et où

54. Périmètre du Var Supérieur (Alpes-Maritimes). Série d'Entraunes.
Plantations de mélèzes de 10 à 12 ans.

55. Périmètre du Var supérieur (Alpes-Maritimes). Série de Villeneuve-d'Entraunes.
Seuils et plantations de pins noirs, pins sylvestres, aunes et peupliers.

56. Périmètre du Var supérieur (Alpes-Maritimes). Série de Guillaumes.
Vue d'ensemble du ravin de la Loubière.

la roche n'est pas encore à nu, ces travaux de consolidation ont donné d'excellents résultats.

Le reboisement a été effectué au moyen de plantations de pins noirs et de pins sylvestres, qui ont généralement bien réussi.

Des travaux de fascinages et de garnissages ont été exécutés pour fixer le lit des petits ravins secs. Le résultat obtenu est parfait en combinant les deux procédés. Entre les petits seuils de fascines, on garnit le lit du ravin avec des branchages; l'atterrissement se produit très rapidement et une plantation de feuillus et de résineux permet de le fixer complètement.

Des clayonnages ont été aussi construits à la tête des ravins; aussitôt que l'atterrissement se produit, une plantation d'aunes et d'hippophaés et un semis de sainfoin consolident le sol.

Un seul barrage en maçonnerie a été construit, dans le ravin de l'Hubac.

La contenance des terrains reboisés dans le périmètre du Var supérieur est de 2,023 hectares.

Dans les terrains qui n'appartiennent pas encore à l'État, il y aura lieu d'effectuer des travaux de restauration de même nature que ceux qui viennent d'être indiqués, en limitant la construction de barrages au strict nécessaire, c'est-à-dire à la construction, s'il y a lieu, de quelques ouvrages de base et de petits seuils en pierre sèche. (Planches 54 à 56.)

PÉRIMÈTRE DU VAR MOYEN.

Description du bassin. Altitudes. — Le périmètre de restauration du Var moyen correspond sensiblement à la partie du bassin hydrographique du Var comprise entre le point où ce cours d'eau sort du département des Basses-Alpes pour rentrer dans celui des Alpes-Maritimes et celui où il reçoit son affluent la Tinée.

Après son confluent avec la Vaire au pont de Gueydan (Basses-Alpes), le Var, coulant de l'ouest à l'est, traverse la ville d'Entrevaux (473 m.) entre dans le département des Alpes-Maritimes, à 3 kilomètres de Puget-Théniers, traverse cette ville (399 m.) et continue à couler dans la même direction jusqu'au pont de la Mescla (166 m.) où il reçoit son affluent la Tinée (166 m.) dont il emprunte brusquement la direction nord-sud.

Le cours du Var, entre le point où il rentre dans les Alpes-Maritimes (440 m.) et son confluent avec la Tinée (166 m.), a une longueur de 29 kilomètres, ce qui donne à son lit une pente générale moyenne de 1.18 p. 100.

Les principaux affluents de cette partie du Var sont de l'ouest à l'est :

1° Sur la rive droite, les ravins de Valcroix, du Senet, de Pairo, d'Aiges, du Collet-Pela, de Sainte-Marguerite, de la Combe, de Barnoin, de Gamagnan, de Moullière, de Pairoua, de Fraissinet, de Villaron, de Malespina, de Laugiage, de Ciambola, de l'Ubac, de Bau-de-Mars, de l'Ablé, de Lai-Gravièras, de Malaussène, de Colle, de Téolière, de Millières, des Ibacs, de Gautortes, de Balmas, des Clues, de Leusiera;

2° Sur la rive gauche :

Les ravins de Combe, de Trenière, l'important torrent de la Roudoule, le ruisseau du Planet, de Chante-Perdrix, de Sélon, le torrent du Gralet, le ravin de Champ-Long, de Rochas, de Ribas, de Collet du Caire, l'important torrent du Cians, les ravins de Touêt-de-Beuil, de Valcros, de Gondoin, de Vigne à la Rèze, le Riou-Blanc, le torrent de Gravières, les ravins du Ciamp-du-Var, de Séros, de Vianal, du Riou, de Mal-Bosquet, de Lans, de Foussa.

Si on excepte sa pointe septentrionale extrême (commune de Beuil) le bassin du Var moyen est formé par une cuvette synclinale dont l'axe est dirigé sensiblement ouest-est et qui est appuyée au sud sur la chaîne anticlinale du Gourdan-Vial, au nord sur le dôme du Barrot (2,144 m.).

Divers chaînons secondaires formés dans cette cuvette sous l'influence de l'érosion ont une direction générale parallèle à l'axe du synclinal et par suite à la chaîne du Gourdan; entre eux se trouvent des vallonnements de même direction, tels que celui tracé par les ravins du Rivet, de Mairola, de la Varegoule, de Lieuche, dont les eaux se déversent dans le Var en traversant des gorges profondes et pittoresques (gorges du Cians et de la Roudoule), de direction perpendiculaire à la direction précédente. Le premier de ces chaînons vient du voisinage du village de Daluis, passe au mont Pibossau (1,630 m.), au mont de la Croix (1,579 m.), à la tête de Sarros (1,569 m.), traverse le territoire de la commune de Rigaud, forme le mont Lieuche (1,776 m.), et le Mont (1,511 m.).

Le chaînon suivant passe au mont Aulaforte (1,049 m.), au collet d'Aubricks (876 m.), mont Mairola (1,597 m.), le mont Fraccia (1,784 m.).

Puis le chaînon du collet de Giraud (1.450 m.), la montagne de Soberro (1,528 m.) et la pointe des Quatre Cantons (1,844 m.).

Enfin plus au Sud le mont Palerda (1,306 m.) et le Picciarvet (775 m.) sont les points de départ de deux chaînons parallèles aux précédents qui se développent dans la vallée de la Tinée et de la Vésubie.

Le territoire de la commune de Beuil est caractérisé par le mont Mounier (2,818 m.) qui appartient à la chaîne de montagnes qui sépare les vallées supérieures du Var et de la Tinée.

Conditions géologiques. — Le trias apparaît en couches très minces sur les bords nord et sud de la cuvette synclinale mentionnée ci-dessus.

En partant de ces bords, soit au nord, soit au sud, et en se dirigeant vers le centre de la cuvette, on rencontre la série des divers étages jurassiques et crétaciques qui apparaissent en tranches plus ou moins étroites et qui sont très attaquées par l'érosion. Ces couches plongent sous le crétacé supérieur (turonien, sénonien) qui apparaît sur une vaste étendue et occupe le centre de la cuvette. Sur quelques points (collet de Giraude et pointe des Quatre Cantons) se rencontrent, au-dessus du crétacé, les calcaires marneux à petites nummulites de l'éocène et les grès siliceux d'Annot. Le bord septentrional de la cuvette synclinale s'appuie sur le dôme du Barrot qui est formé par les schistes rouges permiens très développés sur les communes de la Croix, Auvare, Puget-Rostang et Beuil. Au nord des schistes rouges, on rencontre à nouveau dans la commune de Beuil les étages triasiques, jurassiques, qui plongent sous les calcaires marneux du crétacé moyen de la chaîne du mont Mounier.

En résumé la surface du bassin se subdivise ainsi :

Formations permiennes (schistes rouges)		1.6
Les gypses triasiques		2.0
Le jurassique (calcaires et marnes)		0.7
Le crétacique	marnes et calcaires marneux	1.5
	calcaires supérieurs	4.0
Éocène		0.2
Miocène		

Climat. — L'altitude du bassin variant de 166 à 2,818 mètres et son exposition étant soit au nord soit au sud, le climat est très variable.

Si, cependant, on excepte les premières pentes des montagnes de la rive gauche du Var, qui exposées en plein midi ont un climat toujours tempéré, la plus grande partie du bassin est soumise à un climat rigoureux; en hiver le froid est vif et la neige séjourne pendant longtemps sur les crêtes et en particulier sur le territoire de la commune de Beuil; en été la chaleur est extrême, la sécheresse, souvent excessive, dessèche les cultures et les pâturages. Les gelées printanières sont à redouter et les orages de grêle, violents et dangereux.

Productions. — La vigne et l'olivier et quelques autres arbres fruitiers (cerisiers, pêchers, pommiers) sont cultivés dans toute la partie inférieure du bassin sur les versants ensoleillés. Les céréales sont aussi récoltées autour de chaque village, mais depuis l'ouverture du chemin de fer, leur culture tend à diminuer; les terres qui pourraient être avantageusement ensemencées en graines fourragères sont, en général, laissées incultes, les habitants émigrant vers la ville.

Le pâturage, favorisé par l'exercice de la vaine pâture et du parcours, occupe les trois quarts de l'étendue superficielle.

Le mouton règne partout en maître et broute les herbes été comme hiver sur tous les points où la neige ne séjourne pas; les pâtures sont donc en fort mauvais état. Des troupeaux de moutons transhumants viennent estiver dans les pâturages supérieurs.

Les habitants de la commune de Beuil possèdent environ 900 vaches, veaux ou génisses, ils les nourrissent sur les pâturages du Cluot, Rouirasque, de l'Hubac de Martin, en vue de l'élevage.

Les forêts occupent environ le quart du territoire. Les plus importantes sont celles de la commune de Beuil, formées en plus grande partie par du mélèze. Sur certains points, par exemple dans la forêt du «Bois Noir», le sapin et l'épicéa sont en mélange avec les mélèzes. On peut citer encore les forêts de Thiéry et de Villars (à la pointe des Quatre-Cantons) dont le peuplement est composé de sapins, épicéas et pins sylvestres. Le mélèze se rencontre aussi dans les communes de Pierlas (au canton Issandoulier) et de Lieuche (dans celui de la Frache). Le pin sylvestre se trouve au collet de Giraud, les chênes rouvres et yeuses sur toutes les expositions méridionales du bassin, en particulier dans les versants sud des communes de Thiéry et Touët-de-Beuil. Le pin d'Alep forme quelques petits bouquets aux environs de Touët-de-Beuil et de Tournefort.

Situation administrative. Contenance. Population. — Le bassin du Var moyen s'étend sur 16 communes de l'arrondissement de Puget-Théniers.

Sa contenance est de 38,537 hectares et sa population de 5,881 habitants.

État de dégradation du sol. — Les dégradations se rencontrent un peu partout dans le bassin moyen du Var, comme l'indique la description sommaire des principaux torrents, en suivant la vallée d'amont à l'aval; elles sont dues au climat, à la nature du sol et aux abus de pâturage.

Le bassin de la Roudoule est complètement dénudé : schistes permiens, calcaires jurassiques, marnes crétacées apparaissent à nu, sont délités par les intempéries et entraînés au moindre orage. Le lit de la Roudoule est encombré de matériaux à son passage à travers Puget-Théniers, ce qui rend les crues de ce torrent dangereuses pour la ville.

Le bassin du Gralet est formé pour la plus grande partie par les calcaires sénoniens et turoniens du crétacé supérieur. Ces calcaires se délitent facilement et recouvrent les marnes noires du crétacé moyen (aptien, cénomanien) sur lesquelles ils reposent d'un épais talus d'éboulis dont les éléments se soudent en une brèche à ciment calcaire. C'est dans cette brèche que le ravin du Gralet a creusé son lit, véritable entaille à parois presque verticales, atteignant 80 mètres de hauteur avec un fruit de 15 à 20 p. 100 et s'enfonçant jusqu'aux marnes noires cénomaniennes qu'elle commence à entamer. Le cône du ravin couvre une surface d'environ 14 hectares et mesure 600 mètres de longueur. La route nationale n° 207 ainsi que le chemin de fer de Nice à Puget-Théniers le traversent à l'aide de 7 ponceaux. En novembre 1906 deux de ces sept ponceaux, dont les fondations reposent sur des gypses, ont été emportés par une crue du Var et actuellement le chemin de fer passe sur une voie provisoire à travers le cône. Le moindre orage peut, en remaniant les matériaux charriés par le torrent, couper la route et la voie ferrée et occasionner les plus graves accidents.

Le Cians est l'affluent le plus important du Var moyen. Son vaste bassin embrasse les communes de Beuil, Pierlas, Lieuche, Thiéry, Rigaud, et ses nombreux affluents lui apportent en temps d'orage des eaux abondantes chargées de matériaux de toute sorte. Les ravins de la Varégoule (commune de Rigaud) et d'Eguestre (commune de Lieuche), qui coulent dans des marnes noires crétacées mises à nu par une érosion puissante et des terrains d'éboulis, sont particulièrement dangereux.

Le Riou-Blanc, affluent de gauche du Var, prend naissance à environ 1,400 mètres d'altitude sur la crête qui relie la montagne de Soberro (1,528 m.) à la pointe des Quatre-Cantons (1,844 m.), traverse les calcaires crétacés turoniens-sénoniens et se jette dans le Var à 500 mètres en amont de la station de Villars à la cote 253 mètres après un parcours de 7 kilomètres et une pente moyenne générale de 16.4 p. 100. Ce torrent dont les berges sont très affouillées et en éboulement transporte de nombreux matériaux.

Le torrent des Gravières avec ses deux branches principales, ravins de l'Espagnole et de Massoins, se développe sur environ 8 kilomètres dans la commune de Villars. La partie inférieure de son bassin située dans les marnes noires cénomaniennes, surmontées par les calcaires sénoniens et turoniens en éboulis, est la plus dégradée.

Sur la rive droite du Var le torrent de Malaussène, qui descend du mont Vial (1,551 m.), traverse, dans la plus grande partie de son cours, les calcaires marneux et marnes crétacés et se jette, après un parcours de 6 kilomètres, dans le Var à la station de Malaussène (230 m.) en passant sous la route nationale et la voie ferrée qui pourraient un jour ou l'autre être menacées.

Au moindre orage, les torrents, les ravins qui viennent d'être décrits, les mille autres ravinements qui serpentent partout sur l'étendue du bassin roulent des eaux boueuses, charrient des blocs énormes et la masse d'eau déjà considérable que le Var traîne à son entrée dans son bassin moyen, accrue par toutes ces laves et boues, devient dangereuse; elle peut inonder la ville de Puget-Théniers;

IMPRIMERIE NATIONALE.

elle peut arracher la voie ferrée; elle devient menaçante pour les cultures maraîchères de son bassin inférieur.

Composition et contenance du périmètre. — La contenance du périmètre du Var moyen, constitué par une loi du 26 juillet 1892, est de 4,453h 59a 61c, dont 1,648h 26a 76c appartiennent actuellement à l'État.

Il comprend les quinze séries suivantes :

La Croix	664h	17a	07c
Auvare	200	30	75
Puget-Rostang	542	07	31
Puget-Théniers	270	68	54
Beuil	320	68	80
Rigaud	483	23	43
Lieuche	187	97	55
Thiéry	271	74	66
Touët-de-Beuil	406	73	48
La Penne	154	23	65
Ascros	319	88	85
Villars	199	13	23
Massoins	239	44	31
Malaussène	83	89	08
Tournefort	109	29	90
Total	4,453	59	61

Travaux. — La bauche, dans le périmètre du Var moyen, donne d'excellents résultats pour les enherbements; elle se réensemence avec une grande facilité, sa graine pourvue d'une arête se fixant aisément dans les fissures des sols ravinés.

Le laser se multiplie naturellement dans les marnes noires de la série de Rigaud.

Les graines de bugrane sont aussi extrêmement utiles.

Les banquettes de gazon, consolidées immédiatement après leur exécution par des semis de graines de plantes herbacées vivaces et par des plantations de feuillus et de pins noirs, rendent de très grands services pour la fixation des talus dénudés.

Les semis de pin d'Alep, aux expositions chaudes et jusqu'à 1,000 mètres d'altitude dans la série de Puget-Rostang, de pin maritime dans la série de Villars, et de pin noir dans les séries d'Aseros et de Villars ont très bien réussi.

Dans les diverses séries, les plantations de pins sylvestres et surtout de pins noirs ont donné de bons résultats. Dans la série de Villars on a planté aussi avec succès des pins d'Alep et des pins maritimes.

Dans le lit et sur les berges des ravins on a employé les feuillus, aune, saule, peuplier, érable, alisier blanc.

La corroyère reprend parfaitement de bouture dans les terrains secs; par suite de la facilité avec laquelle elle drageonne elle est précieuse pour garnir les marnes crétacées. Toutefois on ne peut l'employer au-dessus de 1,000 mètres aux expositions chaudes et de 600 mètres aux expositions froides.

Pour la correction des ravins on a recours aux garnissages partout où les produits des recepages sont suffisamment abondants. On construit dans le même but de petits seuils en pierre sèche et en mottes de gazon qui donnent d'excellents résultats dans les ravins exposés au nord et dans ceux où une certaine humidité persiste pendant toute l'année.

Il faut donner un fruit très fort et une faible hauteur (0 m. 75 au plus) à ces petits ouvrages et planter leurs atterrissements en aunes, peupliers et pins noirs.

Il est aussi très utile d'introduire dans ces seuils, l'année même de leurs construction, des plants enracinés, et des boutures de corroyère ainsi que des boutures de saule et de peuplier.

Des clayonnages, en branches de saule ou de peuplier, ont donné de bons résultats dans les ravins où l'eau suinte pendant toute l'année.

Quatre barrages en maçonnerie et un certain nombre d'ouvrages en pierre sèche ont été construits dans les séries de Rigaud et de Puget-Rostang.

La contenance des terrains déjà reboisés dans le périmètre du Var moyen est actuellement de 835 hectares.

Les travaux de restauration à exécuter sur les terrains qui n'appartiennent pas encore à l'État seront de même nature que ceux qui viennent d'être décrits; les barrages devront être réduits au strict nécessaire, c'est-à-dire à la construction des ouvrages de base qui paraîtront indispensables et de petits seuils en pierre sèche. (Planches 57 et 58.)

PÉRIMÈTRE DE LA TINÉE.

Description du bassin. Altitudes. — Le périmètre de restauration de la Tinée correspond à la partie française du bassin hydrographique de la Tinée, affluent de gauche du Var.

La Tinée prend naissance à l'altitude de 2,466 mètres environ sur le versant nord-est de la Cime de Bonette (2,866 m.) située sur la chaîne de montagne qui sépare le bassin de la Tinée de celui de l'Ubaye. Sa direction est orientée du nord-ouest au sud-est jusqu'à la frontière italienne qu'elle atteint au pont Saint-Honorat à 2 kilom. 5 en aval d'Isola (882 m.) après un parcours de 30 kilomètres environ. Du pont Saint-Honorat jusqu'à son confluent avec le Var (166 m.) la Tinée coule pendant 32 kilomètres dans la direction du nord-nord-ouest au sud-sud-est.

La pente de la Tinée est de 4.65 p. 100 entre sa source (2,466 m.) et Isola (882 m.) et de 2.23 p. 100 entre Isola et son confluent avec le Var (166 m.), ce qui donne une pente générale moyenne de 3.71 p. 100.

Cette rivière torrentielle reçoit de très nombreux affluents qui descendent en cascades des montagnes voisines.

Voici les principaux :

1° Sur la rive droite, depuis la source : les torrents de l'Alpe,

57. Périmètre du Var Supérieur (Alpes-Maritimes). Série de Guillaumes.
Plantations de pins noirs et de pins sylvestres de 16 ans.

58. Périmètre du Var moyen (Alpes-Maritimes). Série de Rigaud.
Pins noirs et pins sylvestres de 10 ans. Plantation à l'altitude moyenne de 600 mètres.

de Saint-Dalmas d'Ardon, d'Auron, du Pra du Loup, du vallon de Roya, de Burenta, de Turion, de Vareglio, de Louch, de Rouia, de Valabres, de Longon, de Vionène, de Gaudissart, d'Albiliera, du Moulin, du Douinas, de la Serre;

2° Sur la rive gauche, depuis la source : les ruisseaux de Salzo-Moreno, de Tortissa, de Vens, de Cuaisetas, de Tinibras, de Rabuons, Assueros, Bourguet, de Rives, de Faugieret, de la Blache, de Bossea, de Guercia, dont la plus grande partie (Ravin de Moulons et de Castiglione) est en territoire italien, les torrents des Adousses, de Leuton, de Bramafam, du Bois de Lauzetta, d'Aramina et d'Oglione, de Clans, de Graillas.

La vallée supérieure de la Tinée est encaissée entre deux chaînes de montagnes : la chaîne centrale des Alpes sur la rive gauche et la chaîne du Mont Mounier sur la rive droite qui sont sensiblement parallèles à son cours. Le fond de la vallée présente des dénivellations très importantes avec les sommets voisins. A Saint-Étienne-de Tinée, par exemple, la Tinée est à 1,130 mètres d'altitude tandis que le mont Tinibras, qui est du reste le sommet le plus élevé du bassin, situé sur la chaîne des Alpes, à 4 kilom. 500 de Saint-Étienne en distance horizontale, est à une altitude de 3,031 mètres. La chaîne du Mounier (2,818 m.) est très élevée et n'est interrompue que par trois cols, Pal (2,218 m.), Crous (2,206 m.) et Crousette (2,489 m.), qui font communiquer le bassin de la Tinée avec celui du Var supérieur mais qui ne sont praticables qu'en été seulement. On peut donc dire avec M. Louis Bertrand que «le cours supérieur de la Tinée constitue une sorte de combe profonde de 2,000 mètres, située entre deux chaînes parallèles».

Aux rochers de Valabres, à 8 kilomètres en aval d'Isola, la Tinée traverse obliquement le prolongement de la chaîne du mont Mounier qui se poursuit sur sa rive gauche par les rochers de Marval et la cime de Giraud. Elle traverse ensuite avant de se jeter dans le Var une série de cluses successives correspondant aux divers chaînons de montagnes orientés de l'ouest-sud-ouest à l'est-nord-est qui, par suite, sont presque perpendiculaires à son cours. L'altitude de ces nombreux chaînons transversaux est variable et inférieure à celle des chaînes qui forment les limites du bassin. Citons le Gaudissart (1,380 m.), la Tête des Vairons (1,935 m.), mont Viroulet, mont Concouruche, Tête de Sarenton (1,830 m.), mont Maugiarde (1,618 m.).

Conditions géologiques. — Les terrains qui forment le bassin de la Tinée appartiennent aux formations géologiques les plus variées.

La vallée supérieure, des sources à Saint-Sauveur, est caractérisée par la présence d'un vaste massif cristallophyllien dont le développement le plus important se troupe en Italie où il a reçu le nom de massif de Mercantour. La partie française peut être désignée sous le nom de massif du Tinibras, point culminant (3,031 m.). Du col de Pouriac jusqu'à 1 kilom. 500 en amont de Saint-Sauveur, la Tinée traverse ces terrains cristallins qui forment, à l'exclusion de toute autre formation géologique et si on n'en excepte toutefois quelques lambeaux de terrains triasiques, tout le versant gauche de la vallée. Sur la rive droite, ces schistes cristallins sont très uniformément cantonnés dans le fond de la vallée. Ce massif est formé par des gneiss et des micachistes avec quelques bandes d'amphibolites et de fréquentes injections de granulite.

Tout autour de ce massif, et sur la rive droite de la Tinée en particulier, s'étagent les différentes formations géologiques, du permien aux dépôts modernes.

Le permien forme un vaste îlot de grès et schistes rouges au sud du massif cristallin sur les communes de Saint-Sauveur, de Roure et de Rimplas.

Enveloppant le massif cristallin et l'îlot permien, les terrains triasiques s'étendent du Col de Pouriac au village de Rimplas, présentant un affleurement continu mais d'épaisseur variable. Après avoir formé dans la haute vallée le vaste pâturage de Salse-Morena, l'affleurement s'amincit, devient très faible aux environs de Saint-Étienne-de-Tinée, reprend un vaste développement autour du col de Blainon, dans les vallons de Roya, de Longon et de Roubion. Il est traversé par la Tinée à 3 kilomètres en aval de Saint-Sauveur sur une faible étendue; il redevient plus important autour du village de Rimplas et passe en Italie au mont Raja. Ce trias présente des plis très mouvementés en particulier aux environs de Saint-Sauveur et de Roubion. Il débute par une couche de quartzites blancs de faible épaisseur à laquelle succèdent des cargneules inférieures jaunes, puis des marnes jaunes avec lentilles de gypse, d'une épaisseur considérable, traversées en plusieurs endroits par un banc de calcaires gris dolomitiques mince, et surmontées par les cargneules supérieures.

Les calcaires et marnes liasiques forment autour du trias une bande continue mais d'épaisseur très faible.

Viennent ensuite les formations du jurassique moyen et du jurassique supérieur parmi lesquelles les marnes noires des étages callovien et oxfordien présentent un vaste développement, du col du Pourriac au col de Couillole, près de Roubion. On doit signaler particulièrement leur présence dans les vallons de Salzo-Moreno, de Saint-Dalmas-le-Selvage, de l'Ardon, et dans celui de la Roya où elles se présentent en pli couché.

Les calcaires jurassiques compacts supérieurs forment au-dessus de ces marnes ravinées une « barre » ou corniche continue à parois souvent verticales et constamment affouillées par le bas.

Le crétacé inférieur se rencontre sous forme de calcaires marneux sur la chaîne du Mounier. La série crétacique se développe plus complètement au nord du vallon de l'Ardon où les marnes aptiennes et albiennes apparaissent sur une vaste étendue et dans un état de dégradation très avancé.

Enfin l'éocène, composé d'une faible bande de calcaires et de grès à petites nummulites, et surtout le miocène, caractérisé par le grès d'Annot, forment ce qu'on appelle le massif de Sanguinière.

En aval de Saint-Sauveur, la Tinée, au lieu d'être comme dans son cours supérieur parallèle aux lignes générales d'affleurement des diverses formations géologiques, a une direction perpendiculaire à ces affleurements et les traverse sur leur moindre épaisseur. Elle rencontre les schistes rouges permiens, les gypses et cargneules du trias, l'infralias, et toute la série jurassique, puis la série crétacique, calcaires marneux du barrêmien et du néocomien, marnes noires de l'aptien et de l'albien, marnes et calcaires cénomaniens, calcaires sénoniens et turoniens, puis, au pont de Clans, elle traverse à nouveau les marnes aptiennes, les calcaires marneux du barrêmien, les marnes néocomiennes et rencontre au pont de la Lune les calcaires jurassiques supérieurs et les marnes noires oxfordiennes qu'elle coupe dans une très faible épaisseur.

L'éocène (calcaires marneux à petites nummulites) et le miocène (alternance de flysh et de grès d'Annot) apparaissent dans le bassin inférieur de la Tinée, à droite de la Pointe des Quatre-Cantons, à gauche sur le massif du Tournairet. Des forêts le recouvrent pour la plus grande partie.

Climat. — L'altitude du bassin de la Tinée variant de 300 à 3,030 mètres, son climat est très variable; les zones supérieures, de 1,500 à 3,000 mètres, présentent un climat très froid et sont recouvertes de neige pendant une grande partie de l'année. Sur les montagnes du Rabuons, du Tenibras, de Tortissa qui s'élèvent sur le territoire de la commune de Saint-Étienne-de-Tinée dans les parties supérieures de la vallée, on peut distinguer les traces d'anciens glaciers et on rencontre encore à ces altitudes élevées des taches de neige persistantes.

Dans la partie inférieure du bassin le climat est tempéré et les oliviers, les figuiers poussent parfaitement bien.

Du reste, cette vallée ouverte au vent du midi est soumise à l'influence de la mer Méditerranée et certaines plantes de la flore méditerranéenne s'élèvent assez haut dans les montagnes.

L'été est en général très sec; en juillet et septembre des orages éclatent qui, par leur violence, causent généralement de grands dommages aux routes, aux propriétés cultivées et aux pâturages.

Les gelées printanières sont à redouter.

Productions. — Les cultures sont peu étendues et très peu rémunératrices. Ce sont pour la plupart des cultures de céréales, quelques fourrages, quelques oliviers et très peu de vignes dans les régions inférieures de la vallée. Les seules cultures réellement avantageuses sont celles des fourrages, trèfle et sainfoin, faites dans les terres irriguées du fond de la vallée. Sur quelques points privilégiés, Saint-Étienne, Isola, quelques cultures irrigables ont pu s'établir. Signalons à Isola la culture des châtaigniers dont les fruits se vendent facilement sur le marché de Nice.

Les pâturages ont une grande importance. Tous les terrains non cultivés sont livrés au parcours des moutons et d'énormes troupeaux transhumants viennent de Provence estiver dans ces montagnes.

Les massifs boisés occupent le quart du territoire : les mélèzes forment avec quelques pins cembro de vastes forêts dans la région supérieure de la vallée. L'épicéa, le pin sylvestre, le sapin se rencontrent aussi. Le chêne est rare. On rencontre à l'état disséminé les tilleuls, le cytise, les fruitiers, le bouleau, le coudrier, les saules et le tremble.

Situation administrative. Contenance. Population. — Le périmètre de la Tinée s'étend sur le territoire de 13 communes de l'arrondissement de Puget-Théniers et de 1 commune (Utelle) de l'arrondissement de Nice.

La contenance est de 63,999 hectares et sa population de 9,203 habitants.

État de dégradation du sol. — Les dégradations se rencontrent un peu partout dans le bassin de la Tinée.

On peut signaler plus particulièrement celles qui menacent la route nationale n° 205 à la Courbaisse et entre Isola et Saint Étienne-de-Tinée.

A la Courbaisse, à 2 kilomètres en amont du confluent du Var et de la Tinée, la route n° 205 traverse sur une longueur de 1 kilom. 500 des éboulis récents situés sur le versant nord-est du Picciarvet, dont la pente est très rapide.

Des ravinements importants ont attaqué ces éboulis qui s'écroulent à chaque orage, encombrant la route de rochers et de boues.

Entre Isola et Saint-Étienne-de-Tinée, sur une longueur de 5 kilomètres entre le ravin de Cuisson et celui du Faugeret, les terrains cristallins qui dominent la route sont creusés de nombreux torrents à clappes, le Faugeret, les ravinements de la Blache, le Rairola, le Collet Papon, le Ciamora, le Cusson; les rocs en décomposition s'éboulent à la moindre pluie.

Il y a lieu de signaler aussi les dégradations dans les marnes medio-jurassiques du Col de Pal, des gypses marneux de Roubion, de Roure et de Saint-Sauveur.

On ne peut invoquer, pour expliquer la formation de ces dégradations, que les causes classiques : abus de pâturage, nature du sol cristallin, torrents à clappes, marnes gypseuses.

Le principal effet résultant de cette situation est l'encombrement de la route nationale n° 205 dont la circulation est interrompue constamment.

L'existence de certains villages, tels que Saint-Dalmas-le-Selvage, Saint-Étienne-de-Tinée, Saint-Sauveur et Roussillon, peut être d'un jour à l'autre compromise.

Composition et contenance du périmètre. — La contenance du périmètre de la Tinée, constitué par une loi du 7 août

1910, est de 5,242ʰ 70ᵃ 50ᶜ, dont 1,055ʰ 91ᵃ 05ᶜ appartiennent actuellement à l'État.

Il comprend les douze séries suivantes :

Série	h	a	c
Saint-Dalmas-le-Selvage	589ʰ	91ᵃ	70ᶜ
Saint-Étienne-de-Tinée	2,464	89	15
Isola	421	93	60
Roubion	153	97	85
Roure	267	36	60
Saint-Sauveur	329	95	10
Rimplas	244	24	70
Marie	168	00	70
Ilonse	285	33	70
Bairols	46	31	20
Utelle	974	20	70
La Tour	96	55	50
TOTAL	5,242	70	50

Travaux. — Dans la série de Saint-Étienne, des banquettes de gazon exécutées à l'altitude de 2,300 mètres, sur des marnes jaunes gypseuses du trias, complètement dépourvues de végétation, ont très bien réussi; des semis de graines fourragères faits entre les banquettes commencent à gazonner le sol.

Des plantations de mélèze et de pin à crochets ont donné de bons résultats à l'altitude moyenne de 2,100 mètres.

De petits seuils en pierre sèche ont arrêté le creusement des ravins.

Dans la série de la Tour on a établi avec succès des banquettes formées par un mélange de pierres plates et des mottes de bauche.

De petits seuils en pierre sèche et en mottes de gazon ont été renforcés par des boutures de saule, de peupliers et de corroyère; de plus, des aulnes, des saules, des corroyères et des pins ont été plantés sur les atterrissements.

Des plantations de pin noir et de pin sylvestre ont bien réussi.

La contenance totale des terrains déjà reboisés est de 281 hectares.

Des travaux de restauration de même nature que ceux qui viennent d'être indiqués seront exécutés sur les terrains qui n'appartiennent pas encore à l'État.

PÉRIMÈTRE DE LA VÉSUBIE.

Description du bassin. Altitudes. — La Vésubie est formée par les deux rivières torrentielles du Borréon et de la Madone-des-Fenêtres qui prennent naissance en Italie.

Le Borréon descend des montagnes que couronne la cime du Mercantour à 2,994 mètres et pénètre en France après le vallon du Saut à 1,228 mètres d'altitude.

Le torrent de la Madone-des-Fenêtres sort des monts élevés du col des Fenêtres, à 2,660 mètres, et pénètre en France après le vallon Madame, à 1,285 mètres d'altitude.

Ces deux rivières ont un parcours égal d'à peu près 16 kilomètres et se réunissent, à 900 mètres d'altitude, au pied du promontoire de Saint-Martin-Vésubie, pour former la Vésubie.

Celle-ci, après un parcours d'environ 34 kilomètres, se jette dans le Var, sur sa rive gauche, à 140 mètres d'altitude, en face de la hauteur sur laquelle se trouve le village de Bonson.

Les pentes du Borréon et de la Fenêtre sont très fortes même en territoire français (7 p. 100); celles de la Vésubie sont de 5.75 p. 100 depuis Saint-Martin jusqu'à Roquebillière, de 3 p. 100 depuis Roquebillière jusqu'à Saint-Jean-la-Rivière et de 1.5 p. 100 depuis ce dernier point jusqu'à son débouché dans le Var.

Du vaste cirque de montagnes qui entourent le bassin de la Vésubie descendent des affluents nombreux dont les principaux sont :

Sur la rive droite : le Rio de Venanson qui sort de massifs

forestiers et ne présente d'intérêt que par son tributaire, le ravin de la Grave;

Le Rio de Lantosque avec des taches de dégradations sensibles;

Le Rio de Figaret qui, partant de Tournairet, sépare les territoires d'Utelle et de Lantosque et dont les tributaires sur le territoire de cette dernière commune présentent parfois des ravinements dangereux;

Sur la rive gauche : le Toron et le Villars sur le territoire de Saint-Martin-Vésubie;

Le Cogni et l'Espagliart tous deux particulièrement dangereux;

Le vallon des Graus, tributaire du grand torrent de la Gordolasque;

Le vallon de la Planchette;

Celui de Saint-Colomban et de Bouvillars, tributaire de l'Infernet, qui coule dans des terrains ravinés et dégradés.

Tous ces ravins à pentes rapides et coulant dans des lits encaissés contribuent à donner à la Vésubie son caractère torrentiel qu'elle garde jusqu'après Saint-Jean-la-Rivière et le défilé du Saut-des-Français.

Les plus fortes altitudes sont celles du Mercantour (3,167 mètres) en Italie et du Mont Capelat (2,629 mètres) en France.

Conditions géologiques. — Le bassin de la Vésubie fait partie de la grande aire cristalline du Mercantour dans la partie méridionale extrême de cette aire qui se termine un peu au nord de Roquebillière.

La bordure sud de cette aire est formée par plusieurs plis de déversement correspondant à des mouvements ayant eu lieu à la fin du permien et pendant le trias, le jurassique et le crétacé.

Ces plis viennent se grouper à la terminaison de l'axe cristallin en un faisceau dirigé du nord au sud et s'irradiant en éventail. Un affleurement triasique au sud de Roquebillière marque ce faisceau.

La Vésubie coule dans des dépôts glaciaires ou des alluvions anciennes, en général peu développées sur ses versants directs (comme sur ceux de ses affluents) à cause de la grande intensité de l'érosion. Le plateau de Berthemont pourtant, à 1,040 mètres d'altitude, est entièrement composé de dépôts glaciaires.

Sur la rive droite, la Vésubie est constamment barrée par des dépôts calcaires de l'oolithe inférieure (bajocien-bathonien) et de l'oolithe moyenne (rauracien-oxfordien), dominés par toute la succession des couches géologiques qui s'étagent jusqu'aux formations oligocènes du Tournairet.

Ces formations (schistes gréseux) prédominent d'ailleurs dans le bassin avec les calcaires marneux du sénonien.

Le cours supérieur de la Vésubie au contraire et ses affluents rive gauche sont creusés dans des terrains cristallins et des schistes permiens (grès ou arkoses), généralement réfractaires à toute végétation.

Les portions les plus dégradées du périmètre appartiennent aux calcaires dolomitiques et aux gypses du trias; aux gneiss et terrains granitiques en décomposition extrêmement fissurés; aux boues glaciaires profondément entaillées.

Dans l'ensemble du périmètre la répartition approximative des formations géologiques peut être exprimée comme suit :

Terrains..	cristallins (gneiss et mica-schistes).....	2
	permiens (arkoses et phyllades ou calcaires métamorphiques).................	1
	trias (calcaires, dolomies et cargneules)..	1
	sénonien (calcaire marneux)..........	2,5
	oligocène (schistes gréseux)...........	2,5
	divers (schistes gréseux).............	1

Climat. — Climat très variable à cause des grandes différences d'altitudes : généralement tempéré jusqu'à 800 ou 1,000 mètres sur les versants bien exposés, il devient froid et très froid dans la haute montagne qui confine même à la région des glaciers.

Les précipitations atmosphériques sont assez abondantes sous forme de pluies (qui malheureusement sont rares en été), d'orages (mois de juin) ou de chutes de neige.

Productions. — Les cultures sont importantes.

On trouve sur un quart du territoire l'olivier, la vigne, des champs de céréales, de pommes de terre, etc., et aussi quelques prairies bien entretenues dans les vallées.

Mais la grande partie du territoire, plus de la moitié, est occupée par des pâtures trop souvent dégradées par les abus de dépaissance et qui se transforment lentement en landes stériles ou envahies par les plantes parasites, rhododendrons, buis, airelles, genêts, etc.

Le reste est occupé par la forêt qui est installée jusqu'à plus de 2,000 mètres d'altitude (futaies jardinées). Les essences principales sont : le sapin, l'épicéa, les pins sylvestre et maritime, le mélèze.

On rencontre aussi quelques belles châtaigneraies et, sous forme disséminée, les érables, les hêtres, les aunes, les saules, les coudriers avec un sous-bois de buis, de houx, et de genévriers.

Situation administrative. Contenance. Population. — Le périmètre de la Vésubie s'étend sur le territoire de 8 communes de l'arrondissement de Nice.

Sa contenance et sa population sont d'environ 18,810 hectares et 8,930 habitants.

État de dégradation du sol. — Les dégradations constatées dans le bassin de la Vésubie sont localisées dans les bassins de formation et sur les berges des torrents ou ravins de la région, qui affouillent les versants et occasionnent des éboulements de matériaux au fond des vallées. Non seulement ces apports empiètent sur les propriétés inférieures qu'ils dégradent, mais encore ils interceptent la circulation sur les routes et constituent une menace continuelle pour la vie des voyageurs.

Sur le territoire de Roquebillière, deux torrents, le Cogni et l'Espagliart, rongent le pied du plateau de Berthemont et menacent l'existence de l'établissement balnéaire de cette localité.

Enfin à Lantosque et à Belvédère les affouillements le long des berges de certains ravins importants constituent une menace constante pour les propriétés inférieures et ont une influence directe sur le régime de la Vésubie.

De même à Saint-Martin-Vésubie, ravin de la Madone-des-Fenêtres.

Le torrent de l'Espagliart ou Spagliart est formé de deux branches principales dont une, à l'est, vient de la cime de Fuons-Freja et l'autre, à l'ouest, embrasse par ses ramifications le vaste cirque du Férisson dont elle porte le nom.

Tout le haut bassin de ces deux branches, depuis la cote 2,174 mètres à l'est jusqu'aux sommets de la Valette et de Mont-joya (2,374 mètres) à l'ouest, est creusé dans des gneiss et des micaschistes granulitiques encore suffisamment résistants.

Le torrent de l'Espagliart, qui part du confluent de ces deux branches, à l'altitude de 1,000 mètres environ, n'a guère qu'un parcours horizontal d'environ 2,500 mètres et se jette dans la Vésubie, rive gauche, par 600 mètres d'altitude un peu en amont, 2 kilomètres, du village de Roquebillière. Sa pente moyenne est donc de 16 p. 100. Sur cette partie de son parcours ce torrent creuse son lit dans les dépôts d'alluvions glaciaires sur lesquelles repose le plateau de Berthemont qu'il entaille profondément.

Mais le torrent du Spagliart est surtout redoutable par ses tributaires de rive gauche et, plus particulièrement, par les ravins de Pighiera, des Terrasses et de Carbonel.

Ces ravins sont presque entièrement creusés dans des terrains cristallins en désagrégation ou recouverts par des éboulis de grès permiens généralement réfractaires à toute végétation. Leurs berges sont très abruptes, souvent à pic et l'eau de ruissellement y prend rapidement en temps d'orage une très grande vitesse qui lui permet d'entraîner dans la Vésubie, par le couloir du Spagliart, et bien au delà de Roquebillière, des matériaux d'un volume parfois considérable, causant partout des dégâts et des dommages importants.

Le torrent de Cogni ou du Vernet, moins important que celui du Spagliart, coule parallèlement en amont de la branche est de ce dernier et est creusé dans les mêmes terrains. Ce torrent qui vient de la cime de la Palu (2,131 mètres) se jette dans la Vésubie (rive gauche) par 680 mètres d'altitude, à 3 kilom. 500 en amont du village de Roquebillière, après un parcours de 5 kilomètres environ. Sa pente moyenne est donc de 29 p. 100. Dans la partie inférieure de son cours, ce torrent creuse son lit dans les dépôts glaciaires sur lesquelles repose le plateau de Berthemont qu'il entaille à l'ouest et qui, nous l'avons vu, est sapé à l'est par le torrent de Spagliart.

Des travaux de reboisement, qui donnent déjà d'heureux résultats, ont d'ailleurs été entrepris dès le début dans le bassin supérieur de ce torrent.

Composition et contenance du périmètre. — La contenance du périmètre de la Vésubie, constitué par une loi du 26 juillet 1892, est de 762^h 30^a 42^c, dont 141^h 61^a 30^c sont déjà la propriété de l'État.

Il comprend quatre séries, savoir :

Saint-Martin-Vésubie	153^h 50^a 10^c
Roquebillière	199 79 55
Belvédère	264 83 75
Lantosque	134 17 02
TOTAL	762 30 42

IMPRIMERIE NATIONALE.

Travaux. — Des travaux d'enherbement ont été effectués dans la série de Roquebillière, la seule appartenant déjà en partie à l'État, au moyen de plantations d'éclats de bauche, de semis par lignes de graines de sainfoin et de fenasse et enfin à l'aide de banquettes de gazon.

Des semis de chêne rouvre et de pin maritime ont bien réussi.

Des plantations de pin noir et de pin sylvestre ont donné d'excellents résultats, de 1,000 à 1,200 mètres d'altitude.

Des boutures de saule, de peuplier et de corroyère ont été employées pour fixer les talus, et sur les atterrissements et les berges stables on a planté des robiniers, des ailantes, des érables et des frênes.

Des garnissages, de petits seuils en pierres et en mottes de gazon et des seuils en pierre sèche ont fixé le lit des ravins.

La contenance actuellement reboisée est de 122 hectares.

Les travaux à entreprendre dans les terrains qui ne sont pas encore la propriété de l'État seront de même nature que ceux qui viennent d'être décrits.

PÉRIMÈTRE DU PAILLON.

Description du bassin. Altitudes. — Le Paillon est formé de deux branches principales prenant naissance par de multiples ravins sur les versants est et ouest de la cime du Rocaillon à 1,433 mètres d'altitude.

Ces deux branches coulent parallèlement du nord au sud, de part et d'autre d'une ligne de hauteurs qui les séparent et sur laquelle se trouve assis le village de Berre; elles se rejoignent à l'extrémité sud de cette ligne au lieu dit «le Pont-de-Peille» à 96 mètres d'altitude.

La branche occidentale, dite Paillon de Contes a un parcours de 20 kilomètres environ avec des pentes moyennes assez fortes de 15 p. 100 d'abord jusqu'au ravin de l'Engarvin, pentes qui varient ensuite de 5 p. 100 à 10 p. 100 jusqu'au village de Contes et s'abaissent enfin à 1.5 p. 100 jusqu'au confluent des deux Paillons;

La branche orientale, dite Paillon de l'Escarène, a un parcours de 22 kilomètres environ avec des pentes moyennes de 15 à 20 p. 100 d'abord jusqu'au village de Lucéram, pentes qui varient ensuite de 4 à 5 p. 100 jusqu'à la Grave-de-Peille pour s'abaisser enfin à 2 p. 100 jusqu'au confluent des deux Paillons.

Depuis ce confluent jusqu'à Nice et la mer sur un parcours d'environ 10 kilomètres la pente moyenne du Paillon ne dépasse guère 1 p. 100.

Les affluents très nombreux du Paillon sont principalement, pour la branche occidentale, les ruisseaux de Morgue, de l'Ingarvin, du Rio, de la Gravière, de Pierrefeu, de la Vernéa, de la Garde, et, pour la branche orientale, les ruisseaux de Pinéa, de Roussillon, de Falavel, la Plastra, les ravins de Braus, de Fighiera, de Vigna-Grana, Plan-Réon, d'Erbossière, le ruisseau de Lanza sur Peillon et le torrent de Laghet.

Tous ces ravins coulent dans des berges à fortes pentes, le plus souvent dénudées, et forment un vaste bassin hydrographique qui a donné au Paillon un caractère torrentiel nettement déterminé.

La plus grande altitude (1,501 mètres) est celle du mont Rocasiera.

Conditions géologiques. — La région géologique à l'est du Var et formant le bassin du Paillon est marquée par une émersion commencée à l'infralias et accentuée au lias, si bien que cette région qui ne fut plus occupée que par la mer du jurassique supérieur compte parmi ses terrains les plus anciens ceux de l'oolithe supérieure seulement, formant une partie des lignes de crêtes du bassin. Les mers albienne et cénomanienne sont ensuite venues former leurs dépôts en bordure de ceux de l'oolithe, puis toute la région fut occupée par la mer sénonienne qui a largement marqué son installation par des calcaires marneux disposés en bancs ayant parfois une assez grande épaisseur.

A la fin du crétacé une émersion se produit encore accompagnée de plissements assez intenses qui furent arasés au moment des dépôts du nummulitique (Contes) et qui ont précédé les grands mouvements qui formèrent les Alpes.

Les phénomènes d'érosion commencèrent à s'exercer aussitôt après avec une intensité mettant peu à peu en relief les calcaires durs du jurassique supérieur et creusant de profondes dépressions dans les couches plus tendres du crétacé.

Le Paillon coule dans des alluvions récentes assez peu développées dans son bassin à cause du régime torrentiel des cours d'eau.

On a rattaché au bassin du Paillon les terrain s'étendant vers l'ouest jusqu'au Var, en englobant ainsi les ravins côtiers de la Mantega, du Magnan (se déversant directement dans la mer) et aussi quelques tributaires de la rive gauche du Var sans aucune importance.

Vers l'est le périmètre du Paillon s'étend jusqu'au ravin côtier de Gorbio qui le sépare en partie du périmètre de Roya et Bevera.

La répartition approximative des formations géologiques peut être exprimée pour le périmètre entier par les chiffres suivants :

Sénonien (calcaires marneux)	4
Éocène-Oligocène (marnes bleues et sables)	1
Jurassique supérieur (calcaire résistant)	2
Pliocène (poudingues)	2
Divers (poudingues)	1

Les portions les plus dégradées du périmètre appartiennent presque exclusivement aux terrains du sénonien (calcaires marneux), puis, en moindre partie, aux marnes bleues de l'éocène ou aux alluvions récentes.

Climat. — Le bassin du Paillon jouit tout entier du climat méditerranéen. Variable sur les hauteurs au nord d'une partie du bassin, ce climat devient doux et tempéré dans la partie moyenne et chaud sur un tiers environ du territoire au sud.

La moyenne annuelle de Nice oscille entre 15°,2 et 15°,9.

Les précipitations atmosphériques sont mal réparties et en général inférieures à la moyenne. On compte souvent de longues périodes de sécheresse du mois de juin à la fin du mois de septembre.

Productions. — Un quart du territoire environ est occupé par les cultures méridionales : l'olivier, la vigne en premier lieu, puis les arbres fruitiers auxquels il faut ajouter l'oranger et aussi le citronnier, enfin les légumes, le tabac et les fleurs.

Les pâturages à l'état dégradé et même la lande stérile occupent une moitié du territoire dans la partie moyenne ou élevée.

Les massifs forestiers prennent le reste sous forme de futaies de pin d'Alep, de pin maritime ou de pin sylvestre, avec quelques taches de sapins et d'épicéas. On trouve également comme essences disséminées, en mélange avec les précédentes, le chêne rouvre, le hêtre, les érables, le tilleul, le coudrier, le charme, l'orme et en sous-bois des essences secondaires de la région chaude méditerranéenne.

Situation administrative. Contenance. Population. — Le bassin du Paillon s'étend sur le territoire de 15 communes de l'arrondissement de Nice.

Sa contenance et sa population sont d'environ 45,080 hectares et 100,780 habitants.

État de dégradation du sol. — Les dégradations constatées dans le bassin du Paillon constituent les dangers nés et actuels visés par la loi. Ces dégradations sont localisées dans les bassins de formation et sur les berges des torrents ou ravins de la région qui affouillent les versants et entraînent les matériaux au fond des vallées.

Les effets des crues, si violentes dans le bassin du Paillon, ont été parfois très dangereux pour la ville de Nice qui est directement menacée dans un de ses quartiers tout entier, celui de Riquier, et pour les villages qui s'étagent sur le parcours des deux branches principales : Lucéram, l'Escarène, Contes, Drap, la Trinité.

L'importante route stratégique de Turin aussi, située sur un assez long parcours en contre-bas du lit du Paillon, a été plusieurs fois inondée et coupée. Enfin, les zones cultivées dans les vallées sont peu à peu rongées sur leurs limites et progressivement recouvertes de déjections stériles.

Composition et contenance du périmètre. — La contenance du périmètre du Paillon, constitué par une loi du 26 juillet 1892, est de 2,412ʰ 86ᵃ 07ᶜ, dont 989ʰ 88ᵃ 78ᶜ sont déjà la propriété de l'État.

Il comprend les dix séries suivantes :

Lucéram	709ʰ	83ᵃ	33ᶜ
Berres-des-Alpes	327	02	30
Escarène	26	39	40
Duranus	233	43	85
Coaraze	399	45	75
Contes	258	18	75
Châteauneuf-de-Contes	66	16	80
Peille	291	88	35
Peillon	67	17	49
La Trinité	66	16	80
TOTAL	2,412	86	07

Travaux. — Des travaux d'enherbement ont été entrepris en 1897 dans les séries de Lucéram, Berre, Peille et Peillon et en 1900 dans celle de l'Escarène.

Ces travaux ont pour but de faciliter l'introduction de la végétation dans la partie supérieure des petits ravins, en plantant des éclats de bauche et en semant des graines de sainfoin et de fenasse.

Ils ont été effectués aussi sous forme de banquettes en mottes de gazon, disposées sur les berges, sur les talus réfractaires à la végétation (calcaires marneux du sénonien) et le long des sentiers.

Des semis de chêne rouvre dans les séries de Lucéram, de Peille et de Peillon, de chêne yeuse dans la série de Berre, de châtaignier dans les séries de Lucéram, de Berre et de Peille, ont bien réussi.

Il en est de même des semis de pin maritime exécutés dans les mêmes séries.

Dans les diverses séries, on a planté avec succès le pin noir aux expositions septentrionales, le pin sylvestre à toutes les expositions vers l'altitude de 800 à 1,000 mètres et le pin d'Alep aux expositions chaudes dans le fond des vallées.

Ces plantations exercent déjà une influence marquée sur le régime des ravins.

Les feuillus ont été introduits dans les séries de Lucéram, de l'Escarène, de Peille et de Peillon sous forme de boutures de saule et de peuplier, de cordons de corroyère, et de plantations, dans le fond et sur les atterrissements des ravins, d'aunes, d'ailantes et de fruitiers.

Dans toutes les séries, des garnissages et de petits seuils en pierres et en mottes de gazon, garnis de boutures de corroyère, de saule et de peuplier, ont été établis à la naissance des ravins, dans les parties où les eaux de pluie ne peuvent se rassembler en quantité appréciable.

Des seuils en pierre sèche ont consolidé le fond des ravins; enfin, un barrage en maçonnerie a été construit dans la série de Lucéram, à la base du ravin de Rubestin.

La contenance totale des terrains actuellement reboisés est de 912 hectares.

Pour la restauration des terrains restant à acquérir, il y aura lieu d'effectuer uniquement des travaux d'enherbement, de reboisement et de garnissage. (Planches 59 et 60.)

PÉRIMÈTRE DE ROYA ET BEVERA.

Description du bassin. Altitudes. — On a rattaché au bassin de la Roya (avec la Bevera son affluent) les bassins des trois torrents côtiers du Caraï, de Gorbio et de Borrigo.

Le torrent de la Roya prend naissance en territoire italien, au col de Tende et coule sensiblement du nord au sud. Il traverse le territoire français sur les trois communes de Fontan, Saorge, et Breil, puis rentre en Italie pour se jeter dans la mer à Vintimille.

La Bevera a sa source sur le territoire français et se déverse dans la Roya sur le territoire italien, à 6 kilomètres avant son embouchure.

La Roya naît à 1,800 mètres d'altitude et atteint un développement total de 55 kilomètres; sa pente est de 3.27 p. 100 environ.

Elle pénètre sur le territoire français à 525 mètres et en ressort à 220 mètres d'altitude, après un parcours de 17 kilomètres présentant une pente moyenne de 1.79 p. 100. Cette pente est de 2.50 p. 100 sur le territoire de Fontan; elle s'atténue en se rapprochant de la mer et n'est plus que de 1.92 p. 100 à Saorge et 1,14 p. 100 à Breil.

Les principaux affluents de la Roya (sur le territoire français) sont, sur la rive droite : les torrents de Berghe, Ceva, Maglia et Gianvedola, et, sur la rive gauche : l'Acqua-Freda et la Bendola.

Le torrent de Caraï prend naissance au col de Castillon à 820 mètres d'altitude et se jette dans la Méditerranée à Menton, après un cours de 11 kilomètres; sa pente générale qui est de 7.45 p. 100 atteint une moyenne de 19.25 p. 100 sur le territoire de la commune de Castillon et se réduit à 0.71 p. 100 sur celui de Menton.

59. Périmètre du Paillon (Alpes-Maritimes). Série de Berre des Alpes.
Vue du bassin du torrent de Figuiera.

60. Périmètre du Paillon (Alpes-Maritimes). Série de Peille. — Vue d'ensemble.

Phototypie Berthaud, Paris.

Quant aux ravins de Gorbio et du Borrigo, ils coulent à l'ouest du Caraï, à peu près parallèlement à son cours, mais ne présentent pas d'importance au point de vue qui nous occupe.

Les agglomérations et les ouvrages d'art exposés aux menaces de l'érosion et des inondations sont :

1° La ville de Menton et la route de Menton à Sospel menacées par le Caraï et par des érosions sur le territoire de Menton et de Castillon ;

2° La route de Nice à Turin, sur le territoire des communes de Breil et Saorge ;

3° Le village de Breil, construit sur les bords de la Roya, en face du confluent de la Giavendola, dans laquelle se déverse le torrent de la Lavina ;

4° Le village de Fontan, placé dans les mêmes conditions, mais avec beaucoup moins de risques, en face du confluent des ravins d'Aquafreda et de la Roya.

En dehors de la rive gauche de la Roya où le territoire français occupe une surface assez réduite, comprise entre le fleuve et quelques contreforts montagneux, le relief du périmètre est commandé par le massif orographique de l'Authion (2,080 m.) qui fait partie d'un contrefort se rattachant à la grande chaîne Alpine, au mont Clapier. Ce contrefort qui sépare le bassin de la Roya de celui de la Nésubie, puis de celui du Paillon, se subdivise à son tour en plusieurs chaînons secondaires.

La plus grande altitude, 2,700 mètres, est celle de la Cime-du-Diable.

Conditions géologiques. — La tectonique du périmètre est très enchevêtrée et présente des plis trop compliqués pour être analysés ici.

Les principales formations géologiques qui s'y rencontrent occupent approximativement en dixièmes les surfaces suivantes :

DÉSIGNATION.	BASSIN DU CARAÏ.	BASSIN DE LA ROYA.	ENSEMBLE.
Calcaire sénonien	5	5	5
Trias	"	3	2
Jurassique supérieur	2	1	1
Tertiaire	2	0,5	1
Divers	1	0,5	1
TOTAL	10	10	10

Le squelette des montagnes est principalement constitué par les calcaires coralliens (jurassique supérieur) qui émergent des versants sous forme de pics et d'escarpements.

Les calcaires marneux du sénonien moins résistants complètent cette ossature et entourent les bassins de la Bevera et du Caraï d'une lisière ininterrompue.

Le trias représenté par des gypses et des cargneules forme trois taches principales, l'une autour de Sospel dans la Bevera, l'autre près de Breil dans la Roya, enfin la troisième très étendue dans la commune de Fontan, constituant la majeure partie du versant sud de l'arête de la Nauca.

Enfin les marnes bleues et grès sableux du tertiaire existent en deux points, à Menton (route de Sospel) et sur la crête de Peïra-Cava à l'Authion.

A l'exception des gypses de Breil creusés de ravinements dangereux, ces terrains sont en général stables et ne présentent que des érosions de peu d'importance.

Climat. — Sec, chaud, tempéré, froid, très froid et très variable suivant les altitudes.

Production. — Vignes, arbres fruitiers citronniers compris, quelques céréales, pâturages importants sur les montagnes, massifs forestiers assez importants.

Les bois renferment les essences suivantes : pin d'Alep, pin maritime, châtaigniers, quelques chênes, quelques sapins, pins sylvestres, mélèzes, épicéas en abondance.

Situation administrative. Contenance. Population. — Le bassin de Roya et Bevera s'étend sur le territoire de 10 communes de l'arrondissement de Nice.

Sa contenance et sa population sont d'environ 31,500 hectares et 14,660 habitants.

État de dégradation du sol. — Les dégradations constatées dans les bassins de la Roya et Bevera et du Caraï constituent les dangers nés et actuels visés par la loi du 4 avril 1882; elles sont localisées sur les bassins de formation et sur les berges des torrents et cours d'eau de la région. Ceux-ci affouillent les versants, ravinent leurs berges et effectuent des transports de matériaux d'alluvions souvent très considérables, suffisants pour compromettre la sécurité des habitations et pour intercepter la circulation sur la route et les chemins.

Ces dégradations prennent chaque jour une plus grande extension au détriment des pâtures et des cultures qu'elles rongent sur leurs limites et qu'elles recouvrent progressivement de leurs débris.

Composition et contenance du périmètre. — La contenance du périmètre de Roya et Bevera, constitué par une loi du 7 août 1910, est de $273^h 49^a 29^c$; dont $83^h 40^a 14^c$ sont actuellement la propriété de l'État.

Il comprend les cinq séries suivantes :

Fontan	$130^h 17^a 80^c$
Saorge	8 92 80

Breil	101 41 39
Castillon	27 21 30
Menton	5 76 00
Total	273 49 29

Travaux. — Les travaux d'enherbement ont été commencés en 1897 à Castillon et en 1899 à Breil; ils sont arrêtés depuis la fin de 1905 à Castillon où la restauration de la série peut être considérée comme terminée.

Dans la série de Breil, on continue à construire des banquettes de gazon.

Des semis de graines de pin maritime ont donné d'excellents résultats dans les deux séries. Il en est de même des plantations faites avec le pin maritime, le pin sylvestre et le pin noir, qui constituent actuellement des peuplements en bon état de végétation.

La correction des petits ravins a été obtenue au moyen de fascinages, de clayonnages, de seuils en pierres et en mottes de gazon et de seuils en pierres et en fascines. Enfin, des barrages ont été construits dans la série de Breil.

Les travaux à exécuter dans les terrains restant à acquérir devront être limités aux enherbements, aux semis et plantations et aux petits ouvrages de correction. (Planches 61 et 62.)

PÉRIMÈTRE DE L'ESTÉRON.

Description du bassin. Altitudes. — L'Esteron, tributaire de rive droite du Var, prend sa source dans le département des Basses-Alpes, à 1,256 mètres d'altitude, sur le territoire de la commune de Soleilhas.

Sa direction générale est de l'ouest à l'est.

Après un cours de 65 kilomètres environ de développement, il se jette dans le Var, en face du village de Saint-Martin-du-Var, à

61. Périmètre de Roya et Bévéra (Alpes-Maritimes). Série de Castillon.
Cordons de corroyère à l'altitude de 500 à 600 mètres.

62. Périmètre de Roya et Bévéra (Alpes-Maritimes). Série de Breil. Banquettes et seuils en pierres et branchages.

la cote de 112 mètres d'altitude, ce qui lui donne une pente générale moyenne de 1.75 p. 100.

Cette pente est maxima (3.20 p. 100), au début de son cours jusqu'à son entrée dans le département des Alpes-Maritimes, sur le territoire de Saint-Auban, puis elle tombe à une moyenne de 0.5 p. 100 depuis Roquesteron jusqu'à son débouché dans le Var.

La grande cuvette formée par les hauteurs qui limitent le bassin de l'Esteron présente dans son intérieur deux lignes principales de soulèvement légèrement orientées sud-est–nord-ouest et coupées par les clues de l'Esteron ou de ses affluents, ce sont : vers le nord, la crête des Mujouls, qui se prolonge au delà du village de ce nom par la montagne des Miolans (915 m.) et le mont de Saumalongue (943 m.) jusqu'à la tête des Gialines, puis, plus au sud, la grande ligne de crête dominant l'Esteron d'abord, depuis sa source jusqu'à Saint-Auban et se continuant par une suite de hauteurs jusqu'au mont Harpille (1,682 m.) pour se poursuivre, par les montagnes de Charamel (1,474 m.) et le mont Saint-Martin (1,259 m.), jusqu'aux pics dominant le cours inférieur du Riolan.

Le mont de Gars (1,192 m.) et les rochers du Maunal constituent un soulèvement secondaire qui vient également aboutir au mont Saint-Martin et former au delà du Riolan la crête de la Gacia et du Mont-Long.

Dans les dépressions de ces deux lignes coulent des torrents, affluents de rive droite ou de rive gauche de l'Esteron, tous orientés suivant la direction générale est-ouest, et dont le principal est celui de la Gironde.

De la ceinture de montagnes formant la périphérie du bassin de l'Esteron tombent d'ailleurs de très nombreux affluents. Les principaux sont, sur la rive gauche, le torrent de la Sagne, le torrent de Saint-Pierre, les vallons des Ruinas, de la Coulette, de Groussières, de Cougourdières, de la Cressonnière, de la Terrasse, de Fontaine formant le ruisseau des Mujouls, le torrent du Riolan grossi par le ravin de Miolans, celui de Saint-Antonin et du Pali, le Riou de Roquesteron, le Riou de Pierrefeu avec son affluent de la Caïnéa, enfin les ruisseaux de Villars et de l'Alouette directement tributaires du Var.

On remarque, sur la rive droite, le vallon de la Faye, le torrent de la Gironde. les vallons de Vegay, de la Chabrière, de l'Ubagon, de la Bouisse et des Roubines, enfin le grand torrent de Bouyon.

Les plus grandes altitudes sont celles de la montagne de Teillon (1,894 m.) et des sommets de Picoya (1,835 m.).

Conditions géologiques. — Le bassin de l'Esteron, considéré du point de vue géologique, est caractérisé par une succession d'ondulations parallèles dirigées de l'est à l'ouest et présentant une remarquable similitude d'allure et de constitution.

L'ossature de ces plis (anticlinaux) est formée par les calcaires résistants du jurassique supérieur, qui en émergent sur le flanc nord pour se terminer assez brusquement au sommet de crêtes escarpées.

La retombée sud du pli est souvent brisée par une faille de décrochement qui met à nu des terrains plus anciens remontant jusqu'au trias et les place au contact de formations plus récentes allant jusqu'au sénonien et même à l'éocène.

Une coupe dirigée de Puget-Théniers à Thorenc montrerait ainsi quatre émergences de jurassique : au mont Gourdan (entre le Var et l'Esteron), au mont de Gars, au mont Harpille et au mont de Bleine.

Le premier synclinal, dit de Saint-Antonin, se trouve comblé par les couches du crétacé de l'éocène et par la succession normale et régulière des sables miocènes.

Dans le deuxième, dit de Gars, on ne rencontre que les calcaires du crétacé inférieur.

Enfin, dans le troisième, dit de Mas, on trouve les calcaires et marnes allant jusqu'au crétacé supérieur.

Par suite du parallélisme de ces plis, le cours de l'Esteron présente des échelons successifs dirigés de l'ouest à l'est et placés en échiquier. Coulant d'abord dans le synclinal du Mas, il passe dans celui de Gars, après avoir franchi la barre jurassique dans la profonde clue de Saint-Auban, puis dans le synclinal de Saint-Antonin, au delà d'une nouvelle clue jurassique. Il a enfin été arrêté vers le nord dans ce pli par une barre de calcaires nummulitiques de l'éocène (formant actuellement la crête des Mujouls) et qui l'a anciennement ramené dans le synclinal du Mas par la double clue d'Aiglun.

Cette succession de barrages naturels a empêché l'Esteron de se creuser un thalweg trop profond. Aussi l'érosion est-elle relativement peu avancée dans ce bassin; on y rencontre ainsi des formations éminemment affouillables comme les sables de Saint-Antonin dont la disparition aurait été sans cela fort rapide.

Les portions les plus dégradées du périmètre appartiennent aux sables du miocène, aux marnes bleues de l'éocène, aux marnes grises du cénomanien et aux calcaires marneux du sénonien.

La répartition approximative des formations géologiques peut être exprimée pour le périmètre entier par les chiffres suivants :

Sénonien (calcaires marneux)........................	5
Éocène et miocène (marnes bleues et sables).........	2
Jurassique supérieur (calcaire très résistant).........	1
Cénomanien (marnes)...........................	1
Divers.....................................	1
TOTAL...........................	10

Climat. — Le climat est froid et même très froid dans les zones supérieures, la neige est persistante en hiver sur les sommets.

La végétation de la région fraîche est formée par le chêne rouvre, le sapin, le hêtre et l'alisier.

Le climat est tempéré et sec dans la région moyenne depuis le

Mas jusqu'à Roquesteron; c'est la région de la vigne et de l'olivier.

Il est sec et chaud dans la partie inférieure, région de l'arbousier, des lentisques et des genêts.

Productions. — Sur un sixième environ du territoire les terres sont assez bien cultivées, sans méthode suivie le plus souvent, mais les produits en sont variés; c'est ainsi qu'en dehors des fruitiers, de la vigne et de l'olivier, se trouvent les céréales, les pommes de terre, les cultures fourragères et maraîchères et parfois même les cultures industrielles (mûrier, chanvre, tabac).

Les pâtures comportent environ un tiers du territoire et sont généralement en mauvais état; les abus de dépaissance joints à l'action d'une sécheresse souvent persistante ont raréfié l'herbe et provoqué des ravinements parfois très dangereux. Ces pentes ne sont plus garnies alors que de brins de lavande et de genêt.

Les forêts occupent le reste du territoire et constituent parfois des massifs importants notamment sur les versants du Cheiron; le pin sylvestre y domine à l'état presque pur, parfois en mélange avec le pin maritime en faible proportion, d'autres fois des feuillus entrecoupent ces massifs (le chêne, le hêtre, l'érable, le coudrier).

Le sapin apparaît dans le haut du bassin aux expositions septentrionales.

Situation et administration. Contenance. Population. — Le bassin de l'Estéron s'étend sur le territoire de 16 communes de l'arrondissement de Grasse et de 12 communes de l'arrondissement de Puget-Théniers.

Sa contenance et sa population sont d'environ 37,600 hectares et 7,090 habitants.

État de dégradation du sol. — Les dégradations constatées dans le bassin de l'Esteron constituent les dangers nés et actuels qui ont été visés par la loi de 1882. Ces dégradations sont localisées sur les bassins de formation, sur les versants des montagnes, et se manifestent aussi sur les berges des torrents et des cours d'eau de la région.

Les apports provenant des affouillements prennent ainsi une extension de plus en plus grande et beaucoup de prairies ou de cultures autrefois prospères dans la vallée sont maintenant recouvertes d'une épaisse couche de sable ou de gravier.

En outre la circulation sur les routes et les chemins, fréquemment coupés par des torrents est gravement compromise au moment des crues et la sécurité des voyageurs est menacée par les éboulements subits qui se produisent fréquemment, surtout en hiver et au printemps.

Si donc, comme il a été dit dans l'aperçu géologique qui précède, l'Esteron n'est pas particulièrement dangereux par lui-même, du moins le devient-il souvent du fait de ses affluents supérieurs ou bien de ceux qui sont creusés dans les terrains affouillables du miocène et dans les marnes et les calcaires marneux du cénomanien et du sénonien.

Composition et contenance du périmètre. — La contenance de périmètre de l'Esteron, constitué par une loi du 10 août 1904, est de 2,676^{h} 52^{a} 74^{c}, dont 1,159^{h} 97^{a} 68^{c} appartiennent déjà à l'État.

Il comprend les dix-huit séries suivantes :

Briançonnet	369^{h}	64^{a}	83^{c}
Gars	120	66	30
Le Mas	295	12	71
Amirat	73	84	45
Collongues	104	28	30
Les Mujouls	74	94	75
Sallagriffon	31	14	55
Aiglon	54	34	50
Saint-Antonin	128	42	90

IMPRIMERIE NATIONALE.

Cuébris	471[h]	12[a]	88[c]
Roquestéron	41	26	30
Roquesteron	87	45	70
Conségudes	39	97	35
Pierrefeu	549	00	62
Les Ferres	31	58	20
Toudon	143	90	80
Revest	43	22	50
Bonson	16	55	10
TOTAL	2,676	52	74

Travaux. — Des travaux d'enherbement, consistant en banquettes de mottes de gazon garnies de semis de graines fourragères, ont été commencés en 1900 dans les séries du Mas, de Roquestéron, de Briançonnet et de Roquesteron. Ils ont été entrepris en 1902 dans les séries de Cuébris et de Pierrefeu et se sont étendus en 1903 à Toudon et à Revest.

Ces travaux donnent les meilleurs résultats sur les berges à pentes ruinées et dénudées, qui sont ainsi préparées en vue des plantations futures.

Les graines de fenasse et de bauche sont les plus employées.

Les enherbements sont aussi très précieux en bordure des talus des sentiers; ils évitent des frais d'entretien dispendieux.

Des semis de résineux (pin noir, pin sylvestre, pin maritime), commencés en 1902 dans la série de Pierrefeu, ont été entrepris en 1903 dans la série de Revest, puis étendus dans les autres séries en mélange avec des plants dans les potets de l'année.

Ces semis de résineux ont généralement donné de bons résultats; ceux de pin noir notamment aux altitudes moyennes des séries de Roquestéron et de Roquesteron.

Les plantations ont été commencées en 1892 dans les deux séries précédentes, puis elles ont été entreprises successivement en 1897 dans la série de Toudon, en 1899 dans la série de Briançonnet, en 1900 au Mas et à Cuébris, puis enfin en 1902 et 1903 à Pierrefeu et à Revest.

Les essences employées ont été, pour les résineux, le pin noir, le pin sylvestre et quelquefois le pin maritime, et pour les feuillus, l'aune, le chêne, le robinier, les peupliers, les érables, l'ailante, etc.

Les boutures de saules et de peupliers et les cordons de corroyère ont toujours parfaitement réussi; les aunes garnissent bien les atterrissements des barrages où suinte un peu d'humidité et l'ailante s'accommode des talus caillouteux et des berges ravinées.

La corroyère est directement employée sur les berges trop arides. Elle drageonne beaucoup et par suite elle est nuisible à toute autre végétation, mais elle est précieuse pour garnir les marnes crétacées dont on ne pourra jamais tirer aucun profit.

Des garnissages de ravins au moyen de branchages ont été exécutés dans les diverses séries.

L'introduction en 1900 de petits seuils en pierre et mottes de gazon, pour le garnissage des petits ravins à Briançonnet et à Roquestéron, a eu, dès le début, un heureux résultat. Leur emploi a été étendu ensuite aux autres séries avec le même succès. Ils sont à préconiser surtout dans les ravins où suinte un peu d'humidité et doivent être suffisamment multipliés pour n'avoir jamais une grande hauteur (0 m. 60 à 1 m.) Il est avantageux d'introduire dans ces seuils des plants enracinés ou des boutures de corroyère, de saules et de peupliers.

On a construit, de plus, un certain nombre de petits barrages en pierre sèche dans les ravins des diverses séries.

La contenance actuellement reboisée est de 588 hectares.

PÉRIMÈTRE DU LOUP.

Description du bassin. Altitudes. — Le périmètre du Loup comporte des terrains situés sur trois communes : celles de Cipières et Gréolières qui déversent leurs eaux dans le Loup, et celle de Coursegoules dont un quart seulement se déverse dans ce fleuve côtier, le reste du territoire dépendant par moitié du bassin de l'Esteron, affluent de droite du Var, et de la Cagne, fleuve côtier situé entre le Var et le Loup.

Les limites de ce périmètre sont essentiellement conventionnelles : elles sont déterminées par les limites administratives du groupe formé par les trois communes qui le composent et ne suivent pour ainsi dire nulle part de lignes topographiques naturelles (crêtes ou thalwegs). Une série de croix gravées sur des rochers fixent leur emplacement sur le terrain.

Le Loup, dont le cours total mesure environ 50 kilomètres, prend sa source sur le territoire de la commune de Caille vers 1,300 mètres d'altitude, se dirige de l'ouest vers l'est, jusqu'à l'altitude de 550 mètres pendant 16 kilomètres dont les neuf derniers compris dans le périmètre. Puis il prend la direction du sud-est jusqu'à son embouchure dans la mer après avoir franchi 4 kilomètres dans le périmètre.

Il pénètre dans ce dernier à l'altitude de 900 mètres et en ressort vers 460 mètres par un défilé pittoresque appelé « Gorges du Loup ».

Les affluents qu'il reçoit dans ce parcours sont insignifiants.

La Cagne a un parcours total de 32 kilomètres dont les six premiers entre 1,200 et 700 mètres d'altitude dans la commune de Coursegoules où elle ne reçoit guère comme affluent que le ruisseau de la Cagnette.

Enfin le vallon de la Gravière amène les eaux du plateau du Cheiron à l'Esteron, affluent du Var; ce n'est qu'un ruisseau dans la commune de Coursegoules.

La plus grande altitude (1,778 m.) est celle du sommet du Cheiron et la plus faible (460 m.) celle du Loup à la partie inférieure de son cours.

Conditions géologiques. — La moitié sud du périmètre est occupée par un plateau à l'altitude moyenne de 1,000 mètres formé de calcaires blancs, fissurés, appartenant au jurassique supérieur (corallien).

Ce plateau est coupé en deux parties (plateau de Courmes et plateau de Cipières) par la profonde entaille des Gorges du Loup, qui s'enfonce jusqu'au gypse du trias où se rencontre la belle source du Foulon, captée pour les besoins de la ville de Cannes. Le bassin d'alimentation de cette source est constitué par le plateau jurassique ainsi que par le versant sud de la montagne du Cheiron.

La moitié nord du périmètre est occupé par deux plis anticlinaux orientés est-ouest déversés vers le sud comme le déferlement d'une vague. Le plus grand de ces plis constitue la chaîne du Cheiron (1,778 m.) dont la carapace fissurée, de calcaires jurassiques coralliens, sert de bassin d'alimentation à la belle source du Vegaï sur son versant nord, en un point où les couches géologiques ont été dénudées, et mettent à jour les gypses du trias.

Le plus petit des anticlinaux forme une crête secondaire (cote 1,115 m.) entre le Cheiron et le plateau de Courmes-Cipières; le village de Coursegoules est bâti sur son arête.

Le calcaire corallien est la formation la plus répandue dans le périmètre, elle en occupe les trois quarts et constitue les points les plus élevés du relief de cette région.

Boisé encore récemment, le sol n'y est pas trop dégradé et porte des pâtures à moutons en assez bon état. Une forêt de mélèze occupait le Cheiron il y a un siècle et a fourni les charpentes encore en place dans le village de Coursegoules.

Entre ces grandes masses de calcaires résistants les marnes cénomaniennes n'occupent guère qu'un huitième du périmètre.

Enfin le complément des formations géologiques de la région est fourni de divers étages du trias et du jurassique inférieur.

Climat. — Le climat est rude, chaud et sec en été, il est très froid en hiver; le Cheiron est alors en général couvert de neige au-dessus de 1,200 mètres d'altitude.

La partie inférieure du périmètre abrité contre les vents du nord par la masse du Cheiron jouit cependant d'un climat tempéré.

Productions. — Les cultures occupent environ un cinquième du territoire, mais elles sont peu productives : céréales, légumes, fruits, pommes de terre, oliviers, vignes, rosiers (pour la parfumerie) et cultures fourragères.

Les pâtures sont très étendues, mais elles ont peu de valeur, à raison de la nature rocheuse du sol et de la pente raide des versants.

Les forêts sont peu importantes. Elles comportent le pin sylvestre, le chêne vert, le chêne rouvre et le hêtre.

Comme essences disséminées on trouve les saules, érables, frênes, ormes, coudriers et peupliers.

Situation administrative. — Contenance. — Population. — Le périmètre du Loup s'étend sur le territoire de trois communes de l'arrondissement de Grasse.

La contenance est de 13,182 hectares.

La population s'élève à 1,154 habitants répartis ainsi qu'il suit :

Cipières	316 habitants.
Coursegoules	397
Gréolières	441

Cette région se dépeuple rapidement.

État de dégradation du sol. — Le sol est en grande partie dénudé, mais généralement solide et à l'abri des affouillements. Il est vrai que la terre végétale tend à disparaître dans les parties où la pente est rapide. Il n'en résulte qu'une aridité plus complète.

Les dégradations du sol affectent une très faible étendue de territoire et se trouvent localisées dans des terrains marneux et affouillables, principalement exposés au sud. Leur importance est plus considérable sur les territoires de Coursegoules et de Gréolières que sur celui de Cipières.

Elles sont situées à Cipières sur la rive droite du Loup dont les eaux emportent les éboulements qu'on y trouve et provoquent ainsi l'affouillement en sapant le pied de la berge.

A Coursegoules les dégradations du sol comprennent :

1° Le bassin de formation, les berges du ravin de Nirou et les parties marneuses situées au-dessus du chemin du Say jusqu'au vallon du Tour;

2° Le bassin de réception et les berges coupées par des éboulements à pente forte le long de la Cagne et de son affluent le Taillet;

3° Les berges dégradées et les parties ravinées formant les berges du vallon de Vespluis et du Taillet, affluents du Loup.

A Gréolières, les dégradations se trouvent localisées dans le bassin de réception et sur les berges des ravins nombreux qui coupent la route carrossable qui relie la commune au chef-lieu d'arrondissement.

Les ravins qui occupent ces parties dégradées présentent des bassins à pentes rapides et à sol affouillable.

Ils interceptent fréquemment la circulation et occasionnent de grands dommages aux cultures riveraines.

Cet état doit être attribué à la nature du terrain, à sa pente, au déboisement général dans la région, et principalement à d'anciens abus du pâturage.

Les conséquences de ces ruines sont la diminution progressive des terres cultivables, le mauvais état des chemins ruraux et l'apport, soit dans la rivière du Loup, soit dans ses affluents d'une grande quantité de dépôts, boues, sables et cailloux arrachés au sol et aux berges des ravins et vallons précédemment décrits, apports augmentant le danger des inondations dans le cours inférieur de cette rivière.

Composition et contenance du périmètre. — La contenance du périmètre du Loup est de 171^{h} 50^{a} 45^{c}. Il comprend les trois séries suivantes, qui ne sont pas encore la propriété de l'État :

Cipières	19^{h} 84^{a} 20^{c}
Coursegoules	88 30 65
Gréolières	63 35 60
TOTAL	171 50 45

Travaux. — La restauration des terrains compris dans le périmètre du Loup comporte essentiellement l'extinction des ravins.

Ce résultat doit être poursuivi au moyen de mesures de deux ordres :

1° Le traitement direct de ravins par des travaux de garnissages et au besoin de petits seuils en pierre sèche ayant pour but la régularisation des profils en long et en travers;

2° Le reboisement du bassin de réception, des berges et des atterrissements formés par les ouvrages de correction.

C'est par le reboisement seul qu'il sera possible d'assurer la durée et l'efficacité de ces derniers travaux, parce qu'il peut seul donner au sol l'abri, la consistance et la stabilité qui suppriment et préviennent les causes de dégradation.

DÉPARTEMENT DE LA DRÔME.

PÉRIMÈTRE DU BUËCH SUPÉRIEUR.

Description du bassin. Altitudes. — La commune de Lus-la-Croix-Haute est la seule du département de la Drôme qui soit arrosée par le Buëch. Cette importante rivière torrentielle y prend sa source; au sortir du territoire de cette commune elle coule à travers les départements des Hautes-Alpes et des Basses-Alpes jusqu'à Sisteron où elle se jette dans la Durance.

Le Buëch est formé à son origine par deux torrents ceux de Clausis et du Fleyrard, qui se réunissent à l'altitude de 1,292 mètres.

La direction générale est celle du nord-est au sud-ouest. Il reçoit successivement le torrent de Corps, grossi lui-même de celui des Aiguilles, puis le Rioufroid et enfin le Lunel; à partir de son confluent avec ce cours d'eau il prend la direction nord-sud qu'il suit sensiblement jusqu'à la Durance.

Le bassin du Buëch est compris entre les cimes de Chamousset, de Corps, de la Grande-Aiguille, de Costebelle et du Ferrand qui le séparent des départements des Hautes-Alpes et de l'Isère, et une crête élevée, terminée à ses deux extrémités par les pics de Joucoux et de Taussières qui forme la limite avec le reste du département de la Drôme.

La route nationale et le chemin de fer de Grenoble à Marseille franchissent le col de la Croix-Haute et traversent, du nord au sud, le territoire de la commune en suivant le cours du Lunel puis celui du Buëch.

La plus forte altitude est celle de la Grande-Aiguille, 2,405 mètres, et la plus faible celle de la sortie du Buëch, 980 mètres.

Conditions géologiques. Climat. — A part une cuvette de dépôts lacustres située au fond de la vallée, le bassin du Buëch supérieur est constitué par le jurassique supérieur et par le néocomien inférieur et supérieur, dont les roches se désagrègent assez rapidement sous l'action des agents atmosphériques.

Le climat est rude dans toute l'étendue de la commune dont l'altitude est forte et que le col de la Croix-Haute laisse exposée aux vents du nord pendant l'hiver.

Dans la montagne, la neige apparaît dès le mois d'octobre et séjourne jusqu'au mois de juin; dans les parties habitées elle ne persiste que du mois de novembre au mois d'avril.

Productions. — L'élevage du bétail et l'exploitation de la forêt constituent les seules ressources des habitants.

La forêt communale renferme 1,400 hectares de sapinière en très bon état de végétation.

Situation administrative. Contenance. Population. — La commune de Lus fait partie du canton de Châtillon-en-Diois, arrondissement de Die.

Sa contenance est de 8,720 hectares et sa population de 1,174 habitants; cette dernière diminue à chaque recensement.

État de dégradation du sol. — A l'exception des terrains boisés et des prairies situées au fond des vallées, le sol de la commune de Lus est en général dégradé.

Les flancs des montagnes présentent des déchirures dont l'étendue s'accroît d'année en année; de plus, dans la partie supérieure du bassin, les roches calcaires des falaises se désagrègent et fournissent d'abondants matériaux d'éboulis.

La dégradation du sol est assez avancée pour que les mises en défens que la commune pratique depuis quelques années dans certains pâturages soient insuffisantes pour restaurer la superficie. Des travaux plus importants et plus dispendieux sont nécessaires.

Composition et contenance du périmètre. — Le périmètre du Buëch supérieur a été constitué par une loi du 29 avril 1907.

Il ne comprend que la série de Lus-la-Croix-Haute et sa contenance est de 625h 75a 78c dont 213h 53a 58c appartiennent actuellement à l'État.

Travaux. — Le lit des ravins a été fixé au moyen de petits barrages en pierre sèche et des reboisements ont été effectués sur les 213 hectares appartenant à l'État. Ces terrains sont situés entre 1,200 et 1,750 mètres d'altitude; ils ont été parcourus par des plantations de pin sylvestre, d'épicéa, de mélèze et de pin à crochets qui ont atteint actuellement l'âge de 18 à 28 ans.

La contenance reboisée est de 209 hectares.

Ces divers travaux ont donné de bons résultats. Le sol ne se dégrade plus et les ravins ne charrient plus de matériaux.

Des travaux de même nature seront entrepris dans le reste du périmètre dès qu'il aura été possible d'acquérir les terrains.

PÉRIMÈTRE DE LA HAUTE DRÔME.

Description du bassin. Altitudes. — La Drôme, rivière torrentielle, a un cours de 118 kilomètres environ. Elle part du col de Carabès, à 1,264 mètres d'altitude, passe à Valdrôme, au centre d'un bassin où viennent aboutir sept petites vallées, et de là se dirige vers le nord-ouest.

Après avoir reçu le torrent du Maravel, elle coule pendant plusieurs kilomètres entre deux digues qui élèvent sensiblement son lit au-dessus du fond de la vallée; elle franchit ensuite une sorte de défilé où les éboulements de la montagne de Luc avaient formé autrefois deux lacs actuellement désséchés, puis elle passe à Luc et à Montmaur où elle reçoit le Bez.

Les principaux affluents, qui sont tous des torrents dangereux, sont le Clos-Long, le Villard, le Maravel, le Rif de Miscon et le Blochon sur la rive droite, et, sur la rive gauche, le Rouchet, le Julianne, le ruisseau du col de Rossus, la Nieregaurzine, la Béoux, le Charel, la Barnavette et l'Escournavette.

La plus forte altitude est celle du sommet de Lucet, 1,760 mètres, et la plus faible celle de la Drôme à la sortie de son bassin supérieur, 445 mètres.

Conditions géologiques. — Le bassin supérieur de la Drôme appartient à deux systèmes géologiques distincts. La partie centrale. entre les villages de Miscon et des Prés, est formée par l'infracrétacé, le reste par le jurassique supérieur.

Climat. — La présence de hautes montagnes exerce une grande influence sur le climat de cette région qui, par sa situation géographique, appartient au sud-est de la France.

Les étés sont courts, très chauds et orageux; les hivers sont longs, pluvieux et froids, parfois même rigoureux.

Le printemps et l'automne ne sont que de courte durée.

Les vents régnant le plus souvent sont ceux du nord et du sud, le premier sec et froid, le second humide et assez chaud.

Les pluies ne sont pas très fréquentes, mais elles sont abondantes par suite de la présence de montagnes élevées.

Le baromètre est sujet à de brusques variations.

Productions. — Les principales productions de la région sont les céréales, les fruits, le vin et la soie en cocons.

On exporte des cocons, des fruits, de l'huile de noix, de l'essence de lavande, des bois de noyer, des truffes.

On importe des farines, des bêtes aumailles et des tissus.

Situation administrative. Contenance. Population. — Le bassin de la haute Drôme est situé dans l'arrondissement de Die. Il s'étend sur le territoire de 17 communes et sa contenance est de 26,181 hectares; sa population est de 5,184 habitants, soit environ 20 habitants par kilomètre carré.

État de dégradation du sol. — Dans le bassin de la haute Drôme les dangers nés et actuels apparaissent partout, pricipalement aux expositions est, sud et ouest.

Au-dessous des roches marneuses, qui couronnent toutes les hauteurs, s'étale sur des versants escarpés une maigre végétation forestière incapable d'empêcher le ruissellement des eaux, impuissante à retenir les terres et à prévenir le ravinement du sol; plus bas encore se trouvent des pâtures et des landes dégradées qui descendent presque dans la vallée.

Aux expositions chaudes, où la neige ne persiste pas longtemps, c'est l'abus de la dépaissance qui a ruiné la végétation et qui l'empêche de reprendre possession du sol.

Ailleurs, les exploitations à blanc étoc ou les défrichements suivis du parcours ont produit les mêmes résultats.

Le bassin de la haute Drôme est sillonné par un grand nombre de torrents dont la pente excède parfois 30 centimètres par mètre et ne s'abaisse pas au-dessous de 2 centimètres. On ne saurait donc s'étonner de la rapidité avec laquelle affluent dans le cours d'eau principal les masses d'eau fournies par l'ensemble du bassin lors de la fonte des neiges, des orages violents ou des fortes pluies.

Si l'on considère que ces eaux glissent sur un sol souvent dépourvu de toute végétation, où elles ne rencontrent aucune résistance et dont les éléments se désagrègent avec la plus grande facilité, on s'explique l'état torrentiel de la rivière et les dégâts dont sont menacées incessamment les cultures et les habitations.

Composition et contenance du périmètre. — Le péri-

mètre de la haute Drôme a été constitué par une loi du 1er août 1901. Il comprend dix-sept séries.

Sa contenance est de 6,046h 83a 21c dont 5,474h 29c 28c sont la propriété de l'État.

Cette contenance se répartit ainsi qu'il suit par série :

Série			
La Bâtie-des-Fonds	214h	53a	29c
Valdrôme	723	97	58
Les Prés	514	59	99
Le Pilhon	78	60	56
Fourcinet	169	25	96
La Bâtie-Crémezin	101	18	50
Beaurières	916	20	64
Lesches	228	42	44
Beaumont	369	60	47
Miscon	512	52	77
Luc-en-Diois	768	60	92
Jonchères	206	28	06
Poyols	359	93	09
Montlaur	102	52	20
Jansac	119	84	90
Barnave	259	30	40
Montmaur	401	41	46
TOTAL	6,046	83	21

Travaux. — Les travaux de correction exécutés dans le périmètre de la Haute Drôme sont peu importants; ils comprennent des garnissages et quelques barrages en pierre sèche.

Par contre, les travaux de reboisement ont pris une grande extension. Ils portent déjà sur 4,416 hectares et ils seront achevés sous peu.

Les essences employées sont surtout le pin laricio d'Autriche ou pin noir, et le pin sylvestre; le premier convient particulièrement aux sols calcaires du périmètre. (Planches 63 à 66.)

63. Périmètre de la Haute Drôme (Drôme). Série des Prés. — Pins noirs de 22 ans.
Plantation à l'altitude de 900 mètres.

64. Périmètre de la Haute-Drôme (Drôme). Série de la Bâtie-Crémezin. — Pins noirs de 30 ans.
Plantation à l'altitude de 900 à 950 mètres.

Périmètre de la Haute-Drôme (Drôme). Série de Luc. — Vue d'ensemble du torrent d'Entraigues.

66. Périmètre de la Haute Drôme (Drôme). Série de Poyols. — Pins noirs de 26 ans.
Plantation à l'altitude moyenne de 850 mètres.

PÉRIMÈTRE DE DRÔME-BEZ.

Description du bassin. Altitudes. — Le Bez, affluent torrentiel de la Drôme, prend successivement, d'amont en aval, les noms de ruisseau de Boulc, jusqu'à son confluent avec la Borne, de ruisseau des Gas, entre la Borne et l'Archiane, et enfin de rivière du Bez, de l'Archiane à la Drôme.

Le point de départ du ruisseau de la Boulc est à 1,650 mètres environ et l'altitude du Bez, à son confluent avec la Drôme, est de 497 mètres. La chute totale est donc de 1,153 mètres pour un parcours de 25 kilomètres environ.

Conditions géologiques. — Le sol du bassin du Bez est essentiellement calcaire; on y rencontre cependant quelques marnes argileuses.

La base minéralogique se montre à découvert sur la moitié au moins du bassin. Sur les deux versants de la vallée principale, de la base au sommet des montagnes, elle consiste en bancs de marnes, le plus souvent feuilletées, exceptionnellement compactes, alternant avec des bancs d'une masse plus solide et couronnés au sommet par une roche calcaire résistante. Les pentes sont très fortes.

Le sol est assez perméable, mais par suite du peu d'étendue du bassin, de la forte inclinaison des versants et de la faible profondeur de la terre végétale, cette perméabilité est sans influence sensible sur le régime du cours d'eau qui reçoit presque instantanément les apports de tous ses affluents.

Climat. — Le bassin du Bez présente des altitudes variant de 2,000 mètres à 500 mètres. Dans les parties élevées, le long des crêtes qui le séparent des départements de l'Isère et des Hautes-Alpes et de la commune de Lus, les brouillards sont fréquents au printemps et en automne, les neiges sont abondantes pendant l'hiver et, en été, des orages rafraîchissent souvent la température. Dans cette région, le climat et le sol conviennent à la végétation forestière ou pastorale; il s'y trouve quelques sapinières, des massifs de hêtres et des pâturages dont les abus du parcours ont causé fréquemment le ravinement.

Les orages sont très violents et accompagnés de pluies abondantes qui entraînent les terres et creusent les ravins.

Productions. — Dans les vallées le sol est livré à la culture et couvert de végétaux de tous ordres.

A la base des versants se montrent quelques champs disséminés au milieu de vastes espaces dénudés.

La végétation arbustive apparaît, un peu plus haut, dans des sols cultivés autrefois, aujourd'hui à l'état de friches, mais elle n'abrite que très imparfaitement le terrain; au-dessus, on rencontre des taillis très clairs et rabougris, enfin, sur quelques points sauvegardés par la soumission au régime forestier, se trouvent de beaux massifs de taillis ou de futaie.

Situation administrative. Contenance. Population. — Le bassin du Bez s'étend sur le territoire des 8 communes du canton de Châtillon-en-Diois, arrondissement de Die, département de la Drôme.

Sa contenance est de 25,636 hectares et sa population de 3,268 habitants.

État de dégradation du sol. — Des versants escarpés, dégradés et ravinés, surmontés de falaises de calcaires marneux, tel est trop souvent l'aspect que présentent les flancs des vallées qui forment le bassin du Bez. Les causes de cette dégradation paraissent provenir surtout d'exploitations forestières imprudentes et d'abus de pâturages.

Le bassin du Bez est sillonné par un grand nombre de torrents dont la pente excède parfois 40 centimètres par mètre et ne descend pas au-dessous de 3 centimètres. Ainsi, lors de la fonte des neiges, ou à la suite de violents orages ou de fortes pluies, les eaux affluent avec une extrême rapidité dans le fond des vallées, en entraînant de nombreux matériaux provenant des roches désagrégées. Les versants inclinés sont ravinés et emportés par les crues : le roc est mis à nu et les montagnes présentent l'aspect d'immenses ruines.

Composition et contenance du périmètre. — Le périmètre de Drôme-Bez a été constitué par une loi du 1er août 1901.

Sa contenance est de 3,628h 86a 65c, dont 3,398h 83a 64c appartiennent actuellement à l'État.

Il comprend les six séries suivantes :

Glandage	628h	70a	26c
Bonneval	677	20	55
Boulc	347	46	66
Treschenu	241	27	95
Châtillon	570	99	05
Menglon	1,163	22	23
TOTAL	3,628	86	65

Travaux. — S'opposer à l'approfondissement du lit des torrents et des rivières et fixer leurs berges et leurs bassins, tel est le but que l'on s'est proposé d'atteindre.

Les travaux de correction les plus utiles sont terminés; depuis plusieurs années ils se réduisent à l'entretien des ouvrages existants et à l'établissement de garnissages.

Quant aux travaux de reboisement, ils sont aussi avancés que l'a permis la main-d'œuvre locale disponible : 2,097 hectares sont actuellement reboisés, surtout en pin sylvestre et en pin laricio d'Autriche.

IMPRIMERIE NATIONALE.

Ces divers travaux, qui ne présentent aucune difficulté spéciale, seront poursuivis avec la plus grande activité possible. (Planches 67 et 68.)

PÉRIMÈTRE DE LA BASSE DRÔME.

Description du bassin. Altitude. — La Drôme, grossie du Bez, pénètre dans son bassin inférieur, sur le territoire de Saint-Roman, à l'altitude de 497 mètres.

Elle coule sensiblement vers le nord jusqu'à Die, puis elle s'infléchit vers l'ouest jusqu'à Sainte-Croix et de là elle se dirige vers le sud pour reprendre, à partir du confluent de la Roanne, la direction de l'ouest.

Le bassin considéré s'arrête au confluent de la Drôme avec la Gervanne, à l'altitude de 225 mètres.

La largeur du lit est très irrégulière : tantôt, comme dans la traversée de la commune d'Aix, la rivière coule sur des bancs de graviers de plus de 500 mètres de largeur totale, tantôt elle est resserrée entre des montagnes très rapprochées, à Sainte-Croix, à Espenel et à Saillans.

La longueur de son cours, jusqu'à son confluent avec la Gervanne, est de 50 kilomètres environ.

Les principaux affluents de rive droite sont le ruisseau de Valcroissant, la Meyrasse, la Comane, le ruisseau de Marignac dont les crues sont très dangereuses, l'Isarette, dont le cône domine les cultures voisines, la Sure, le Riousset qui menace à chaque crue la ville de Saillans, le ravin de Chanac et la Gervanne.

Sur la rive gauche, on rencontre le torrent de Beaufayn, les ravins de Barsac, d'Aurel, de Colomb et le ruisseau de Contech.

Le plus haut sommet est celui du mont Glandasse (2,045 m.).

Conditions géologiques. — La partie principale du bassin de la basse Drôme est assise sur des couches de la série juras-

érimètre de Drôme-Bez (Drôme). Série de Glandage. — Barrages avec plantations d'aunes.

68. Périmètre de Drôme-Bez (Drôme). Série de Menglon. — Pins noirs de 22 ans.
Plantation à l'altitude de 650 mètres.

sique : les territoires de Saint-Roman, Laval-d'Aix, Die, Ponet, partie est de Sainte-Croix et de Pontaix, Aurel, Barsac, Vercheny et Espenel appartiennent à cette formation.

Le reste du bassin repose sur le néocomien inférieur.

La base minéralogique se montre à découvert sur de grandes étendues; sur l'un et l'autre versant de chaque vallée on distingue nettement des bancs de marnes, et plus souvent des feuillets, exceptionnellement compacts, alternant avec des bancs d'une autre marne plus solide et couronnés au sommet par des roches calcaires très résistantes.

Généralement superficiel sur les croupes, quand les eaux ne l'ont pas encore emporté, le sol est profond dans le fond des vallées.

Les inclinaisons sont fortes; dans le voisinage des crêtes, les pentes deviennent excessives et forment des escarpements dont la hauteur varie de 20 à 200 mètres.

A raison de la forte pente et du défaut de profondeur du sol, les eaux qui affluent des diverses parties du bassin parviennent presque instantanément à la Drôme dont le débit est ainsi extrêmement irrégulier.

Climat. — La présence de hautes montagnes modifie considérablement le climat de cette région qui appartient, par sa situation géographique, au sud de la France.

Les étés sont courts, chauds et orageux, et les hivers, longs, froids et pluvieux.

Le printemps et l'automne n'ont qu'une courte durée.

Les vents dominants sont ceux du nord et du sud, le premier sec et froid, le second chaud et humide.

Les pluies ne sont pas très fréquentes mais elles sont très abondantes.

Productions. — La production agricole est la même que

dans le bassin de Drôme-Bez, mais, à raison de l'altitude plus faible, les vins sont de meilleure qualité.

La contenance des terrains boisés dépasse 12,000 hectares d'après le cadastre, mais on ne peut guère compter comme forêts proprement dites que la forêt domaniale de Romeyer (1,254 hectares) et les bois communaux d'Aix et de Chamaloc (102 hectares).

On exploite un certain nombre de carrières d'où l'on extrait des marnes schisteuses destinées à la fabrication du ciment.

Situation administrative. Contenance. Population. — Le bassin de la basse Drôme s'étend sur le territoire de 27 communes appartenant aux cantons de Châtillon, de Die et de Crest dans l'arrondissement de Die.

Sa contenance est de 49,699 hectares et sa population de 11,110 habitants.

État de dégradation du sol. — Dans le bassin considéré, jusqu'à Saillans pour la rive gauche et jusqu'à Mirabel-et-Blacons pour la rive droite, les dangers nés et actuels apparaissent presque partout.

L'état de dégradation des terrains est aussi avancé que dans le bassin de Drôme-Bez.

Aux expositions chaudes principalement, où la neige disparaît de bonne heure, l'abus de la dépaissance a ruiné la végétation et l'empêche de reprendre possession du sol. Sur d'autres points, le défrichement et la mise en culture suivis du parcours ont produit les mêmes effets.

Aujourd'hui les versants des montagnes sont sillonnés de nombreux ravins et torrents dont la pente excède parfois 30 centimètres par mètre et ne s'abaisse pas au-dessous de 2 centimètres.

Aussi les eaux affluent avec une extrême rapidité dans le fond des vallées; elles entraînent des lambeaux de terre végétale restant sur les versants, se chargent de graviers et de blocs et parviennent dans les vallées où elles obstruent les voies de communication et envahissent les cultures.

Composition et contenance du périmètre. — Le périmètre de la Basse-Drôme a été constitué par une loi du 1er août 1901.

Il comprend vingt-et-une séries.

Sa contenance totale est de 12,118h 81a 14c, sur lesquels il reste à acquérir 1,997h 55a 47c.

La composition des séries est la suivante :

Saint-Roman	87h	26a	92c
Aix	513	30	90
Laval-d'Aix	253	61	25
Molières	39	22	40
Die	2,789	77	22
Chamaloc	147	54	15
Marignac	538	45	53
Ponet-Saint-Auban	575	60	02
Saint-Julien-en-Quint	1,835	21	64
Sainte-Croix	268	64	20
Vachères	86	73	83
Pontaix	710	34	90
Vercheny	244	87	40
Barsac	344	27	79
Aurel	874	94	11
Espenel	476	62	85
Saillans	71	66	70
Véronne	826	93	04
Chastel-Arnaud	450	06	88
Mirabel-et-Blacons	32	43	21
Montclar	951	26	12
TOTAL	12,118	81	14

Travaux. — Les travaux de restauration déjà effectués, ou restant à effectuer, comprennent essentiellement la fixation par le reboisement des berges et des bassins des ravins et torrents.

Ces résultats ne peuvent être atteints qu'à cette condition que les torrents auront cessé de manifester leur activité, ce qui exige l'exécution d'ouvrages de correction : barrages en pierre sèche, clayonnages, garnissages.

Le but de ces divers travaux est d'atténuer les transports de matériaux par les eaux et de protéger ainsi les voies de communication, les habitations et les cultures des vallées.

Les travaux de reboisement, de beaucoup plus importants, ont porté sur une contenance de 3,955 hectares : le pin noir est employé jusqu'à 1,200 mètres environ, puis le pin sylvestre au delà de cette altitude. (Planches 69 et 70.)

PÉRIMÈTRE DE DRÔME-ROANNE.

Description du bassin. Altitudes. — La Roanne est, après le Bez, le principal affluent de la Drôme. Elle lui apporte les eaux d'une vallée profonde, sillonnée de torrents.

La Roanne, qui coule du sud au nord, est torrentielle sur tout son parcours et il en est de même de ses affluents. Elle reçoit près de son départ, dans la haute vallée de Gumiane, le ruisseau de Tréban qui sort des marnes noires d'Arnayon, puis, sur le territoire de Saint-Nazaire, les torrents dangereux des Bournieux, de la Lance et des Chauvins, ensuite la rivière de Brette presque aussi forte qu'elle-même, le ruisseau d'Aucelon et enfin la Courance qui descend du val de la Chaudière.

Le bassin de cette rivière est entouré de crêtes dont le sommet le plus élevé, celui de Rochecourbe, est à 1,546 mètres.

L'altitude de la Roanne, à sa sortie du bassin, est de 320 mètres.

Conditions géologiques. — Le sol du bassin de la Roanne est presque partout très affouillable. Sur la rive droite de la rivière,

). Périmètre de la Basse-Drôme (Drôme). Série de Die. — Plantation d'aunes dans un ravin.

70. Périmètre de la Basse-Drôme (Drôme). Série de Véronne.
Chênes rouvres, pins noirs et pins sylvestres.

Phototypie Berthaud, Paris.

il est formé dans les parties inférieures des versants par des marnes noires et des calcaires argileux appartenant à l'étage oxfordien. Les calcaires prennent plus d'importance et deviennent plus compacts à mesure que l'on s'élève, d'où il résulte que c'est surtout le bas des montagnes qui est dégradé.

Sur la rive gauche on rencontre les mêmes terrains dans le haut de la vallée, mais on y voit aussi des terrains crétacés, néocomien inférieur et marnes aptiennes : celles-ci sont très facilement entamées par les eaux et très difficiles à restaurer.

Enfin, des terrains de transport et des éboulis, qui proviennent de la désagrégation des crêtes supérieures et qui se dégradent très rapidement, se trouvent sur les deux rives.

Climat. — La présence de montagnes élevées modifie le climat de cette région, située dans le sud-est de la France.

Les étés sont courts, très chauds et orageux, et les hivers, longs, froids et pluvieux. La durée du printemps et de l'automne est courte.

La vallée s'étendant du sud au nord est ouverte aux vents les plus froids.

Les pluies ne sont pas très fréquentes, mais elles sont très abondantes.

Productions. — Les productions agricoles sont les mêmes que dans le bassin de la basse Drôme.

Les forêts sont également en mauvais état. Seuls, quelques massifs communaux, soumis au régime forestier, verdissent sur les pentes; leur contenance est de 376 hectares seulement.

Situation administrative. Contenance. Population. — Le bassin de la Roanne est situé en entier dans l'arrondissement de Die. Les 12 communes qui y sont comprises dépendent des cantons de la Motte-Chalancon, Luc et Saillans.

Sa contenance totale est de 18,400 hectares et sa population de 2,000 habitants.

État de dégradation du sol. — Il résulte de la nature minéralogique du sol que les ravinements se produisent avec une très grande rapidité, dès que la végétation protectrice a disparu, par suite d'abus de pâturages ou d'exploitations forestières imprudentes.

Aussi le bassin de la Roanne est parcouru par de nombreux torrents dont la pente, qui n'est jamais inférieure à 2 p. 100, excède parfois 30 p. 100.

Avec de pareilles inclinaisons, les eaux affluent avec une très grande rapidité dans les thalwegs lors de la fonte des neiges ou des fortes pluies. Ces eaux, glissant sur un sol trop souvent dépourvu de toute végétation et très apte à se désagréger, arrivent chargées de graviers et de blocs dans les cours d'eau inférieurs, dont les crues deviennent alors très dangereuses.

Composition et contenance du périmètre. — Le périmètre de Drôme-Roanne a été constitué par une loi du 1er août 1901.

Il comprend douze séries.

Sa contenance est de 2,667h 72a 92c, dont 1,904h 52a 55c sont déjà à l'État.

La contenance des séries est indiquée ci-dessous:

Gumiane	32h	41a	60c
Petit-Paris	109	06	30
Saint-Nazaire-le-Désert	291	25	89
Volvent	112	21	32
Brette	374	70	42
Rochefourchat	227	23	70
Pradelle	295	68	41
Aucelon	28	41	95

Pennes	478h 02a 46c
Rimon-et-Savel	263 25 68
La Chaudière	271 09 54
Saint-Benoît	184 35 63
Total	2,667 72 92

Travaux. — Les travaux de correction n'ont consisté que dans la construction de barrages en pierre sèche et dans l'établissement de clayonnages et de garnissages.

Les travaux de reboisement sont beaucoup plus importants. Ils ont déjà porté sur une étendue de 628 hectares qui a été parcourue par des plantations de pins noirs et de pins sylvestres; de même que dans tous les autres périmètres, on a ouvert les sentiers nécessaires pour la circulation des ouvriers et pour le transport des outils et des plants.

PÉRIMÈTRE DE L'EYGUES-OULE.

Description du bassin. Altitudes. — La région étudiée en vue de l'établissement du périmètre de l'Eygues-Oule comprend le bassin inférieur de l'Oule, l'affluent le plus dangereux de l'Eygues.

On y a rattaché des terrains à restaurer dépendant du bassin de la Roanne, mais situés dans les communes de Chalancon et d'Arnayon où des terrains de même nature, d'une plus grande étendue, déversent leurs eaux dans la vallée de l'Oule.

Cette rivière prend naissance dans le département des Hautes-Alpes sur le versant méridional de la montagne du Laup-Duffres, à l'altitude de 1,759 mètres.

Elle pénètre dans le département de la Drôme à la Charce, parcourt ensuite les territoires des communes de Rottier, la Motte-Chalancon, Cornillon et Cornillac, et se jette dans l'Eygues un peu en aval du village de Rémuzat.

Son cours, dans la Drôme, est de 35 kilomètres environ; elle se dirige d'abord de l'est à l'ouest, puis, à partir du bourg de la Motte-Chalancon, elle coule du nord au sud.

Ses principaux affluents sont : à droite, l'Aubergerie, l'Aiguebelle et le torrent d'Arnayon; à gauche, la Pommerole, le torrent de Cénas et le Rif de Rémuzat, ce dernier prenant naissance sur la commune de Verclause.

Le sommet le plus élevé est celui de la montagne de Praloubeau (1,478 m.).

Conditions géologiques. — 1° L'étage oxfordien (série jurassique) s'étend sur la totalité ou la majeure partie des communes de Rémuzat, Cornillon, Cornillac, La Motte-Chalancon, et sur une portion de celles de Chalancon, Establet et Pommerol. Dans celle de Bellegarde, il n'occupe qu'une surface de faible étendue.

Cette formation géologique est constituée par des marnes de couleur sombre, variant du gris foncé au noir, très schisteuses, très friables. Ces roches tendres forment des montagnes assez élevées, ou d'altitude moyenne, à pentes rapides ou escarpées, dominées par des assises puissantes de calcaire compact qui se dressent le long des lignes de faîte comme de hautes murailles verticales. Ces falaises presque à pic, dont le profil présente souvent des formes pittoresques, donnent naissance à des éboulis rocheux, tandis qu'au dessous, sur les flancs des montagnes, au milieu des marnes facilement affouillables, les torrents et les ravins produisent de larges et profondes déchirures.

Le sol en place, provenant de la désagrégation ou du délitement des roches oxfordiennes, est léger, meuble, en général peu fertile, souvent mêlé de débris rocailleux, surtout dans la partie supérieure des versants.

2° Le néocomien inférieur (série crétacée, système infracrétacé) occupe la majeure partie du territoire de la commune de Bellegarde et apparaît en outre dans celles d'Establet, Pommerol, Chalancon et Arnayon. Dans les communes de la Motte-Chalancon,

Cornillon et Cornillac, il ne s'étend que sur des surfaces peu considérables.

Cet étage est constitué par des couches de marnes bleuâtres, alternant régulièrement avec des bancs de calcaire compact. Il embrasse des montagnes assez élevées, à pentes généralement raides et escarpées, et produit un sol rocailleux, peu consistant, instable et très superficiel, qui a presque complètement disparu en maints endroits.

3° L'étage aptien (série crétacée, système infracrétacé) présente un relief moins accidenté que le précédent. Les versants moins inclinés sont constitués par des marnes noires, avec des bancs étroits de grès vert. Dans la commune d'Arnayon, ces terres noires s'étendent sur une surface complètement dévastée, où le sol se creuse profondément sous l'action érosive des eaux. Dans la commune de Pommerol, cet étage forme en outre un îlot d'une faible étendue constitué par des grès verts et jaunes.

4° A Arnayon, au milieu des marnes de l'étage aptien on rencontre un massif de terrains appartenant au groupe de la craie inférieure (série crétacée, système crétacé), constituant une masse calcaire complètement désagrégée et qui s'écroule insensiblement.

5° Quelques alluvions modernes ont formé, dans le fond des vallées, notamment près de la Motte-Chalancon et de Cornillon, un sol profond et généralement fertile, mais qui parfois ne consiste qu'en sables et graviers stériles.

Climat. — Le climat est un climat de montagne, avec de grands froids en hiver et des chaleurs souvent excessives en été, notamment vers le fond des vallées. Les variations de la température et de la pression barométrique sont très brusques.

Pendant la saison chaude, du mois de mai au mois d'octobre, la sécheresse est souvent à craindre; les pluies sont remplacées par des orages assez fréquents, mais très courts, et d'une extrême violence.

Les vents dominants sont ceux du nord, du sud et de l'ouest. Le premier est sec et froid; les deux autres sont humides et amènent la pluie et les orages.

La neige fait son apparition d'assez bonne heure en automne et séjourne généralement du mois de novembre jusqu'au mois de mars aux expositions septentrionales.

Les variations locales sont dues surtout aux expositions et à la direction des vallées et des montagnes. Ainsi, le climat de la Motte-Chalancon est beaucoup plus doux que celui des communes voisines, tandis qu'à l'extrémité sud de la région, celui de Rémuzat est plus rigoureux que ne le ferait supposer la situation géographique de cette localité. L'olivier n'y fructifie pas, tandis qu'à 3 kilomètres à l'ouest, à Saint-May, il est déjà d'un grand rapport.

Productions. — Les productions de la région consistent en céréales diverses, pommes de terre, fourrages et quelques autres denrées agricoles.

Comme arbres fruitiers, on trouve des noyers, des pommiers, des pruniers; quelques mûriers permettent d'élever des vers à soie.

La vigne avait complètement disparu dans les vallées et les essais de reconstitution y sont encore très réduits.

Les bois sont utilisés pour le chauffage, mais leur principal produit consiste en fagots de ramée pour la nourriture du bétail.

L'élevage des moutons constitue une bonne partie du rendement de la région, mais il tend à diminuer par suite de la ruine croissante des pâturages.

Situation administrative. Contenance. Population. — Le bassin de l'Oule est situé sur le territoire de 6 communes du canton de la Motte-Chalancon, arrondissement de Die, et 6 communes du canton de Rémuzat, arrondissement de Nyons.

La contenance est d'environ 19,175 hectares et la population de 3,010 habitants.

État de dégradation du sol. — Les terrains dégradés forment des taches nombreuses disséminées sur tous les points de la région et la base minéralogique se présente à nu sur des surfaces considérables.

Les ravinements les plus importants se trouvent dans les communes d'Arnayon, Chalancon et Cornillac.

On a compris dans le périmètre quelques éboulis rocheux, mais les parties à restaurer sont constituées surtout par de larges et profondes déchirures qui ont entaillé, soit les marnes noires de l'oxfordien ou de l'aptien, soit les couches alternantes de calcaire et de marnes bleuâtres du néocomien.

Dans ces terrains formés de roches peu stables et facilement affouillables, la cause principale des dégradations consiste dans les abus de pâturage. Les moutons et les chèvres ont fait disparaître successivement la végétation arborescente, arbustive et herbacée.

Dès que le sol en place, superficiel et très meuble, s'est trouvé dépourvu de sa cuirasse végétale, il a été rapidement entraîné par les eaux. Les ravins et torrents et les ravines secondaires se sont creusé des lits de plus en plus profonds et ont formé, sur le flanc des montagnes, de larges déchirures qui s'échancrent chaque jour, par suite de l'affouillement des berges et de l'érosion des terrains qui les bordent. Sur certains points cette cause de dégradation a agi d'autant plus rapidement qu'on a livré au parcours des terres labourables, laissées incultes à cause de leur peu de fertilité; sur ces parcelles abandonnées, le sol n'a pu se couvrir d'aucune végétation et par conséquent a bientôt disparu.

Aux abus de pâturage il faut joindre comme cause de dégradation le mode d'exploitation auquel les bois sont soumis. Les chênes rouvres, qui forment les bois particuliers, sont en effet généralement traités en têtards ou en arbre d'émonde, afin de fournir de la ramée pour le bétail. Par suite de ce traitement, les souches meurent, sans être remplacées par de jeunes rejets, et il se produit des vides nombreux. Les brins de semence, trop rares d'ailleurs pour assurer la régénération, sont bientôt abroutis ou arrachés par les moutons et les chèvres.

Les torrents et ravins constituent un danger permanent pour les cultures inférieures qui sont exposées à être ravinées, emportées par les eaux ou recouvertes de débris infertiles. En outre, par suite des affouillements de leurs lits et de leurs berges, les déchirures qu'ils ont formées s'agrandissent et les pâtures ou les rares cultures qui occupent les versants continuent à disparaître peu à peu.

Parfois il se produit des éboulements et des glissements considérables. Deux catastrophes dues à ces causes ont eu lieu : l'une en 1829 sur les flancs de la montagne d'Oule, l'autre en 1873, sur ceux de la montagne de la Ruelle; de grandes masses rocheuses se sont écroulées entraînant et détruisant des fermes et des cultures.

Les boues que charrient les torrents, les graviers et les blocs qu'ils roulent sont jetés par eux dans l'Oule, dont le lit s'exhausse continuellement. Les inondations fréquentes de cette rivière deviennent, par suite, de plus en plus redoutables, soit pour les cultures de la vallée, soit pour les habitations bâties sur ses rives et en particulier pour le village de Rémuzat.

Il en est de même de celles de l'Eygues. Cette rivière charrie des matériaux provenant en grande partie de l'Oule, mais aussi d'autres affluents, situés plus en aval, qui font l'objet d'une étude distincte.

Dans la partie inférieure de son cours, ces matériaux se déversent et exhaussent le lit de la rivière. Au nord d'Orange, le lit artificiel que l'on a creusé à l'Eygues est aujourd'hui plus élevé que le niveau de la plaine et cette dernière serait infailliblement dévastée et bouleversée de fond en comble, si les digues, entre lesquelles il est encaissé, venaient à se rompre.

Les routes qui longent l'Eygues, l'Oule et les affluents de l'Oule, sont exposées à être détériorées ou coupées complètement.

En outre, deux villages sont menacés : celui de Cornillac par le ravin de Saute-Argaud; celui de Rémuzat par le ruisseau du Rif, qui le traverse, et par les débordements de l'Oule elle-même.

Parmi les crues qui ont laissé les souvenirs les plus désastreux, il convient de citer celle du 13 août 1868. L'Oule dévasta toute la vallée; sur le territoire de Cornillon, notamment, elle rompit ses digues et se creusa un nouveau lit au milieu des cultures. A Rémuzat les dégâts ne furent pas moins considérables et se fussent changés en un véritable désastre si, fort heureusement, la crue de l'Oule n'eût été en retard d'une demi-heure sur celle de l'Eygues.

Dans le village même de Rémuzat les eaux s'élevèrent de 5 mètres au-dessus du niveau normal et plus bas, dans les gorges de Saint-May, elles atteignirent un niveau bien supérieur à celui de la route nationale.

Les statistiques des vingt-cinq dernières années permettent de constater une diminution sensible de la population dans l'ensemble des communes comprises dans le périmètre de l'Eygues-Oule. Cette dépopulation est due à la ruine toujours croissante des cultures et des pâturages.

Composition et contenance du périmètre. — Le périmètre de l'Eygues-Oule a été constitué par une loi du 29 juillet 1895.

La contenance totale est de 2,487^h 49^a 11^c, sur lesquels il reste à acheter 950^h 93^a 53^c; cette contenance se répartit ainsi qu'il suit par séries :

Bellegarde	103^h	16^a	60^c
Establet	118	75	97
Pommerol	335	19	30
La Motte-Chalançon	110	07	83

Chalancon	388h 41a 17c
Cornillon	243 86 03
Arnayon	420 52 70
Cornillac	371 67 67
Rémuzat	104 10 97
Verclause	291 70 87
Total	2,487 49 11

Travaux. — Le reboisement a pour but de couvrir le sol d'une armature protectrice, mais il ne peut être effectué d'abord que sur les terrains présentant une stabilité suffisante; il est étendu ensuite aux terrains instables dès que ceux-ci ont été fixés par des travaux de correction exécutés dans le lit des ravins et sur les berges, pour prévenir ou arrêter les érosions et les éboulements.

Dans le périmètre de l'Eygues-Oule, les acquisitions sont récentes et les travaux sont commencés depuis trop peu de temps pour avoir produit des résultats appréciables.

Ils ont consisté dans la création de pépinières, la construction des chemins d'accès, la construction de barrages en pierre sèche et l'établissement de garnissages.

On a procédé en même temps à des semis de glands et à des plantations de résineux, au recepage des arbrisseaux, à l'enherbement des berges vives, à des plantations de boutures au pied des berges.

L'altitude des terrains périmétrés varie de 440 à 1,608 mètres; l'exposition et le sol sont aussi très variables.

Au bas des versants il convient de faire des plantations de pins noirs et de pins sylvestres. On peut continuer à semer des glands de chêne rouvre dans les terrains paraissant appropriés à cette essence.

De 700 à 1,100 mètres le pin sylvestre est planté exclusivement. Aux altitudes supérieures on emploie le pin à crochets et l'épicéa.

Une contenance de 325 hectares est actuellement reboisée.

PÉRIMÈTRE DE L'EYGUES.

Description du bassin. Altitudes. — La source de l'Eygues se trouve dans les bois de Laux-Montaux (Drôme), à l'altitude de 1,000 mètres environ. Elle passe immédiatement dans le département des Hautes-Alpes, revient dans la Drôme sur la commune de Roussieux, forme pendant près de 7 kilomètres la limite entre les deux départements, pénètre de nouveau dans la Drôme à Verclause et se dirige de l'est à l'ouest jusqu'à Rémuzat où elle reçoit l'Oule. Un peu en aval du confluent, elle s'engage dans une gorge rocheuse, très resserrée, et, à partir de Sahune, se dirige vers le sud-ouest.

Après avoir pénétré dans le département de Vaucluse, elle va se jeter dans le Rhône, à l'ouest d'Orange, en face de l'île du Colombier.

Le parcours de l'Eygues est de 100 kilomètres environ.

Ses affluents les plus importants sont, à droite, la Bentrix et le torrent de Sauve; à gauche, les ruisseaux de Montréal et d'Argence, la rivière de l'Ennuye et les ruisseaux de Bordette et de Rieussec.

La plus forte altitude (1,608 m.) est celle de la montagne d'Angele et la plus faible (253 m.), celle de l'Eygues, au confluent du Rieussec.

Conditions géologiques. — 1° Les territoires de Montréal, Sahune et Bellecombe appartiennent en entier à l'étage oxfordien de la série jurassique caractérisée par des marnes de couleur sombre, variant du gris foncé au noir, schisteuses et très friables.

Ces roches tendres forment des montagnes assez élevées dont les pentes, adoucies dans la région inférieure, escarpées vers le haut, sont dominées par de puissantes assises de calcaire compact qui se dressent le long des lignes de faîtes. Ces falaises, souvent à pic,

IMPRIMERIE NATIONALE.

donnent naissance à des éboulis rocheux, tandis que sur les versants, dans les marnes facilement affouillables, les torrents et ravins produisent de larges et profondes déchirures.

Le sol provenant du délitement ou de la désagrégation des roches oxfordiennes est meuble, léger, en général peu fertile, souvent mêlé de débris rocailleux, surtout dans la région supérieure. Dans la partie ouest du territoire de Bellecombe, les marnes sont mélangées à un grès vert, quartzeux et arénacé d'une grande épaisseur.

L'étage oxfordien occupe encore, dans la partie médiane du territoire de Condorcet, une large bande, orientée du nord-ouest au sud-est, où les ravins se sont creusé des lits profondément encaissés.

2° Au milieu des marnes en érosion de la commune de Condorcet se trouve un îlot de marnes liasiques également très affouillables, de coloration rougeâtre avec gisements de gypse.

3° Le terrain néocomien de la série crétacée constitue les versants supérieurs de ce territoire. Il forme également, à l'est de la commune de Châteauneuf-de-Bordette, les versants à pentes raides et uniformes des montagnes d'Autuche et des Sarrières, et, sur le territoire de Venterol, au nord-est, les flancs de la Lance et de ses contreforts.

Ce terrain est constitué par des marnes bleuâtres alternant avec des bancs de calcaire compact. Il donne naissance à un sol rocailleux, instable et superficiel. Dans la commune de Condorcet, il domine des masses marneuses sujettes aux éboulements.

4° L'étage aptien n'apparaît que sur le territoire de Châteauneuf-de-Bordette où il occupe une bande longue et étroite qui comprend le bas versant de l'Eyssaillon, laisse en amont le hameau des Bayles et redescend sur la rive gauche du torrent de Rieussec.

Cet étage est caractérisé par des marnes noires, argileuses et schisteuses, profondément ravinées, couronnées de bancs épais d'un grès de teinte verte.

Le sol qui en provient est instable, très meuble, en pente raide et s'éboule facilement.

5° Le versant supérieur de la montagne d'Eyssaillon et le versant tout entier de celle de Garde-Grosse appartiennent au groupe de la craie inférieure et sont formés de calcaires fendillés alternant avec des bancs siliceux.

6° Enfin la partie sud de la commune de Ventcrol est constituée par les roches siliceuses, tendres et friables, du groupe de la molasse. Sur les flancs escarpés de la montagne de Veaux qui appartiennent à ce groupe, une infinité de ravins parallèles ont labouré le sol et se sont creusé des lits à berges escarpées.

Climat. — Le climat de cette région est le climat provençal, tout au moins dans la vallée propre de l'Eygues et dans la partie inférieure des vallées secondaires. Ce climat est caractérisé par la présence du pin d'Alep et du chêne vert aux expositions sud et par la culture de l'olivier que l'on rencontre, dans les endroits abrités, jusqu'à Saint-May, non loin du confluent de l'Oule.

Au nord, surtout dans la haute vallée du ruisseau de Montréal, le climat devient plus rigoureux; les variations thermométriques et barométriques y sont brusques, comme dans toute région montagneuse.

La neige ne fait que de rares apparitions et ne persiste que sur les sommets.

En hiver les pluies sont assez fréquentes, les étés sont en général très chauds et très secs.

Au nord de la région, la ville de Nyons, abritée contre les vents froids du nord, est réputée à juste titre pour la douceur de son climat.

Productions. — Les céréales, les fourrages, les fruits, les feuilles de mûrier, sont les productions ordinaires des vallées et des coteaux.

Dans la partie montagneuse, les pâturages sont utilisés pour l'élevage des moutons, et les forêts sont exploitées en vue de la production de bois de chauffage et de fagots de ramée pour la nourriture du bétail.

Situation administrative. Contenance. Population. — Le bassin de l'Eygues est situé sur 2 communes de l'arrondissement de Die et 33 de l'arrondissement de Nyons.

Sa contenance est d'environ 50,450 hectares et sa population de 12,560 habitants.

État de dégradation du sol. — A partir de Rémuzat, en aval du confluent de l'Oule et jusqu'au ruisseau de Marnas, affluent de la Bentrix, les versants de rive droite qui versent directement leurs eaux dans l'Eygues présentent des pentes très raides, mais en général le sol y est rocheux, en partie boisé, ou tout au moins couvert d'une végétation buissonnante, assez résistant. Ces versants fournissent donc à l'Eygues peu de matériaux et ne sont dangereux que par la masse et la vitesse d'écoulement des eaux qui tombent sur leur surface.

On peut en dire autant de la partie supérieure des versants des vallées secondaires, généralement couronnées par de puissantes assises de calcaire compact. Mais sur bien des points dans la région moyenne ou inférieure de ces versants, des ravinements importants se sont formés et les ravins se sont creusé des lits profonds, à berges escarpées, dans les terrains qui, par leur nature géologique, n'offrent aucune résistance à l'action érosive des eaux s'ils ne sont pas protégés par la végétation. C'est ainsi que les marnes oxfordiennes, aptiennes ou liasiques, ont été profondément affouillées; les premières forment des massifs étendus, complètement ravagés, dans les communes de Montréal, Sahune, Bellecombe et Condorcet. Dans celle de Châteauneuf-de-Bordette, les terrains en érosion sont constitués par les marnes aptiennes et par des calcaires fendillés, mélangés à des bancs siliceux, sujets à des éboulements.

La dégradation n'affecte, sur le territoire de Venterol, qu'une étendue restreinte sur les flancs escarpés de la montagne de Veaux où le ruissellement des eaux d'orage a entamé les roches tendres et friables de la molasse et a donné naissance à une infinité de ravines parallèles qui se creusent de plus en plus.

La dénudation du sol, amenée par les défrichements des pentes, par les exploitations en têtards et surtout par le pâturage des moutons et des chèvres, est la cause essentielle des dégradations. Cette cause a agi d'autant plus rapidement que, par leur nature géologique, les terrains étaient très accessibles aux érosions.

Les ravins qui s'y sont formés prennent de jour en jour une plus grande extension par suite de l'approfondissement continuel de leurs lits, les croupes se réduisent de plus en plus, et les matériaux arrachés aux flancs de la montagne sont entraînés dans les torrents qui, à leur tour, les charrient dans l'Eygues dont le lit ne cesse de s'exhausser.

Les crues de cette rivière torrentielle sont subites et dangereuses; elles sont à redouter soit à cause du volume des eaux que l'Eygues débite, soit à cause de la masse des débris de roches qu'elle transporte. A son débouché dans la plaine, en aval de Nyons, son lit prend des proportions exagérées et la rivière divague au milieu des champs de graviers qu'elle a accumulés sur ses rives.

Ses crues fréquentes sont un danger permanent pour les riches cultures qu'elle traverse et qu'elle a souvent ravinées ou recouvertes de dépôts stériles.

Composition et contenance du périmètre. — Le périmètre de l'Eygues, constitué par une loi du 1er août 1901, comprend six séries.

La contenance des terrains appartenant à l'État est de $572^h 82^a 78^c$ et celle des terrains restant à acquérir, de $497^h 04^a 56^c$.

La répartition de la contenance totale est la suivante, par série :

Montréal	168h 31a 50c
Sahune	197 80 91
Bellecombe	156 12 27
Condorcet	329 59 52
Châteauneuf-de-Bordette	192 68 24
Venterol	25 34 90
Total	1,069 87 34

Travaux. — Les travaux entrepris pour consolider le lit des ravins et fixer leurs berges consistent en petits barrages en pierre sèche, clayonnages, garnissages, embroussaillement et recepage des arbustes existants.

Les travaux de reboisement comprennent des semis de chêne rouvre et des plantations de pin noir et de pin sylvestre.

On a établi, de plus, des pépinières et des sentiers de circulation.

Une contenance de 180 hectares est actuellement reboisée.

PÉRIMÈTRE DE L'OUVÈZE.

Description des bassins. Altitudes. — L'Ouvèze part de la montagne de Chamouze, à l'est de la commune de Montauban (Drôme). Elle coule d'abord de l'est à l'ouest et arrive au Buis par une gorge étroite qui s'élargit un peu en amont de cette ville et se transforme, en aval, en une large vallée de direction nord-sud.

Son parcours est de 95 kilomètres, dont 48 dans le département de la Drôme. Elle se jette dans le Rhône près de Bédarrieux (Vaucluse) après avoir traversé une plaine fertile où son lit présente une grande largeur et s'exhausse en outre dans des proportions inquiétantes.

Parmi les affluents torrentiels qui se déversent dans l'Ouvèze, les plus importants sont à droite, le ruisseau de Laval et l'Aigue-Marce, et à gauche, le Toulourenc.

La plus forte altitude (1,367 m.) est celle de la montagne de Plaisians, et la plus faible (260 m.) celle du point où la rivière pénètre dans le département de Vaucluse.

Conditions géologiques. — Les terrains de cette région appartiennent presque tous à la série jurassique et sont surtout constitués par des marnes liasiques ou oxfordiennes, de coloration jaune ou brune, très friables, se délitant facilement et au plus haut degré accessibles aux érosions.

Vers la crête de la montagne de Beaume-Noire et dans la partie supérieure des versants situés sur la rive droite de l'Aigue-Marce, l'oxfordien est représenté par des assises calcaires dont l'épaisseur augmente à mesure que l'on s'élève.

L'étage néocomien occupe le sud du territoire de la commune de Propiac; il apparaît aussi au nord et au sud du territoire du Buis, dont toute la partie médiane appartient au lias et à l'oxfordien.

Climat. — Le climat de cette région a déjà une grande analogie avec celui de la Provence; il est caractérisé par la culture de l'olivier et la présence du pin d'Alep.

Les étés sont, en général, très chauds et très secs, avec des orages violents et de courte durée. En hiver la température est peu rigoureuse, les pluies sont fréquentes, la neige est assez rare et disparaît rapidement.

Les vents dominants sont ceux du nord, de l'ouest et du sud.

Productions. — Les productions sont les mêmes que dans le bassin de l'Eygues; il faut seulement y ajouter la récolte des olives.

Situation administrative. Contenance. Population. — Le bassin de l'Ouvèze est situé sur le territoire de 13 communes de l'arrondissement de Nyons.

Sa contenance est d'environ 17,760 hectares et sa population de 4,750 habitants.

État de dégradation du sol. — Les terrains des communes de Bénivay, Beauvoisin et Propiac, et d'une partie de celle du Buis, sont nus et ravinés : le sol est superficiel, friable, et se dégrade très facilement.

Les lits des ravins sont profondément creusés, leurs berges sont escarpées, et ils rongent de toutes parts les rares cultures qui subsistent encore sur les croupes. A chaque pluie d'orage les eaux entraînent dans les torrents, qui les charrient ensuite jusqu'à l'Ouvèze, des laves boueuses, des graviers et des blocs.

Les crues de l'Ouvèze sont caractérisées par l'abondance des matériaux entraînés et par une violence à laquelle rien ne résiste.

Composition et contenance du périmètre. — Le périmètre de l'Ouvèze a été constitué par une loi du 27 juillet 1895. La contenance des terrains appartenant à l'État est de $271^h\ 13^a\ 09^c$ et celle des terrains à acquérir, de $485^h\ 36^a\ 21^c$.

Le périmètre comprend les quatre séries suivantes :

Le Buis	$52^h\ 00^a\ 00^c$
Beauvoisin	160 48 40
Propiac	459 44 43
Bénivay	84 56 07
TOTAL	756 49 30

Travaux. — Pour arrêter le creusement du lit des ravins on a établi des barrages en pierre sèche, des clayonnages et des garnissages. Ces travaux de correction sont terminés sur une étendue de 172 hectares et leur efficacité a été absolue.

On a procédé en même temps, sur la même étendue, à des semis de glands de chêne rouvre et à des plantations de pins noirs.

Sur les atterrissements des barrages et au pied des berges, on a disposé des boutures de saule et de peuplier, et, sur les berges elles-mêmes, on a semé des graines de bugrane. Enfin des semis à la volée de pin d'Alep ont été faits sur les éboulis.

Tous ces travaux ont donné d'excellents résultats. Les terrains sont définitivement reboisés, aucune érosion nouvelle ne s'y produit et les anciens ravinements sont arrêtés.

PÉRIMÈTRE DU ROUBION.

Description du bassin. Altitudes. — Le Roubion prend naissance au col de la Sauce, sur le flanc oriental de la montagne de Miélandre, à l'altitude de 925 mètres.

Il coule d'abord vers le nord et prend ensuite la direction nord-ouest après avoir dépassé le village de Bouvières. Là il pénètre dans une gorge rocheuse très resserrée, qui se prolonge sur une partie du territoire de Crupies; la vallée s'élargit ensuite et la rivière arrive à Bourdeaux, après avoir reçu à droite le Soubrion, cours d'eau torrentiel qui se forme sur la commune des Torrils.

A quelques centaines de mètres en aval de Bourdeaux, le Roubion se grossit, toujours à droite, d'un affluent important et dangereux, le ruisseau de Bine, dont l'origine et le bassin supérieur sont situés sur le territoire de Bézaudun.

Il suit la même direction jusqu'à Francillon où son cours s'infléchit vers le sud-ouest; il reçoit, comme principaux affluents, la Landelle et le Jabron et se jette dans le Rhône, à l'altitude de 63 mètres, après un parcours de 71 kilomètres.

La vallée du Roubion est limitée à l'est par d'assez hautes cimes : les sommets de Rochecourbe (1,592 m.) et de Couspeau (1,518 m.) et les montagnes des Tonils (1,425 et 2,494 m.).

Considérée dans son ensemble, cette vallée renferme de riches cultures et des taillis de chêne et de hêtre en bon état de végétation, mais, dans la région supérieure, la zone des cultures se rétrécit et de vastes espaces, réservés au parcours des troupeaux, ne présentent plus qu'une végétation forestière réduite à des taches disséminées de taillis clairiérés.

Ce caractère s'accentue dans les bassins du Soubrion et de la Bine, sur le territoire des communes des Tonils et de Bézaudun, où les bois et les cultures ont en partie disparu et sont aujourd'hui remplacés par des landes nues et stériles.

Conditions géologiques. — La plaine qui s'étend entre le confluent du Roubion et du Rhône et la commune de Pont-de-Barret est presque entièrement constituée par des dépôts tertiaires moyens; tout le surplus du bassin appartient à divers étages de la série crétacée.

L'étage néocomien se rencontre sur la totalité du territoire des Tonils et sur la partie sud-est de celui de Bézaudun. Il est caractérisé par des assises de calcaires alternant avec des couches de marnes friables; le sol qui en résulte est recouvert de débris rocheux, superficiel et instable.

La partie nord-est du territoire de Bézaudun est occupée par des marnes aptiennes, grises ou noires, dégradées et ravinées.

Climat. — Dans la région montagneuse, notamment dans les communes des Tonils et de Bézaudun, les variations de température sont souvent très brusques et les hivers assez rigoureux, à cause du voisinage des hautes cimes où la neige persiste assez souvent.

Le climat du bassin inférieur, à partir de Pont-de-Barret, est celui de la vallée du Rhône; il est caractérisé par la violence du vent du nord ou mistral.

La sécheresse est fréquente dans la belle saison, interrompue à de rares intervalles par des orages courts mais violents.

Production. Situation administrative. Contenance. Population. — Les productions consistent en céréales, pommes de terre, fourrages, produits des exploitations des taillis; les arbres fruitiers sont peu nombreux. Le pâturage s'exerce dans la partie montagneuse.

La contenance totale du bassin est de 60,650 hectares, mais la partie orientale, occupée par les communes des Tonils et de Bézaudun, est seule à considérer.

Ces communes font partie du canton de Bourdeaux, arrondissement de Die.

Leur superficie est de 3,097 hectares et leur population de 294 habitants environ.

État de dégradation du sol. — Le Soubrion et la Bine sont les affluent les plus dangereux du Roubion, ceux qui lui apportent la plus grande masse de matériaux et contribuent pour la plus large part aux dégâts causés par ses crues.

Les bassins de ces cours d'eau renferment, en effet, de vastes étendues de terrains dégradés et ravinés, occupant des versants à pentes raides où les eaux d'orages ruissellent sans rencontrer aucun obstacle, entraînant avec elles les débris arrachés à un sol instable et superficiel.

Les autres affluents du Roubion présentent aussi, dans une certaine mesure, une allure torrentielle, mais ils sont moins à redouter que les précédents : les terrains dégradés ne se rencontrent que disséminés dans leurs bassins où les bois et les cultures prédominent.

Composition et contenance du périmètre. — Le périmètre du Roubion a été constitué par une loi du 10 août 1904. Une contenance de $125^h 20^a 54^c$ appartient à l'État, et il reste à acquérir $266^h 50^a 83^c$.

Le périmètre comprend deux séries :

Bézaudun	$142^h 95^a 36^c$
Les Tonils	248 76 01
TOTAL	391 71 39

Travaux. — Les travaux, exécutés pour supprimer le ruissellement, ont consisté dans le reboisement des pentes et dans le traitement des ravins au moyen de clayonnages et de petits barrages en pierre sèche.

Tous les terrains appartenant à l'État ont été parcourus par des travaux de fixation du sol et de reboisement, qui ont donné de très bons résultats.

Ces terrains sont exposés, pour la majeure partie, à l'est. Leur altitude est comprise entre 520 et 750 mètres; le sol est argilo-calcaire, pierreux ou graveleux. Les essences employées ont été le pin noir et le chêne rouvre; les semis et plantations ont généralement bien réussi.

PÉRIMÈTRE DE LA HAUTE OUVÈZE.

Description du bassin. Altitudes. — L'origine de l'Ouvèze se trouve sur le versant occidental de la montagne de Chamouse; cette rivière coule de l'est à l'ouest jusqu'au Buis où elle est comprise dans un périmètre de restauration déjà étudié.

Elle reçoit dans son parcours de nombreux affluents.

La vallée est limitée par des chaînes de montagnes dont les principales altitudes sont les suivantes : serre de Chaluisse (1,463 m.), sommet de Chamouse (1,550 m.) et montagne du Croc (1,318 m.).

Conditions géologiques. — Le territoire de Montauban, le seul à considérer, se partage entre deux formations géologiques, l'oxfordien qui occupe les crêtes et le néocomien inférieur constitué par des marnes grisâtres dont les couches épaisses et friables alternent avec des assises de calcaires fissurés.

Le terrain néocomien forme des monticules dont les sommets arrondis sont entièrement dénudés ou recouverts d'une maigre végétation herbacée; les versants, à fortes pentes, sont sillonnés de ravins profondément encaissés entre des berges instables.

Climat. — Le climat de Montauban est caractérisé par des hivers assez rigoureux et de fortes chaleurs en été. Comme dans toute région montagneuse, les variations des éléments météorologiques sont très brusques.

Pendant l'été, la sécheresse est fréquente, interrompue seulement par quelques violents orages.

Les vents dominants sont ceux du nord et de l'ouest.

Productions. Situation administrative. Contenance. Population. — Les productions sont les mêmes que dans le bassin du Roubion.

Le bassin de la haute Ouvèze est situé sur le territoire de 9 communes de l'arrondissement de Nyons. La contenance totale est de 11,970 hectares; la superficie de la commune de Montauban est de $3,228^{h}\,53^{a}\,83^{c}$ et sa population de 330 habitants.

État de dégradation du sol. — Dans la région supérieure, les grands versants de serre de Buisse, de Chamouse et de Croc sont partiellement boisés, le surplus de leur surface est occupé par des pâtures en assez bon état, de sorte que cette région ne présente pas de dangers nés et actuels.

Il en est tout autrement dans les zones moyenne et inférieure où de nombreux ravins coulent dans des lits profonds, à berges escarpées.

Ces ravins menacent directement les hameaux de la commune de Montauban et les cultures qui occupent le fond de la vallée; ils apportent, en outre, à l'Ouvèze un fort contingent de matériaux et contribuent, pour une large part, aux dégâts causés par cette rivière qui leur doit, dès son origine, un caractère torrentiel très accentué.

La dégradation qui affecte une notable partie du territoire de Montauban a pour cause première la nature géologique des terrains et leur situation topographique, mais ces causes n'auraient pas suffi sans le déboisement des pentes et les abus de pâturage.

La pelouse dite de Chamouse est en bon état de conservation parce que le gros bétail seul y est admis, à l'exclusion des moutons et des chèvres.

Les crues de l'Ouvèze sont fréquentes et dangereuses.

Composition et contenance du périmètre. — Le périmètre de la haute Ouvèze a été constitué par une loi du 18 juillet 1906.

Il ne comprend qu'une seule série, celle de Montauban; la contenance totale est de $303^{h} 28^{a} 85^{c}$, dont $288^{h} 51^{a} 45^{c}$ à l'État et $14^{h} 77^{a} 40^{c}$ restant à acquérir.

Travaux. — Les travaux entrepris ont eu pour but de retenir les eaux sur les pentes par le reboisement après avoir procuré au sol une stabilité suffisante.

Les lits des ravins qui sillonnent les terrains à restaurer ont été fixés au moyen de petits barrages rustiques et de clayonnages, sur les atterrissements desquels on a planté des boutures de saule.

La surface entière appartenant à l'État a été parcourue par des travaux de reboisement consistant en semis de chêne et en plantations de pins noirs et de pins sylvestres.

Les peuplements obtenus, âgés actuellement de 7 à 14 ans, sont en bon état et les versants reboisés est perdu l'aspect désolé qu'ils présentaient avant l'exécution des travaux.

PÉRIMÈTRE DU TOULOURENC.

Description du bassin. Altitudes. — Le Toulourenc prend naissance dans le département de la Drôme, commune d'Aulan. Il se dirige d'abord du nord au sud, puis à partir de Reilhanette il coule vers l'ouest. Sur la rive gauche du Toulourenc, se dresse le mont Ventoux dont la haute crête (1,310 m.) se termine brusquement à l'est par la coupure qui sépare ce massif des dernières ramifications de la montagne de Lure.

L'altitude du cours d'eau, à sa sortie du territoire de Reilhanette, est de 510 mètres.

Conditions géologiques. — La presque totalité du territoire de Reilhanette appartient à l'étage néocomien, constitué par des marnes friables alternant avec des bancs de calcaires dont les couches sont souvent redressées. Ces terrains se désagrègent facilement et donnent naissance à un sol formé de débris rocailleux qui manque de stabilité.

Climat. — Sur les versants de la rive droite exposés au sud et abrités contre le vent du nord, le climat est peu rigoureux en hiver, très chaud pendant l'été.

La température est plus basse sur le versant septentrional du Ventoux, où le hêtre remplace le chêne à partir de 800 mètres d'altitude.

Les pluies sont très rares pendant l'été où de violents orages viennent seuls à de longs intervalles interrompre la période de sécheresse.

Les vents dominant soufflent du nord ou du sud.

Productions. Situation administrative. Contenance. Population. — Dans la vallée, les terres cultivées produisent des céréales, des pommes de terre et des fourrages. On y trouve des mûriers et quelques arbres fruitiers.

Le noyer, autrefois très abondant dans le bas des versants, est planté moins souvent aujourd'hui; les vieux arbres ont été exploités pour la plupart.

Des pâtures, des landes et des bouquets de chênes traités en taillis ou en têtards occupent les sommets et les versants.

Le bassin supérieur du Toulourenc est compris dans l'arrondissement de Nyons.

Sa contenance est d'environ 8,800 hectares et sa population de 1,800 habitants.

La superficie de la commune de Reilhanette est de $1,449^h 38^a 74^c$ et sa population de 322 habitants.

État de dégradation du sol. — A part une bande boisée, appartenant à la commune et soumise au régime forestier, presque tout le versant du mont Ventoux compris dans le territoire de Reilhanette a été défriché autrefois, en même temps que le parcours des moutons et des chèvres ruinait les quelques bouquets de bois subsistant entre les cultures. Celles-ci, assises sur des pentes excessives où la terre végétale était rapidement entraînée, n'ont pas tardé à être abandonnées.

Elles ont fait place à de vastes landes dans lesquelles une maigre végétation, herbacée ou arbustive, couvre insuffisamment le sol.

Composition et contenance du périmètre. — La série de Reilhanette forme seule le périmètre du Toulourenc; elle comprend la presque totalité du versant du mont Ventoux situé sur le territoire de cette commune. Elle s'étend entre la série de Savoillan du périmètre du Toulourenc (Vaucluse) et la série d'Aurel du périmètre de la Sorgue.

La contenance de la série de Reilhonnette est de $342^h 16^a 35^c$;

pour faire disparaître quelques enclaves, il reste à acquérir environ 15 hectares.

Travaux. — Les travaux de restauration ont consisté en semis de glands et en plantations de résineux; pin noir, pin sylvestre et pin à crochets.

Le reboisement est terminé sur une contenance de 327 hectares; les travaux ont donné d'excellents résultats.

IMPRIMERIE NATIONALE.

DÉPARTEMENT DE L'ISÈRE.

PÉRIMÈTRE DE LA BASSE ISÈRE.

Description du bassin. Altitudes. — L'Isère prend sa source au mont Iseran (4,046 m.) et se jette dans le Rhône en amont de Valence (107 m.). Le développement de son cours est de 280 kilomètres, dont 130 dans le département de la Savoie, 116 dans celui de l'Isère et 34 dans celui de la Drôme.

Depuis la limite septentrionale du département jusqu'à Grenoble, la vallée de l'Isère porte le nom de vallée de Graisivaudan.

Le Graisivaudan est bordé de collines qui s'élèvent rapidement jusqu'aux sommets de la chaîne de Belledonne sur la rive gauche de la rivière, et sur la rive droite jusqu'aux pics du massif de la Grande-Chartreuse.

Tandis que la région de gauche est surtout granitique, celle de droite appartient en entier aux formations sédimentaires. Dans la première, les cours d'eau sont nombreux et inoffensifs, dans la seconde on rencontre des torrents en activité.

A partir de Grenoble jusqu'à l'Albenc, les deux rives sont couronnées par de hautes montagnes sédimentaires. Sur la rive gauche les cours d'eau causent peu de dégâts, exception faite cependant pour le Drac, tandis que la rive droite présente des torrents très dangereux.

Dans toute la partie montagneuse les pentes sont très fortes. Dans la région sédimentaire formée surtout de calcaires, les versants sont souvent dominés par des falaises de 150 à 300 mètres de hauteur, presque verticales.

La plus grande altitude (2,981 m.) est celle du pic de Belledonne, et la plus faible (146 m.), celle du cours inférieur de l'Isère.

L'altitude de la vallée de l'Isère varie de 250 à 146 mètres.

Conditions géologiques. — La chaîne de Belledonne appartient en entier aux schistes cristallins et aux roches éruptives, sauf dans la partie inférieure où l'on rencontre du lias. Le massif de la Grande-Chartreuse est constitué par des dépôts jurassiques et crétacés, et par des terrains liasiques dans les coteaux qui bordent la vallée de l'Isère.

De Voreppe jusqu'au département de la Drôme, les montagnes de rive droite et de rive gauche présentent des terrains jurassiques et crétacés et se terminent vers la plaine par des couches tertiaires.

Climat. — Le fond de la vallée et les coteaux voisins jouissent d'un climat chaud caractérisé par la présence du mûrier, de la vigne et du figuier. Vers 1,000 mètres d'altitude, le climat devient froid en hiver, il est très froid vers 1,800 mètres, et à 2,600 mètres on rencontre des glaciers.

La neige apparaît vers le commencement d'octobre au-dessus de 2,500 mètres et persiste le plus souvent jusqu'au commencement de juin.

Les pluies sont fréquentes, sauf dans les mois de juillet et d'août, époque pendant laquelle des orages violents causant de fortes crues éclatent assez fréquemment.

Les variations de température sont très étendues dans le cours d'une même journée.

Productions. — La vigne, les céréales, les légumes, le chanvre et les fourrages sont les principales cultures de la plaine et des coteaux; l'élevage du bétail et la fabrication du beurre et du fromage constituent surtout les ressources des habitants de la montagne.

Des taillis simples de chêne, de hêtre et d'autres feuillus et des futaies de sapin et d'épicéa donnent des produits importants.

Les minerais de fer d'Allevard fournissent des aciers recherchés. Des sources alcalino-sulfureuses se trouvent dans diverses localités, notamment à Allevard et à Uriage.

Les carrières de pierre de taille sont nombreuses : Porte-de-France, Sassenage, Voreppe et l'Échaillon.

Les calcaires argileux, très abondants dans la région, alimentent des usines fabriquant des chaux hydrauliques (Sassenage) et surtout des ciments (Porte-de-France, Voreppe, etc.).

Les usines hydro-électriques sont nombreuses.

Situation administrative. Contenance. Population. — Le bassin de l'Isère englobe 17 cantons appartenant aux arrondissements de Grenoble, de Saint-Marcellin et de la Tour-du-Pin.

La contenance est de 220,000 hectares et sa population de 129,500 habitants, soit 58 habitants par kilomètre carré.

État de dégradation du sol. — Les torrents de la rive droite sont les seuls qui causent des dégâts; leurs bassins dont les pentes sont très raides sont dépourvus de végétation et généralement très dégradés. Les plus dangereux sont ceux du Bresson (communes de Sainte-Marie-du-Mont et de Saint-Bernard), de la Terrasse (commune du même nom), des Gorgettes (commune de Saint-Pancrasse), du Manival (commune de Saint-Nazaire), des Ecorchiers, d'Arguille et de Corbonne (commune de Saint-Ismier), de l'Euilly et du Gamond (commune de Biviers), de la Ruine (commune de Meylan) et de la Roize (communes de Voreppe et de Pommiers).

Composition et contenance du périmètre. — Le périmètre de la Basse Isère a été constitué par deux lois, du 27 juillet 1895 et du 18 juillet 1906.

Sa contenance est de $594^h 41^a 42^c$, dont $556^h 23^a 17^c$ sont actuellement à l'État.

Il comprend les dix séries suivantes.

Sainte-Marie-du-Mont	100h	33a	70c
Saint-Bernard	37	29	02
La Terrasse	13	94	50
Saint-Pancrasse	45	04	17
Saint-Nazaire	69	38	37
Saint-Ismier	56	15	27
Biviers	96	41	34
Meylan	31	14	00
Voreppe	58	97	30
Pommiers	85	73	45
TOTAL	594	41	42

Travaux. — Les falaises rocheuses qui dominent les bassins torrentiels fournissent, par suite de l'action des agents atmosphériques, des débris qui s'accumulent sur les pentes et dans les plis de terrain et sont repris par les pluies d'orage, puis entraînés dans les vallées.

La source des matériaux ne pouvant se tarir, il a été nécessaire de s'opposer aux érosions du lit des torrents par la construction de nombreux ouvrages de correction.

Le reboisement de son côté, outre ses effets habituels, maintient sur place une grande partie des fragments provenant de l'effritement des falaises.

Les travaux de correction ont donné de bons résultats.

En même temps que l'on construisait les barrages, on procédait à la fixation des berges au moyen d'enherbements et de plantations d'aunes et de boutures de saules et de peupliers.

Les terrains stables, en partie couverts de broussailles, ont été parcourus par des travaux de plantation de pin sylvestre jusqu'à l'altitude de 1,400 mètres et d'épicéa jusqu'à 1,800 mètres.

Enfin, des canaux de drainage ont procuré la stabilité nécessaire aux berges en mouvement sur la rive gauche du torrent des Gorgettes, série de Saint-Pancrace.

La contenance actuellement reboisée est de 348 hectares. (Planches 71 et 72.)

PÉRIMÈTRE DE LA ROMANCHE.

Description du bassin. Altitudes. — La Romanche prend sa source dans le département des Hautes-Alpes, aux glaciers de l'Arsine et de la Platte et se jette dans le Drac un peu en aval de Vizille. La longueur de son cours est de 85 kilomètres et la superficie de son bassin de 123,831 hectares.

Après avoir traversé la combe de Malaval et les gorges de l'Infernet en coulant de l'est à l'ouest elle débouche dans la plaine de l'Oisans où elle reçoit le Vénéon qui lui apporte les eaux de la partie occidentale du massif du Pelvoux. Elle se dirige alors vers le nord-ouest, maintenue par des digues qui protègent la plaine.

A Rochetaillée elle se heurte au massif de Belledonne et, revenant vers le sud-ouest, elle pénètre dans l'étroite gorge de Livet.

Le plus important des affluents de la Romanche est le Vénéon qui constitue en réalité le cours d'eau principal.

Les autres affluents sont, sur la rive gauche, la Lignare et le Grand Rif, et, sur la rive droite, le Ferrand, la Sarenne, l'Eau d'Olle et le torrent de Vaudaine grossi du Miribel.

Ces cours d'eau sont tous dangereux par leurs crues et par leurs apports de matériaux.

La partie occidentale du bassin est occupée par des chaînes parallèles dirigées du nord-est au sud-ouest, comme la vallée de l'Isère en amont de Grenoble. Ce sont, en allant de l'ouest à l'est, la chaîne de Belledonne, le massif de Taillefer et le massif des Grandes Rousses.

La largeur de la vallée de la Romanche est de 2 kilomètres dans la plaine du Bourg d'Oisans. Le plus souvent elle n'atteint

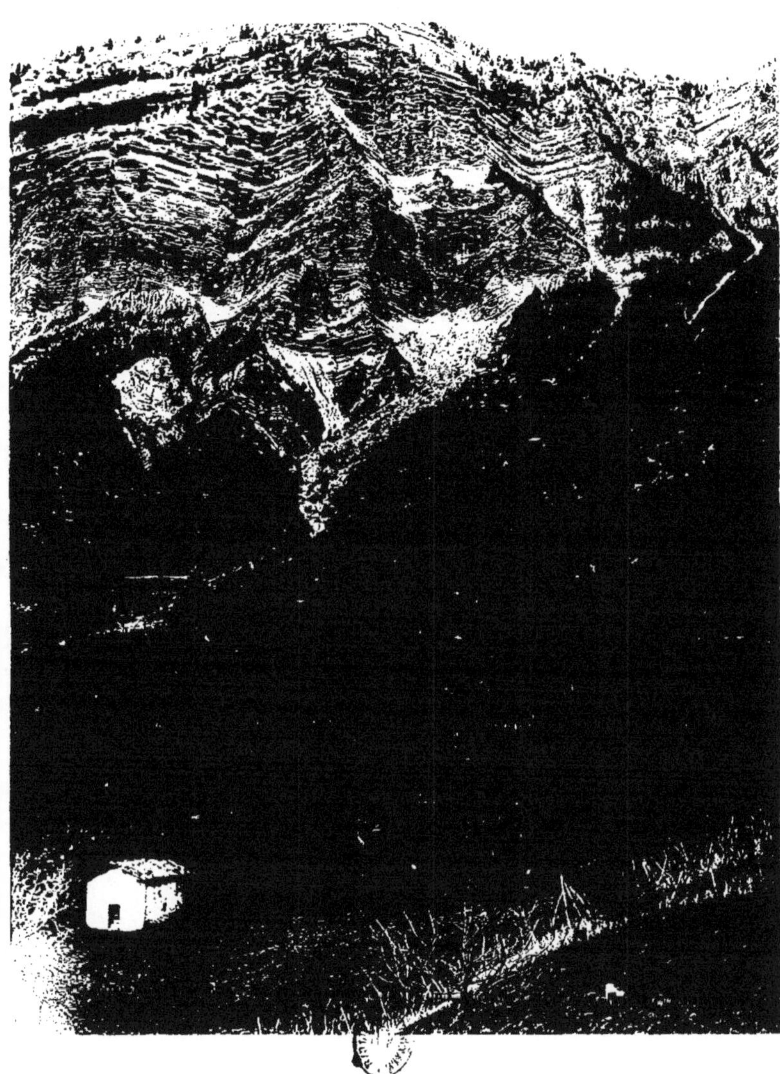

Périmètre de la Basse-Isère (Isère). Série de Saint-Ismier. — Vue d'ensemble du torrent de Corbonne.

72. Périmètre de la Basse-Isère (Isère). Série de Saint-Pancrasse. — Le torrent des Gorgettes.

qu'une centaine de mètres, parfois même elle est à peine suffisante pour le passage de la rivière et de la route de Grenoble à Briançon.

Les plaines de Vizille et du Bourg d'Oisans n'occupent guère que 2,500 hectares.

Le reste du bassin ne présente que des versants très inclinés adossés à des crêtes élevées qui dominent d'étroites vallées : des plateaux très accidentés et entrecoupés de vallées profondes se trouvent entre les Grandes-Rousses et la haute Romanche.

La plus faible altitude est celle du confluent du Drac et de la Romanche, 259 mètres, et la plus grande celle de la Barre des Écrins, 4,103 mètres.

Conditions géologiques. — Les chaînes parallèles à la direction générale du plissement alpin, Belledonne, Taillefer et Grandes-Rousses, sont constituées par des granites, des syénites et par des schistes cristallins.

Le massif du Pelvoux est granitique.

Les dépôts sédimentaires les plus anciens que l'on trouve dans le bassin de la Romanche sont ceux du carbonifère avec couches d'anthracite. Les plus étendus et les plus puissants sont ceux du lias alpin. Lors de la formation du relief actuel, des plaques de ces terrains sédimentaires ont été soulevées et transportées à des altitudes de 3,500 mètres et au delà.

La période glaciaire a contribué dans une large mesure à façonner le relief actuel du sol, surtout par le creusement des vallées. Les immenses glaciers de cette époque ont transporté de grandes quantités de matériaux, déposés sous forme de moraines.

Les phénomènes torrentiels anciens ont eu certainement une grande intensité, ainsi que l'indiquent les terrasses et les plaines d'alluvions des vallées de la Romanche, du Vénéon et de l'Eau d'Olle.

Les cours d'eau qui sillonnent les terrains granitiques ne sont à redouter que par leurs crues. Les gneiss, micachistes et schistes sont souvent peu consistants et fournissent des matériaux de transport aux torrents dont quelques-uns, la Lignare par exemple, sont très dangereux. Enfin, dans les couches liasiques, l'érosion et l'affouillement se produisent avec une grande intensité et les torrents transportent des quantités considérables de débris rocheux.

Climat. — Le bassin de la Romanche renferme les trois zones que l'on désigne ordinairement sous le nom de région tempérée, région alpestre ou froide, région alpine ou très froide. La vigne prospère dans la plaine de Vizille, tandis que les hauteurs sont couvertes de vastes glaciers.

Bien qu'assez fréquentes dans la montagne, les pluies du printemps et de l'automne ont peu d'influence sur le régime des eaux. La fonte des neiges et des glaces provoque de très fortes augmentations de débit dans les torrents, mais c'est surtout par les orages violents de juillet et d'août que les crues deviennent dangereuses.

Productions. — La production agricole du bassin de la Romanche est très faible; l'élevage et l'engraissement du détail constituent la principale ressource des montagnards.

La contenance boisée n'étant que de 15 p. 100 du territoire, les produits des forêts sont peu importants. Le hêtre, le sapin et l'épicéa sont les essences les plus répandues.

L'extraction des minerais est abandonnée, sauf en ce qui concerne le cuivre.

Des mines d'anthracite sont actuellement l'objet d'une exploitation qui semble prendre une réelle importance.

On peut mentionner encore des carrières de gypse, de talc et de baryte.

Enfin, des usines hydro-électriques ont été installées dans ces dernières années dans la basse vallée de la Romanche, à partir de Livet.

Situation administrative. Contenance. Population. —

Dans le département de l'Isère, le bassin de la Romanche comprend trente-six communes de l'arrondissement de Grenoble et sa contenance est de 98,948 hectares; sa population est de 22,526 habitants.

État de dégradation du sol. — Les pâturages, qui occupent une superficie de 40,000 hectares, sont le plus souvent dégradés.

Les terrains primaires et les couches du lias sont sillonnés par de nombreux ravins qui transportent dans la Romanche et dans ses affluents de grandes quantités de matériaux.

Les torrents sont rares sur les schistes cristallins du terrain primitif, mais on y rencontre des ravins qui recèlent des fragments de roche et des graviers.

Des crues dangereuses et l'exhaussement du lit de la Romanche sont la conséquence de cette situation; de plus, les apports de cette rivière contribuent dans une large mesure à l'exhaussement du lit du Drac.

Constitution et contenance du périmètre. — Le périmètre de la Romanche a été constitué par une loi du 26 juillet 1892.

Sa contenance est de 3,783^{h} 12^{a} 23^{c}; 2,447^{h} 08^{a} 12^{c} sont déjà la propriété de l'État.

Il comprend les onze séries ci-après, dont deux proviennent d'anciens périmètres revisés.

Besse	416^{h}	07^{a}	12^{c}
Mizoën	502	00	00
Auris	40	25	70
Venosc	77	02	97
Bourg-d'Oisans	1,042	13	62
La Garde	170	06	50
Ornon	85	02	66
Vaujany	790	35	30

Oz	90h 65a 70c
Livet-et-Gavet	473 23 60
La Morte	96 29 46
TOTAL	3,783 12 23

Travaux. — Les travaux sont très avancés dans les séries de Bourg-d'Oisans, de La Garde, de Vaujany et de Livet-et-Gavet.

La série de Bourg-d'Oisans comprend trois divisions.

La division de Cornillon est située sur des gneiss et des amphibolites; de grands escarpements peu solides surmontent de vastes cônes d'éboulis auxquels ils ont donné naissance par leur lente désagrégation.

Ce canton a été parcouru par des plantations de pins noirs, pins sylvestres, mélèzes et épicéas. Sur les redans et les petits plateaux formés par les rochers, les résultats sont très satisfaisants.

La division de Saint-Antoine renferme le torrent du même nom qui, à chaque crue, menaçait autrefois d'envahir les habitations de Bourg-d'Oisans.

Le bassin supérieur, dont le point culminant est à 1,950 mètres, est creusé dans des schistes liasiques d'une désagrégation très facile. On a effectué avec succès des travaux de correction et des travaux de reboisement. Les mélèzes, épicéas, pins noirs et pins sylvestres forment des massifs complets et en bon état de végétation.

La même division renferme de petits cônes d'éboulis que l'on a reboisés et le canton de Buclet qui est assis presque entièrement sur les délaissés du Vénéon et qui renferme un massif assez complet d'aunes blancs, peupliers, bouleaux et saules, destiné à rompre la violence des crues.

La série de La Garde comprend un certain nombre de ravins, courts mais dangereux.

Deux de ces ravins ont fait l'objet de travaux de correction en 1903.

Les travaux de reboisement ont parcouru, depuis 1898, la plus grande partie des terrains susceptibles d'être plantés; on a employé le pin sylvestre, qui a donné de bons résultats.

La série de Vaujany comprend trois groupes de terrains.

Dans le bassin du Flumet, affluent de l'Eau-d'Olle, le sol est formé par des calcaires du lias, avec affleurements de trias à la base. On y a effectué des travaux de correction dans le ravin de la Grande Drège, ainsi que des travaux d'enherbement et de plantation de pins à crochets.

Le massif de la Cochette, d'acquisition récente, a été parcouru depuis 1904 par des plantations de mélèzes. Les assises du trias et du lias qui constituent le terrain sont presque partout recouvertes de terre végétale avec débris rocheux de petites dimensions.

Le troisième massif forme le versant septentrional des Roches-Rission. Il est situé sur la rive gauche de l'Eau-d'Olle et s'élève depuis le niveau de la rivière jusqu'à la crête de la montagne. Le sol provient de la désagrégation des granites et des schistes cristallins; les plantations de résineux qui y ont été effectuées ont donné des résultats satisfaisants.

Le but de l'établissement de la série de Livet-et-Gavet a été de défendre la route nationale contre les crues du torrent de Vaudaine, surtout en s'opposant à la formation du barrage provoqué périodiquement par la soudure des cônes de Vaudaine et de l'Infernet.

Le sol est surtout formé par les débris provenant de la désagrégation des gneiss et des micaschistes du massif de Belledonne.

Quelques travaux de correction ont été effectués dans le torrent et dans le ravin de Miribel, l'un de ses affluents.

Des plantations ont été faites avec succès sur toute la série. On a employé le pin sylvestre et l'épicéa dans les parties basses, le mélèze et l'épicéa dans la région moyenne, de 1,100 à 1,600 mètres, et le pin à crochets en mélange avec le pin cembro dans la partie supérieure.

Les travaux restant à effectuer dans le périmètre devront, autant que possible, être limités à l'exécution de reboisements, accompagnés des petits ouvrages accessoires habituels, et à l'établissement des barrages de base qui paraîtront indispensables.

La contenance actuellement reboisée est de 1,144 hectares.

PÉRIMÈTRE DU DRAC-SOULOISE.

Description du bassin. — Le périmètre du Drac-Souloise comprend la partie du bassin de la Souloise située dans le département de l'Isère.

La Souloise est un affluent de gauche du Drac. Sa source se trouve dans le département des Hautes-Alpes; son cours a 19 kilomètres de longueur dans le département de l'Isère, elle se dirige du sud au nord.

Altitudes. — A l'est et à l'ouest le bassin de la Souloise est dominé par des sommets qui atteignent 2,793 mètres sur la rive gauche (Obiou) et 2,322 mètres sur la rive droite (pic Pierroux).

Le confluent du Drac et de la Souloise est à l'altitude de 670 mètres.

Conditions géologiques. — Les versants de la Souloise sont jurassiques de 1,000 à 2,000 mètres d'altitude, crétacés au-dessus.

Les alluvions anciennes forment une plaine entre 900 et 1,000 mètres d'altitude. La rivière s'est ouvert dans ces terrains un lit profond avec parois abruptes, hautes de 200 à 250 mètres.

Climat. — Le climat est froid, ou très froid. La cime de l'Obiou présente une tache de neiges persistantes.

Productions. — Les céréales sont cultivées avec succès sur le plateau. La partie inférieure des versants est livrée en partie au pâturage. La zone moyenne est occupée par des forêts de hêtre, de sapin et d'épicéa; elle est surmontée par des pâturages.

Situation administrative. Contenance. Population. — Les terrains de la rive gauche de la Souloise sont situés dans le canton de Mens et ceux de la rive droite dans le canton de Corps.

La contenance du bassin est de 5,000 hectares environ.

La population de la commune de Pellafol est de 520 habitants.

État de dégradation du sol. — Le niveau du plateau d'alluvions anciennes sépare le pays en deux régions distinctes.

Au-dessus, se trouvent des versants calcaires, à pente plus ou moins raide, entrecoupés parfois de petites terrasses, qui s'élèvent jusqu'à près de 3,000 mètres sur la rive gauche de la rivière.

Certaines parties, boisées ou pâturées, sont en bon état, d'autres sont nues et sillonnés de ravins et de torrents, d'autres enfin sont couvertes de débris de roches.

Sur certains points, la dégradation du sol est certainement due à un déboisement imprudent; ailleurs, la présence de roches tendres et en démolition explique la présence du ravinement.

Mais, dans tous les cas, des pratiques pastorales abusives ont contribué depuis longtemps à appauvrir la végétation et à priver le sol de toute protection contre l'action des agents atmosphériques.

La deuxième région comprend des dépôts stratifiés, d'une épaisseur totale de 200 à 300 mètres, formés de sables purs ou mélangés de cailloux roulés et d'argile. La Souloise et le Drac ont creusé leur lit dans ces couches peu résistantes et y provoquent de fréquents éboulements qui présentent parfois de grandes dimensions.

Les brèches ainsi formées portent le nom de « ruines ». Ces ruines ont la forme de vastes entonnoirs dont les parois supérieures, qui aboutissent directement au plateau, sont sensiblement verticales sur 50 à 100 mètres de hauteur. En s'étendant de proche en proche elles entraînent les cultures et les habitations; le hameau de Pellafol a été ainsi détruit en partie.

Composition et contenance du périmètre. — Le périmètre de Drac-Souloise, constitué par application de l'article 16 de la loi du 4 avril 1882, se compose de la seule série de Pellafol.

Sa contenance est de 551^{h} 36^{a} 27^{c}.

Travaux. — Dans la région supérieure 372 hectares ont été reboisés en résineux entre 1,000 et 1,700 mètres d'altitude; au milieu des résineux se trouvent quelques bouquets de hêtre.

Des pavages de lit ont été effectués dans trois ravins.

Dans la région inférieure, des travaux de restauration ont été exécutés dans la ruine des Payas et dans la ruine des Chanaux.

De 1890 à 1898, la ruine des Payas s'est avancée dans les terres de 180 mètres; depuis 1898 elle n'a progressé que de 1 mètre environ.

Le ravin creusé au milieu de l'éboulement a été corrigé au moyen de barrages; de plus on a effectué sur la rampe gauche, qui était en mouvement, des travaux de drainage, d'enherbement et de reboisement.

Des travaux de correction ont été effectués dans la ruine des Chanaux, moins dangereuse que la précédente.

Ces divers travaux ont donné de bons résultats et arrêté très sensiblement la progression des éboulements.

La contenance déjà reboisée est de 372 hectares.

Les travaux restant à effectuer consisteront surtout en reboisement. (Planches 73.)

73. Périmètre de Drac-Souloise (Isère). Série de Pellafont. — Ravin sud de la Ruine des Payas.

PÉRIMÈTRE DU DRAC-BONNE.

Description du bassin. Altitudes. — La Bonne part de la chaîne d'Olan, à une altitude de plus de 3,000 mètres, et se jette dans le Drac à 550 mètres après un parcours de 40 kilomètres environ.

Le Villard sur la rive gauche, le Béranger, la Malsanne, la Dreyre et la Raizonne sur la rive droite sont les principaux affluents de la Bonne; de nombreux torrents se jettent dans la Malsanne et dans la Raizonne.

Le bassin de cette rivière torrentielle est limité par des cimes et crêtes très élevées, sauf vers l'aval. Les versants, à l'état de pâtures plus ou moins dégradées, présentent des pentes très raides ou escarpées.

Aussi les crues de la Bonne et de ses affluents sont soudaines et très fortes; elles transportent en très grande quantités des blocs et des graviers.

La plus forte altitude (3,571 m.) est celle du pic d'Olan et la plus faible (550 m.) celle du confluent de la Bonne et du Drac.

Conditions géologiques. Climat. — Les granites, les gneiss, les micaschistes, les talcschistes occupent la majeure partie du bassin de la Bonne.

Sur le terrain primitif reposent diverses formations sédimentaires du groupe secondaire, notamment des calcaires argileux du lias qui fournissent des ciments très estimés.

On trouve des alluvions anciennes sur certains points et des alluvions récentes dans les vallées.

Le climat est froid ou très froid.

Productions. — Les céréales sont cultivées dans les vallées; l'élevage du bétail constitue la principale et souvent l'unique ressource des montagnards. Plusieurs fruitières, en particulier celle d'Entraigues, fonctionnent normalement.

Les forêts, dont les produits sont recherchés par les fabriques de pâte à papier de la vallée de la Romanche, ont une réelle importance dans quelques communes.

Les essences principales sont le hêtre, le sapin et l'épicéa; le mélèze forme quelques petits massifs à Valjouffrey et au Périer.

Les ciments du Valbonnais font l'objet d'une importante exploitation.

Situation administrative. Contenance. Population. — Le bassin de la Bonne s'étend sur 15 communes de l'arrondissement de Grenoble.

Il est limité par une ceinture de crêtes qui le sépare des bassins de la Romanche, du Vénéon et du Drac.

Sa contenance est de 38,950 hectares; sa population est de 9,300 habitants.

État de dégradation du sol. — Les calcaires et les schistes du lias sont particulièrement exposés au ravinement; il en est de même des alluvions. Les micaschistes se délitent souvent et couvrent de leurs débris les pentes inférieures.

A ces causes de dégradation il faut ajouter celles qui proviennent du déboisement des hauts versants en vue d'augmenter la surface des pâturages.

De plus, l'exercice du parcours s'effectue presque toujours d'une façon abusive.

La Bonne et ses affluents, dont les crues sont subites et violentes, transportent de grandes quantités de matériaux qui contribuent à l'exhaussement du lit du Drac.

Composition et contenance du périmètre. — Le périmètre du Drac-Bonne a été constitué par une loi du 27 juillet 1895.

Sa contenance est de 2,713h29a83c; 2,655h84a01c appartiennent actuellement à l'État.

Il comprend les onze séries suivantes.

Valjouffrey	214h	61a	93c
Chantelouve	377	59	93
Le Périer	1,158	29	51
Entraigues	133	31	28
Valbonnais	204	88	24
St-Laurent-en-Beaumont	13	94	20
La Valette	146	17	45
Oris-en-Ratier	110	00	00
Lavaldens	208	75	22
La Morte	73	93	36
Nantes-en-Ratier	68	76	70
TOTAL	2,713	29	83

Travaux. — Les travaux de reboisement sont effectués par voie de plantation; ils s'étendent actuellement sur 1,329 hectares. Les peuplements obtenus sont en bon état de végétation; ils sont situés à toutes les expositions, entre les altitudes extrêmes de 300 et 2,000 mètres. Les essences employées sont le pin sylvestre, l'épicéa, le mélèze, le pin à crochets et exceptionnellement le pin cembro.

Des travaux de correction ont été exécutés dans les torrents des séries de Valjouffrey, de Chantelouve, du Périer, d'Entraigues, de Valbonnais, de la Valette et de la Morte.

Ces travaux ont donné de bons résultats.

Dans la série de Chantelove, le torrent des Palles a été dévié et conduit dans le lit d'un torrent voisin, afin d'éviter la ruine d'un des hameaux de Chantelouve.

Des murs d'arrêt contre les avalanches ont été établis dans les séries de Valjouffrey et de Chantelove.

De nombreux travaux accessoires ont été exécutés dans les torrents

IMPRIMERIE NATIONALE.

et ravins : défenses de rives, façonnages de lits, murs de retenue, cordons de boutures, boutures par pieds isolés, enherbements, etc

Les travaux de correction doivent être continués dans le torrent des Palles, dont le bassin supérieur s'effrite, mais on ne pourra procéder que lentement à leur exécution ; c'est pour ce motif qu'on a établi le canal de dérivation dont il vient d'être question.

La correction du torrent situé au nord du précédent, dans la même série, n'est pas encore commencée ; il sera nécessaire d'y construire à bref délai, au moins un ouvrage de base. (Planches 74 à 78.)

PÉRIMÈTRE DU DRAC-EBRON.

Description du bassin. Altitudes. — L'Ebron, affluent de gauche du Drac, part du versant occidental de la chaîne de l'Obiou et du Ferrand, sur le territoire de la commune de Tréminis. Il suit la direction nord-ouest pendant la plus grande partie de son cours, puis il se dirige vers le nord pour se jeter dans le Drac, après un parcours de 25 kilomètres environ. Son bassin, compris en entier dans le département de l'Isère, forme la région du Trièves. Son aspect général est celui d'un vaste plateau, coupé par des dépressions profondes et entouré à l'est, au sud et à l'ouest, de montagnes élevées, à pentes très raides, à escarpements rocheux souvent d'une grande hauteur, 200 à 300 mètres.

C'est de la région des hautes montagnes que sortent des torrents dangereux, dont les crues soudaines entraînent de grandes quantités de matériaux arrachés aux versants instables de leurs bassins.

La plus faible altitude est celle du confluent de l'Ebron et du Drac, 438 mètres, et la plus forte celle du sommet de l'Obiou 2.793 mètres.

Conditions géologiques. — La partie haute des montagnes est constituée par des rochers calcaires de l'urgonien et du néoco-

4. Périmètre de Drac-Bonne (Isère). Série de Valjoufrey. Torrent de Béranger ; lit ouvert dans le roc.

75. Périmètre du Drac-Bonne (Isère). Série de la Valette. — Vue d'ensemble.

78. — Périmètre du Drac-Bonne (Isère). Série du Périer.
Parties basse et moyenne du torrent du Dourdouillet.

77. Périmètre du Drac-Bonne (Isère). Série du Périce. Partie moyenne du torrent du Dourdouillet.

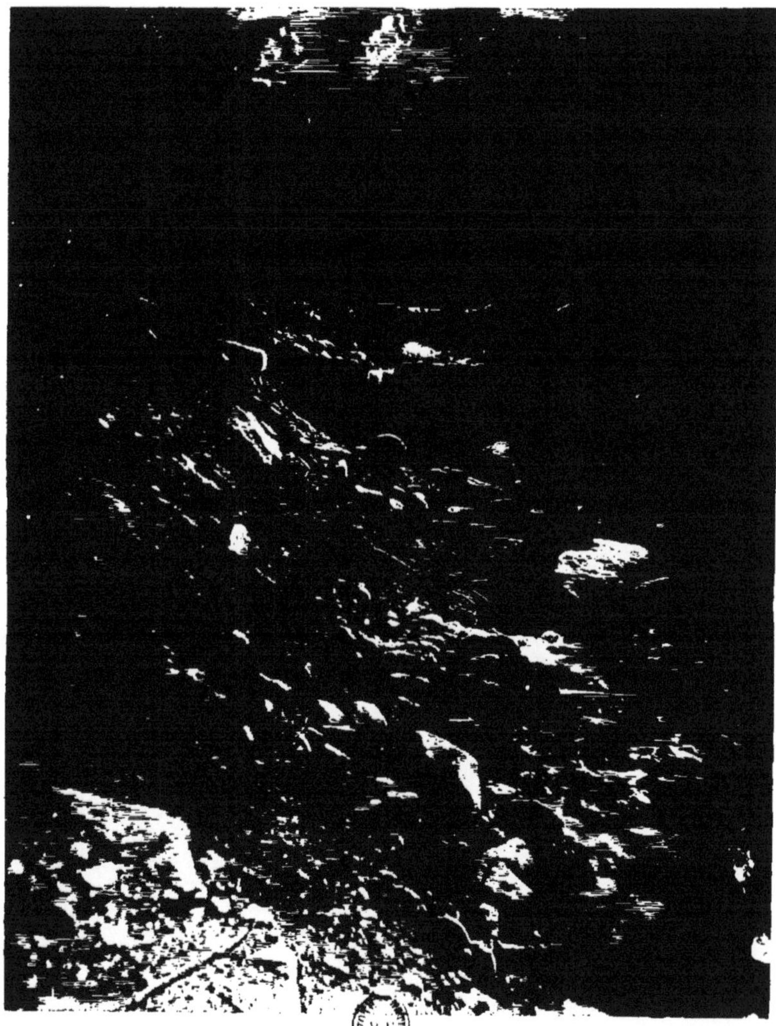

78. Périmètre de Drac-Bonne (Isère). Série d'Entraigues. Le torrent du Villard.

mien. Les parties moyenne et basse sont formées par les couches calcaires et marneuses de l'oxfordien, d'une très grande puissance.

Le plateau qui occupe toute la partie centrale du Trièves présente surtout des alluvions anciennes, celles-ci reposent directement sur les calcaires et marnes du lias qui apparaissent à découvert au nord du bassin.

Les terrains de l'oxfordien et du lias présentent une faible résistance aux agents atmosphériques; aussi le décapage de toutes les parties où la végétation a disparu se fait avec une très grande activité.

Climat. — Le climat du plateau du Trièves, compris entre 438 et 950 mètres, est assez tempéré.

Une deuxième zone, située entre 950 et 1,800 mètres et caractérisée par la présence du hêtre, du sapin et de l'épicéa, présente un climat froid.

La zone alpine, au climat rigoureux, commence à 1,800 mètres; elle est couverte de neige pendant la plus grande partie de l'année.

Dans la montagne, le printemps et l'automne sont très pluvieux et les brouillards sont fréquents. Des orages violents se produisent en été et causent dans les torrents des crues subites et très fortes.

Productions. — La zone inférieure est caractérisée par la présence des cultures agricoles.

Dans la deuxième zone, la production principale est celle du bois, sapin et épicéa surtout. On rencontre quelques pins à crochets sur les hauteurs; le pin sylvestre se trouve sur les sols arides. Le mélèze et le pin cembro n'existent pas à l'état spontané; ces deux essences ont été introduites dans les reboisements et réussissent bien.

La zone alpine est la région des pâturages.

Situation administrative. Contenance. Population. — Le bassin de l'Ebron englobe, en totalité ou en partie, 18 communes de l'arrondissement de Grenoble. Sa contenance est de 36,964 hectares, et sa population de 6,600 habitants.

État de dégradation du sol. — Dans la partie supérieure de la région montagneuse, les crêtes constituées par des calcaires durs du jurassique et du crétacé surmontent des versants formés de roches tendres appartenant aux mêmes séries géologiques.

Les conditions les plus favorables à la dégradation du sol s'y réunissent; ce sont la raideur des pentes, le défaut de consistance des roches, la rigueur du climat et l'abondance des précipitations atmosphériques. Aussi on y rencontre de nombreux torrents, notamment à Chichilianne, Roissard, Saint-Maurice-en-Trièves, Tréminis et Saint-Baudille-et-Pipet.

Dans la cuvette du Trièves, les roches sous-jacentes sont des schistes tendres du lias; elles sont recouvertes d'alluvions anciennes dont la plus grande épaisseur ne semble pas dépasser 100 mètres.

Les cours d'eau sont encaissés dans les alluvions et dans les schistes et leurs berges dénudées et escarpées se démolissent sur 200 mètres de hauteur. Les marnes s'éboulent par masses, les sables tombent par tranches verticales, les cailloux roulés glissent et encombrent l'Ebron, le Drac, l'Isère, le Rhône. Toute la région est comme suspendue au-dessus de précipices.

Composition et contenance du périmètre. — Le périmètre de Drac-Ebron a été constitué par une loi du 1er août 1901.

Sa contenance est de 3,894h83a05c; 2,572h88a20c sont déjà la propriété de l'État.

Il comprend les treize séries ci-après.

Tréminis	1,472h 88a 80c
Saint-Baudille-et-Pipet	805 29 30
Prébois	63 03 30
Mens	39 17 00
Saint-Genis	167 75 80

79. Périmètre du Drac-Ebron. Série de Tréminis. — Boutures de bois blancs dans le torrent Pravert.

80. Périmètre du Drac-Ebron (Isère). Série de Tréminis.
Enherbement de berges dans le torrent des Maroures.

Phototypie Berthaud, Paris.

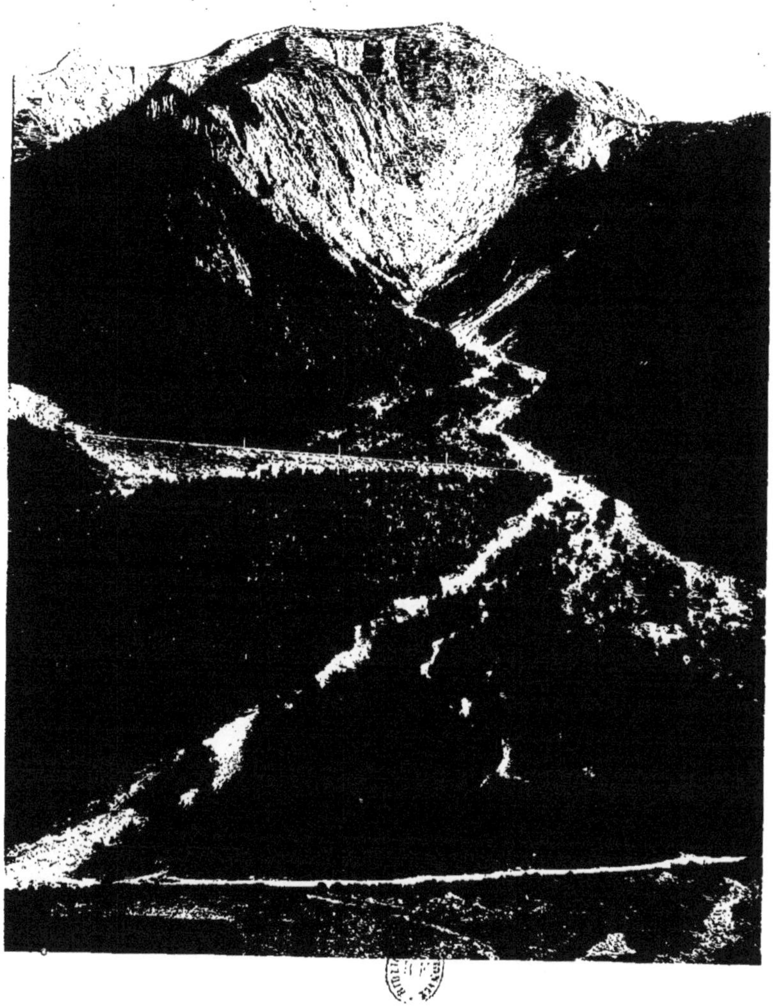

81. Périmètre du Drac-Ebron (Isère). Série de Saint-Maurice en Trièves.
Vue d'ensemble du torrent de l'Archat.

Lalley	32h 21a 80c
Saint-Maurice-en-Trièves	112 87 46
Clelles	32 38 43
Chichilianne	332 81 50
Saint-Martin-de-Clelles	76 12 60
Saint-Michel-des-Portes	445 79 28
Roissard	104 27 30
Lavars	6 20 48
Total	3,894 83 05

Travaux. — Les travaux de correction ont eu pour but de fixer les thalwegs au moyen de barrages afin d'éviter leur creusement, les ouvrages doivent être construits, soit en maçonnerie, soit en pierre sèche avec maçonnerie pour le couronnement.

La pierre sèche est employée seule dans les ravins.

Enfin, on a reboisé 1,492 hectares en résineux divers : pin sylvestre, épicéa, mélèze et pin cembro. Des enherbements et des plantations de boutures ont été faits pour fixer des berges instables.

Il serait désirable que l'on puisse exécuter des travaux de correction pour fixer le lit des rivières qui sillonnent le Trièves.

Il reste à acquérir et à restaurer 1,322 hectares et à compléter les travaux entrepris sur les terrains domaniaux : ces travaux devront consister surtout en travaux de reboisement. (Planches 79 à 81.)

PÉRIMÈTRE DU DRAC INFÉRIEUR.

Description du bassin. Altitudes. — Le Drac, le plus important des affluents de l'Isère, part du Champsaur, dans les Hautes-Alpes; il est formé par la réunion de deux branches principales descendant des vallées de Champoléon et d'Orcières. Dans le département de l'Isère, il se dirige du sud-est au nord-ouest jusqu'à sa réunion avec l'Ebron; de là il se dirige vers le nord; la longueur de son cours est de 80 kilomètres environ.

Les principaux affluents sont la Séveraisse, partie du Valgodemar, la Souloise qui vient du Dévoluy, la Bonne grossie de la Malsanne et de la Raizonne, l'Ebron, la Romanche, la Gresse.

Le bassin du Drac inférieur commence au confluent de l'Ebron. De ce point au pont de la Rivoire, le lit de la rivière est profondément encaissé dans des gorges étroites à flancs abrupts.

Du pont de la Rivoire au Pont-de-Claix, le lit de la rivière s'élargit, il est désigné sous le nom de plaine de Champ.

Du Pont-de-Claix au confluent de l'Isère, immédiatement en aval de Grenoble, le Drac coule dans un lit artificiel formé par de puissantes digues construites à la fin du XIIe siècle.

Les montagnes de la rive droite sont peu élevées; elles présentent des plateaux peu inclinés qui forment terrasses et sur lesquels sont situées les habitations et les cultures.

Les montagnes de la rive gauche sont élevées, la plus grande altitude étant de 2,347 mètres; leurs versants, qui présentent de très fortes pentes, sont surmontés par de hautes falaises rocheuses, 200 à 300 mètres.

Il résulte de la disposition du terrain que des crues subites et violentes ont lieu fréquemment dans les torrents et ravins, à la suite des orages; ces crues sont dangereuses pour les cultures, les habitations et les voies de communication.

La plus forte altitude est celle du Grand Veymont, 2,347 mètres, et la plus faible celle du confluent de l'Isère et du Drac, 200 mètres.

Conditions géologiques. — L'urgonien forme les grands escarpements qui limitent à l'ouest le bassin du Drac inférieur et qui surmontent des versants à très forte pente constitués par les couches peu résistantes du néocomien.

Le jurassique supérieur forme la crête d'une deuxième chaîne parallèle à la première et au cours du Drac; cette crête surmonte des versants très inclinés où se superposent des couches calloviennes et oxfordiennes qui se délitent facilement.

Le bajocien et le bathonien constituent la chaîne de Brion parallèle aux deux premières et située sur la rive droite du Drac; on y rencontre d'assez grandes étendues recouvertes d'alluvions anciennes à l'altitude de 800 mètres.

Le lias forme la chaîne orientale de la région, celle du signal de Notre-Dame-de-Vaux.

Par suite de la nature géologique du terrain dans le bassin du Drac inférieur, le sol se dégrade très facilement et fournit d'abondants matériaux qui sont charriés au fond des vallées par les torrents et les ravins.

Climat. — Le bassin comprend une zone tempérée et une zone alpestre ou froide.

La neige ne persiste guère que six mois dans la montagne.

Le climat, qui est sec dans la partie méridionale du bassin, devient humide vers le nord.

Des pluies assez fréquentes se produisent au printemps et en automne; en été, de violents orages éclatent souvent dans la région montagneuse du Grand-Veymont et du Grand-Arc.

Productions. — Les céréales sont la production agricole principale de la région. L'élevage du bétail ne présente une réelle importance que dans quelques communes de la montagne où l'industrie laitière s'est développée dans ces dernières années.

Les bois occupent 30 p. 100 du territoire. Les principales essences sont le chêne en mélange avec différents feuillus aux faibles altitudes, puis au-dessus le hêtre exploité en taillis simple, et enfin à la partie supérieure le sapin et quelquefois l'épicéa.

On extrait le ciment des calcaires de l'oxfordien sur plusieurs points de la vallée de Vif.

Situation administrative. Contenance. Population. — Le bassin du Drac inférieur s'étend sur 32 communes de l'arrondissement de Grenoble. Sa contenance est de 42,823 hectares et sa population est de 21,178 habitants.

État de dégradation du sol. — Le Drac est une rivière torrentielle à crues violentes et charriant une énorme quantité de matériaux arrachés aux flancs de son bassin.

Le lit de ce cours d'eau est exhaussé par suite du dépôt de ces matériaux et il en est de même du lit de l'Isère.

Les affluents du Drac, le Lavanchon et la Gresse, sont dans une situation analogue.

Leur lit inférieur est encombré de débris de roches et maintenu par des digues à un niveau supérieur à celui des plaines environnantes.

Ces affluents servent de collecteurs pour un grand nombre de ravins ouverts suivant les lignes de plus grande pente dans les versants des diverses chaînes.

C'est surtout sur le versant oriental de la chaîne du Grand-Veymont et du Grand-Arc que ces ravins sont dangereux. Ils prennent naissance sous les escarpements, dans la zone des pâturages, et traversent la zone boisée pour venir encombrer de leurs dépôts les régions inférieures.

Composition et contenance du périmètre. — Le périmètre du Drac inférieur a été constitué par une loi du 2 décembre 1898. Il comprend neuf séries.

Sa contenance est de 2,152h 21a 28c; 2,151h 14a 30c sont déjà la propriété de l'État.

La contenance totale se répartit ainsi qu'il suit par série :

Treffort	113h 82a 90c
Sinard	43 73 40
Saint-Paul-de-Monestier	11 36 00

Gresse	787^{h} 26^{a} 95^{c}
Saint-Andéol	178 23 40
Château-Bernard	316 46 11
Le Gua	271 36 24
Saint-Paul-de-Varces	309 80 39
Claix	29 78 43
TOTAL	2,152 21 28

Travaux. — Les travaux de reboisement ont parcouru en entier les séries de Treffort, de Sinard, de Saint-Paul-de-Monestier et de Gresse.

La première est située sur le lias. Elle forme actuellement un petit massif de pins divers, entre 700 et 1,000 mètres d'altitude. La première éclaircie productive a été effectuée en 1904; les sapins se propagent sous les pins et sont destinés à les remplacer.

Dans les trois autres séries il n'existe pas encore de peuplements exploitables.

Le torrent de l'Echarina, dans la série de Saint-Paul-de-Varces, a pour bassin supérieur un vaste entonnoir à très fortes pentes aboutissant à une gorge creusée dans des éboulis et des terrains de transport. Les matériaux qu'il transporte encombrent le Lavanchon.

Le torrent a été corrigé au moyen de barrages qui régularisent la pente du lit et complètent les travaux du même genre exécutés en aval par le syndicat du Lavanchon.

Le torrent de la Lampe, dans la même série, présente une très forte pente où l'affouillement et l'érosion se produisent avec une grande intensité. On y a effectué des travaux de construction de barrages et de défense de rives qui en ont amélioré sensiblement le régime.

Des travaux de correction ont été exécutés également dans les séries de Château-Bernard, de Saint-Andéol et de Claix.

Dans ces quatre séries et dans celle du Gua, des plantations de résineux ont été faites dans les terrains stables. On a employé le pin sylvestre dans les parties inférieures et aux expositions chaudes, l'épicéa dans la région moyenne et le pin à crochets dans la région supérieure.

On a fixé les berges au moyen de plantations de boutures, et on a eu recours à des enherbements pour garnir de végétation la surface des éboulis.

Les travaux restant à effectuer sont surtout des travaux de reboisement.

La contenance déjà reboisée est de 896 hectares. (Planche 82.)

PERIMÈTRE DU DRAC MOYEN.

Description du bassin. Altitudes. — Le bassin du Drac moyen comprend tout le territoire qui verse ses eaux dans le Drac, entre le département des Hautes-Alpes à l'amont et le confluent de l'Ebron à l'aval, mais à l'exception des bassins de la Souloise et de la Bonne.

Les lignes de crête étant peu éloignées du cours d'eau, il n'y a pas d'affluents importants.

Le Drac coule du sud-est au nord-ouest jusqu'au point où il reçoit la Bonne, puis de l'est à l'ouest jusqu'à son confluent avec l'Ebron.

Le cours du Drac est compris entre 438 et 700 mètres d'altitude.

Le sommet le plus élevé est celui du Sénapy (2,756 m.).

Conditions géologiques. — Au centre du bassin se trouve une longue plaine d'alluvions anciennes, dans laquelle le Drac est encaissé, qu'il a même presque partout traversée en entier pour creuser ensuite son lit dans le lias schisteux sous-jacent; la rivière est ainsi dominée à 200 ou 300 mètres de hauteur par des ter-

82. Périmètre du Drac inférieur (Isère). Série de Claix. — Partie moyenne du torrent de Malhivert.

rasses d'alluvions anciennes qui supportent des villages et des cultures.

A droite et à gauche de cette bande centrale, les terrains des versants appartiennent au lias, puis au jurassique et enfin au crétacé à mesure qu'on s'élève.

Mais, bien qu'elles soient formées des mêmes roches, ces deux rives du bassin sont bien différentes d'aspect.

Sur la rive gauche le lias est très peu représenté et la masse des montagnes est formée de roches jurassiques et crétacées; les versants sont à pentes très rapides, entrecoupés d'escarpements, sillonnés de ravins, de combes et de torrents.

Sur la rive droite, au contraire, le lias occupe la plus grande partie du territoire.

Il forme des montagnes arrondies, cultivées par places, parsemées de villages et couronnées de pâturages d'un facile parcours. Cette région porte le nom caractéristique de Beaumont; par suite de la douceur des pentes, les ravins y sont rares.

Climat. — Le climat est tempéré sur les terrains d'alluvions, froid ou très froid partout ailleurs.

Productions. — La culture des céréales est à peu près générale dans les terrains d'alluvions.

Dans la montagne, on rencontre quelques cultures à la base du lias, mais principalement des forêts de pins, de hêtres ou de sapins et des pâturages.

Situation administrative. Contenance. Population. — Le bassin du Drac inférieur est situé en entier dans l'arrondissement de Grenoble; il comprend une partie des cantons de Corps, de Mens et de la Mure.

Sa contenance est de 16,500 hectares et sa population de 2,846 habitants.

État de dégradation du sol. — Dans les montagnes liasiques, qui ont en général des pentes modérées et un relief peu accentué, les dégradations du sol paraissent provenir de déboisements imprudents qui ont permis aux eaux d'orage d'entraîner la terre végétale, puis de creuser la roche sous-jacente.

Dans les massifs jurassiques et crétacés, les torrents sont dus à une cause géologique, de grandes déchirures étant inévitables dans des versants à pentes excessivement raides et formés le plus souvent de roches peu résistantes. Il y a lieu d'ajouter que des pratiques agricoles abusives ont favorisé et accéléré la dégradation du sol.

Enfin, le Drac provoque l'éboulement des berges élevées entre lesquelles il est encaissé.

Les terrains nus, ravinés et instables fournissent à chaque pluie de grandes quantités de matériaux qui sont entraînés dans les plaines inférieures.

Composition et contenance du périmètre. — Le périmètre du Drac moyen a été constitué en exécution des dispositions de l'article 16 de la loi du 4 avril 1882.

Il comprend les six séries suivantes, dont la contenance totale est de $957^h 69^a 90^c$:

Beaufin	$42^h\ 68^a\ 30^c$
Corps	57 85 90
Côtes-de-Corps	73 00 00
Cordéac et Saint-Sébastien	576 43 80
Cornillon	127 74 00
Lavars	79 97 90
TOTAL	957 69 90

Travaux. — Dans les séries de Côtes-de-Corps et de Cornillon situées sur le lias, les travaux de correction ont eu peu d'importance. On a construit quelques barrages en pierre sèche dans les principales dépressions du terrain, mais en général la mise en défens et l'enherbement ont suffisamment préparé le sol au reboisement définitif.

Les alluvions de Lavars ont été boisés partiellement. Ces alluvions glissent par grandes masses et ne pourraient être fixées que par des travaux de correction, pour l'exécution desquels l'administration ne dispose pas actuellement des terrains nécessaires.

Dans les terrains jurassiques et crétacés des séries de Beaufin, de Corps, de Cordéac et Saint-Sébastien, on a reboisé avec succès de vastes versants plus ou moins dégradés, dont l'état s'améliore d'une façon continue.

Les surfaces reboisées sont assez étendues, 732 hectares, mais les peuplements sont jeunes en général. Cependant, en 1904, on a pu vendre, après façonnage, les produits d'une éclaircie à Cordéac et Saint-Sébastien. Dans la même série, des perchis serrés de mélèzes et d'épicéas nécessitent des éclaircies qui seront prochainement effectuées.

DÉPARTEMENT DE LA SAVOIE.

PÉRIMÈTRE DE LA HAUTE-ISÈRE.

Description du bassin. Altitudes — L'Isère, un des principaux affluents du Rhône, prend sa source à la frontière franco-italienne, aux glaciers de la Galise, dans les Alpes Grées. Elle se jette dans le Rhône un peu en amont de Valence, après un parcours de 280 kilomètres environ. Son bassin n'a pas moins de 120,000 hectares.

Dans la Savoie, le cours de l'Isère atteint un développement de 155 kilomètres; aussi elle reçoit de nombreux et importants affluents.

Depuis sa source (2,400 mètres d'altitude) jusqu'à Val-d'Isère (1,849 m.), pendant 10 kilomètres environ, elle se dirige de l'est à l'ouest et sa pente moyenne atteint 5,5 p. 100.

Elle coule ensuite du sud-est au nord-ouest de Val-d'Isère à Bourg-Saint-Maurice où elle tourne vers le sud-ouest.

Dans toute cette zone, l'Isère est fortement encaissée.

Entre Val-d'Isère et Bourg-Saint-Maurice, elle reçoit les cours d'un certain nombre d'affluents importants : à Tignes (1,659 mètres), l'émissaire du lac de Tignes à gauche, et celui du lac de la Sassière à droite, puis à Sainte-Foy (900 m.), le Nant de Saint-Claude venant du col du Mont, à Séez le torrent de Reclus descendant du col du Petit-Saint-Bernard, enfin, au-dessous de Bourg-Saint-Maurice, le Versoyen.

De Bourg-Saint-Maurice à Moûtiers, pendant 27 kilomètres, l'Isère continue à se diriger vers le sud-ouest. La vallée demeure large jusqu'à Aime (651 m.), puis elle se resserre et la rivière coule dans un étroit défilé dont la largeur, sur certains points, ne dépasse guère 40 mètres.

L'Isère recoit à droite, immédiatement en aval de Bourg-Saint-Maurice, le torrent d'Arbonne, dont les ravages remontent à la plus haute antiquité, et, à Villette, le Nant d'Agot qui, à une époque récente, a occasionné de sérieux dégâts.

Les principaux affluents de gauche sont le Nant de Peisey qui se jette à Landry dans l'Isère, le torrent de Sangot descendu du mont Saint-Jacques (2,306 m.) et le Doron de Bozel, dont le confluent se trouve immédiatement en aval de la ville de Moûtiers.

A Moûtiers, l'Isère change brusquement de direction et coule vers le nord-nord-est. Elle s'engage dans un étroit défilé, long de 2 kilomètres, enserré entre de hautes falaises calcaires dominant le lit de 850 à 1,000 mètres.

Au sortir de cette gorge, la vallée s'élargit et forme une plaine qui s'étend, sur 5 kilomètres de longueur, d'Aigueblanche à Notre-Dame-de-Briançon.

Là une puissante formation de schistes cristallins étreint de nouveau la rivière jusqu'à Cevins (388 m.). De ce point jusqu'au pont Albertin (340 m.) le fond de la vallée, où l'Isère divague en formant des îlots, atteint en moyenne une largeur de 1 kilomètre. La pente du lit, dans cette section, tombe à 0.0045.

Immédiatement en amont du pont Albertin, l'Isère reçoit à droite un affluent très important, l'Arly, qui prend sa source dans le département de la Haute-Savoie, au-dessus de Mégève.

Le bassin de ce cours d'eau, dont la superficie est de 55,050 hectares, est en général bien boisé et les vallées de Flumet et de Beaufort comptent parmi les plus riantes des Alpes. Mais, en certains points, des défrichements imprudents ont amené la formation de torrents et d'éboulements dangereux. C'est ainsi que le torrent du Nant Trouble s'est formé depuis 1860 au col de la Bathie, sur le revers du Grand Mont.

Au pont Albertin, l'Isère pénètre dans la combe de Savoie, dont la largeur oscille entre 2 et 4 kilomètres. Cette profonde dépression, qui n'est que le prolongement septentrional du Grésivaudan, sépare le massif des grandes Alpes des chaînes calcaires des Préalpes; elle est orientée du nord-est au sud-ouest.

Jusqu'à sa sortie de la Savoie, l'Isère a un développement de 44 kilomètres, dont 24 entre les confluents de l'Arly et de l'Arc; ses pentes varient entre 0.005 et 0.002.

Du pont Albertin au pont Royal elle est enserrée entre des digues espacées de 120 mètres; en aval du pont Royal, l'écartement est de 160 mètres.

C'est dans cette région que se font sentir les effets du travail de déblai accompli par les torrents dans les montagnes. La force d'entraînement des eaux étant insuffisante, malgré un débit minimum de 60 mètres cubes, pour transporter tous les matériaux arrachés aux versants, le fond du lit s'est exhaussé, de sorte que la rivière coule à un niveau supérieur à celui de la plaine et que des infiltrations se produisent sur les terrains avoisinants.

La superficie de ces terrains submergés atteint 6,000 hectares dans le département de la Savoie.

Conditions géologiques. — La chaîne des Aravis prolonge celle de la Dent-de-Cons sur la rive gauche de la Chaise, affluent de gauche de l'Arly. Sur la cime se trouvent des falaises de calcaire compact appartenant au crétacé supérieur et au gault. Sur le versant oriental affleure un banc de calcaires gris urgoniens et, au-dessous, une large bande, toujours humide, de schistes argilo-calcaires de l'oxfordien. Ces schistes se retrouvent à peu près partout le long de la rive droite du torrent de Nant Trouble, affluent de la Chaise; on les rencontre encore au sommet de l'éventail du Flon, affluent de l'Arly.

On trouve des schistes noirs du bajocien sur la rive gauche du Nant Trouble, dans l'éboulement du Verney, sur les montagnes du Sapey et de Prachamp et dans le fond du Flon.

A ces couches succèdent d'autres schistes noirs, facilement désagrégeables, appartenant au lias.

La région alpine, qui comprend la plus grande partie du périmètre, peut se diviser en trois zones : la zone du mont Blanc prolongée par la chaîne de Belledonne, la zone du Briançonnais et la zone du Piémont qui est formée par la chaîne frontière franco-italienne.

La première traverse la Savoie du nord-nord-est au sud-sud-ouest. Elle présente des roches éruptives du type granitoïde et des schistes cristallins : gneiss, micaschistes, amphibolites.

La ligne des schistes anciens est très apparente à Beaufort. On y rencontre de nombreux pointements éruptifs : granite à Beaufort, protogine à Cevins, sur la rive gauche du torrent de la Gruvaz, pegmatite à Notre-Dame-de-Briançon. Du côté de l'est, ces massifs cristallins sont limités par une bande de formations secondaires, schistes et calcaires liasiques, du Cormet de Reselend à Naves et au col de la Madeleine.

Les terrains anciens présentant une grande résistance aux agents atmosphériques, les torrents y sont rares. On peut cependant citer, dans les schistes cristallins, les torrents de Nant Cortay, à Cohennoz, et de la Gruvaz, à Cevins.

La zone du Briançonnais, située à l'est de la précédente, est caractérisée par une longue bande de terrains tertiaires : brèches, grès, schistes et schistes gréseux du flysch avec quelques bancs calcaires sans fossiles.

Ces couches sont en contact avec des gypses (Bozel, la Dent de Villard), des cargneules du trias et des calcaires noirs du lias, schisteux ou cristallins (le Bois, le mont Jouvet).

Les terrains tertiaires essentiellement friables ont donné naissance à plusieurs torrents, l'Arbonne à Bourg-Saint-Maurice, les ravins du Tir, de la Rosière dans la vallée de Bozel.

La zone du Briançonnais englobe aussi une vaste superficie occupée par des terrains houillers, qui s'étend du col du Petit-Saint-Bernard à Briançon sur une largeur qui atteint jusqu'à 16 kilomètres. Ces terrains, dont la puissance dépasserait

IMPRIMERIE NATIONALE.

1,000 mètres, renferment des veines d'anthracite (Aime, Notre-Dame-de-Briançon); ils sont constitués essentiellement par des grès, des poudingues et des schistes, qu'on exploite parfois comme ardoises (Aime).

La zone du Piémont, peu développée dans le bassin de l'Isère, est caractérisée dans sa partie occidentale par la présence de schistes lustrés d'une grande épaisseur. Ces schistes séricito-quartzeux renferment presque toujours des calcaires. Sur leur pourtour, on remarque une bande de cargneules, de calcaires compacts et dolomitiques et de marbres.

Climat. — Le climat est doux dans la Combe de Savoie, la température moyenne annuelle étant de 10°9 environ.

Dans les hautes vallées de l'Isère et du Doron de Bozel, la neige persiste du mois de novembre à la fin de mai; aussi de nombreuses chaînes sont-elles couvertes de vastes glaciers ou de grandes étendues de névés et de neiges persistantes.

Les vents du nord et du nord-est sont froids et secs, le vent du sud-ouest amène généralement la pluie. Le vent du sud, en faisant monter le thermomètre jusqu'à + 18° en janvier (14 janvier 1899), cause de brusques fontes de neige.

Dans les environs de Montmélian et en Tarentaise les arbres plantés sur les bords des routes sont tous penchés sur le levant. Cette inclinaison est due à l'action de la brise de montagne. Pendant la belle saison le vent souffle avec violence durant le jour en remontant la vallée; le courant nocturne inverse qui descend des montagnes à partir de 8 ou 9 heures du soir est beaucoup plus faible.

Le bassin de l'Isère, hérissé de pics élevés, reçoit une épaisse lame d'eau annuelle. L'importance des précipitations atmosphériques est très irrégulière et ne varie pas avec l'altitude des stations. D'autres facteurs interviennent en effet, notamment l'étendue des forêts et le développement des appareils glaciaires.

Au printemps, et surtout en automne, l'abaissement de la température cause souvent la formation de brouillards qui restent confinés dans le fond de la vallée et ne dépassent guère Aime en Tarentaise. Depuis les cimes, on voit ces brouillards étalés sous forme d'un océan de nuages brillamment illuminés par le soleil.

Productions. — Les céréales, la vigne, les arbres fruitiers se trouvent dans toute la partie basse du bassin.

Mais la grande exploitation agricole de la région consiste dans l'élevage du bétail et dans la production du lait que l'on transforme en beurre et en fromages variés.

C'est dans la Tarentaise et dans la vallée de l'Arly que cette industrie est surtout développée. Une race locale très appréciée et parfaitement adaptée à la montagne fait l'objet d'un élevage très actif dans les cantons de Beaufort et de Bourg-Saint-Maurice. Les pâturages alpestres nourrissent également un certain nombre de moutons, de la race de Marthod, et de chèvres; beaucoup de municipalités ont réduit le nombre de ces derniers animaux admis au parcours.

Les gisements de minerais de métaux divers ne sont pas utilisés, mais les exploitations d'anthracite, de marbres et d'ardoises sont assez nombreuses.

Des sources thermales sont exploitées à Salins, Bonneval, Brides.

De plus, depuis quinze ans environ, un certain nombre d'usines hydro-électriques ont été installées, soit pour fournir de la lumière et de l'énergie aux grandes agglomérations, soit pour fabriquer sur place divers produits : pâtes de bois, carbures métalliques, soudes, alliages d'acier.

En ce qui concerne les terrains soumis au régime forestier, les taillis de chêne, hêtre et frêne dominent en aval de Moutiers, et d'Albertville à Ugine.

Ailleurs, les forêts forment des futaies résineuses. Dans la haute vallée de l'Isère les essences dominantes sont le mélèze, le pin cembro, l'épicéa, le pin à crochets, le pin sylvestre; dans la vallée de Bozel on trouve l'épicéa, quelques mélèzes, le pin à crochets et le pin sylvestre.

Situation administrative. Contenance. Population. — Le bassin de la haute Isère s'étend sur les deux départements de la Savoie. En Savoie, il comprend les arrondissements de Moutiers et d'Albertville, en Haute-Savoie, une partie du canton de Faverges (arrondissement d'Annecy) et du canton de Sallanches (arrondissement de Bonneville).

La superficie du bassin de l'Isère, déduction faite du bassin de l'Arc, est de 474,716 hectares. Cette vaste surface comprend les territoires de 148 communes dont la population est de 107,628 habitants, soit environ 23 habitants par kilomètre carré.

État de dégradation du sol. — Dans le bassin de l'Isère, comme dans presque toute la région des Alpes, on rencontre fréquemment des surfaces ruinées et en éboulement. Les eaux des ravins et des torrents creusent incessamment les terrains instables, ouvrent des plaies profondes au milieu des versants et transportent dans les vallées les matériaux arrachés aux flancs des montagnes. Si on recherche l'origine de cette dégradation, on arrive presque toujours au déboisement. Bien exposé, le versant méridional du Bec-Rouge, à Sainte-Foye, a été de bonne heure défriché et partiellement mis en culture. La disparition des bois a permis aux agents atmosphériques d'agir avec une grande intensité sur la roche en place et un vaste éboulement a transformé en torrent le Nant de Saint-Claude.

Le col du Petit-Saint-Bernard a été de tout temps un des passages les plus fréquentés des Alpes. Il est infiniment probable que des considérations stratégiques autrefois, puis, récemment, le désir d'étendre les pâturages ont fait disparaître la forêt du vallon du Reclus.

La multiplication des avalanches, la soudaineté et la grandeur des crues ont été les conséquences du déboisement.

Le besoin de combustible pour l'évaporation des eaux salées et le développement de l'élevage et de l'industrie laitière ont entraîné la destruction complète des bois sur les terrains triasiques friables qui dominent Bourg-Saint-Maurice; de là l'origine des laves de l'Arbonne. Ce sont des exploitations imprudentes qui ont donné naissance aux ravins du Tir, de la Rosière, aux torrents du Nant d'Agot, du Nant Noir et du Sécheron.

C'est l'accroissement des pelouses aux dépens de la forêt qui a engendré les torrents de Nant Trouble, de la Gruvaz et du Morel. Le bassin du Morel, dont l'étendue est de 3,720 hectares, ne comprend que 280 hectares de futaies résineuses. Rien d'étonnant, dès lors, que des masses d'eau coulant sans obstacle sur une aussi grande surface aient corrodé énergiquement le pied du versant de Doucy et en aient provoqué le glissement sur plus de 1 kilomètre de longueur.

L'activité du torrent du Flon est due à l'extension des pâturages et à l'exploitation des peuplements qui couvraient le vaste éventail des ravins qui se réunissent à sa partie supérieure.

Une conséquence générale du déboisement dans toute la région a été le développement des avalanches. Du mois d'octobre 1900 au mois de juin 1904, 16 personnes ont été surprises par des avalanches, 69 routes ou chemins ont été interceptés, 41 bâtiments ont été endommagés et 2 ponts enlevés.

Un autre effet du déboisement est de nuire à l'industrie laitière, par suite du défaut de combustible en quantité suffisante pour la fabrication des fromages.

Outre les effets locaux, la dénudation du sol et le déboisement engendrent des dangers d'un ordre général qui menacent de grands intérêts.

Les nombreux torrents et ravins qui aboutissent à l'Isère y déversent des eaux chargées de matériaux et dont la densité est considérable. Ces apports incessants ont causé l'exhaussement du lit qui a été signalé précédemment. Les infiltrations qui se produisent s'étendent, tant dans le département de la Savoie que dans celui de l'Isère, sur plus de 21,000 hectares de terrains qu'elles transforment en marais ou qui ne peuvent être assainis qu'au moyen de travaux dispendieux.

De plus, ces torrents à régime irrégulier causent de très fortes crues dans l'Isère, surtout au moment des grandes pluies d'automne : les eaux montent à Grenoble jusqu'à 5 m. 50 et le débit atteint de 1,800 à 2,000 mètres cubes.

Composition et contenance du périmètre. — Le périmètre de la Haute Isère a été constitué par une loi du 26 juillet 1892.

Sa contenance est de 1,330^{h} 94^{a} 21^{c}, dont 1,293^{h} 70^{a} 13^{c} sont déjà la propriété de l'État.

Il comprend les dix-sept séries suivantes :

Série	h	a	c
Sainte-Foy	120^{h}	59^{a}	92^{c}
Séez	190	55	29
Bourg-Saint-Maurice	261	41	67
Les Chapelles	54	01	13
Mâcot	84	65	45
Planay	9	90	00
Champagny	58	90	10
Saint-Bon	84	23	65
Bozel	102	51	82
Le Bois	29	86	24
Les Avanchers	21	77	27
Doucy	35	91	76
Saint-Oyen		43	95
Bellecombe	7	09	20
Cevins	96	35	00
Cohennoz	8	66	89
Ugine	142	97	47
Villette	21	07	40
Total	1330	94	21

Travaux. — De même que dans les autres périmètres de la région, les travaux de corrections sont de beaucoup les plus importants. Il est d'ailleurs facile de s'en rendre compte par l'examen du tableau des séries; le reboisement seul des faibles contenances qu'il a semblé possible de distraire des pâturages serait absolument insuffisant pour produire un effet utile sur le régime des torrents.

Les travaux de restauration sont terminés actuellement dans les séries suivantes : Sainte-Foy, Séez, Bourg-Saint-Maurice, les Chapelles, Champagny, le Bois, les Avanchers, Doucy, Saint-Oyen, Bellecombe, Cevins, Ugine et Villette.

Le Nant de Saint-Claude, commune de Sainte-Foy, était surtout à craindre à cause des laves provenant des érosions causées par le torrent au pied d'un vaste éboulement situé sur sa rive droite.

Des barrages ont été construits pour donner une base aux matériaux d'éboulis et empêcher leur remaniement par les eaux; leur effet a été complété par des plantations de pins sylvestres et de feuillus qui ont parfaitement réussi.

A Séez, le Reclus coule dans les schistes lustrés et les calcaires micacés sur la rive droite et le houiller sur la rive gauche. Ces terrains étant imprégnés d'eau, de nombreux éboulements se produisaient : des barrages, des drainages et des reboisements ont remédié à cette situation.

L'Arbonne, sur le territoire des communes de Bourg-Saint-Maurice et des Chapelles, était autrefois un des torrents les plus dangereux de la Tarentaise. Les travaux de restauration exécutés dans le bassin de ce torrent ont apporté une très grande amélioration dans son régime. On voit aujourd'hui sur les terrains consolidés de la rive droite un massif de jeunes mélèzes d'une très belle venue.

Le Reclaz, commune de Champagny, charriait autrefois de très grandes quantités de matériaux qu'il puisait dans un arrachement étendu situé sur sa rive droite. Les travaux de correction et de reboisement exécutés depuis 1893 paraissent avoir rendu ce torrent absolument inoffensif.

Dans la commune du Bois, le torrent du Sécheron entraînait les débris d'un vaste éboulement détaché des hauteurs et en recouvrait les cultures inférieures. Des travaux de drainage ont desséché cet éboulement, que des plantations ultérieures de feuillus et de résineux ont consolidé définitivement.

Dans les communes du Bois et de Bellecombe, le Nant Noir qui traverse des terrains schisteux est actuellement corrigé et ses berges sont reboisés en feuillus.

Le torrent Morel coule sur les territoires des communes des Avanchers, de Doucy, de Saint-Oyen et de Bellecombe.

Il traversait un éboulement de 1,000 mètres de longueur environ où il puisait de grandes masses de matériaux qu'il déversait dans la plaine et dans l'Isère; de plus l'éboulement n'était pas sans danger pour les habitations qui le dominaient et en particulier pour le village de Doucy. Le système de correction par barrages ne pouvant être adopté avec une sécurité suffisante à cause de l'instabilité de la rive gauche, on a pris le parti de dévier le cours d'eau au moyen d'une canalisation souterraine ouverte dans le lias calcaire de la rive droite.

D'après les données du devis, la longueur du canal entre deux points de sujétion constitués par des roches est de 978 m. 55 et sa pente générale est de 10.19 p. 100. Il est coupé par des gradins de 2 mètres de hauteur reliés entre eux par des plans inclinés à 0.01 d'une longueur de 18 m. 20.

La section du canal au-dessus de chaque gradin est de $18^{mq},13$; elle est de $25^{mq},47$ à partir du pied.

La hauteur des gradins, 2 mètres, est un peu faible, mais une plus grande hauteur aurait entraîné un grand surcroît de dépense. Si la pente du radier, 1 p. 100, paraît trop forte dans quelques années, il sera très facile d'y remédier à très peu de frais, en construisant de petits seuils de faible hauteur au moyen de frag-

83. Périmètre de la Haute-Isère (Savoie). Série de Mâcot. — Partie inférieure du torrent de Sangot.

84. Périmètre de la Haute Isère (Savoie). Série du Bois. — Partie du torrent du Sécheron au début des travaux.

85. Périmètre de la Haute Isère (Savoie). Série du Bois. — Etat actuel du torrent du Sécheron.

86. Périmètre de la Haute-Isère (Savoie). Série de Doucy.
Partie méridionale d'un éboulement de 1000 mètres de longueur.

87. Périmètre de la Haute-Isère (Savoie). Série d'Ugines. — Le torrent du Nant Trouble en 1891.

88. Périmètre de la Haute-Isère (Savoie). Série d'Ugines. — Même vue que la précédente ; état actuel.

ments de rails hors d'usage encastrés dans les parois et de mortier de ciment.

Dans la commune de Cevins, le torrent de la Gruvaz a été l'objet de travaux de correction destinés à empêcher le creusement du lit, complétés par des reboisements en mélèze, pins à crochets et pins cembro. Le résultat obtenu est déjà très appréciable et la restauration du bassin pourra être considérée comme terminée lorsque les jeunes plantations auront pris un développement suffisant.

Dans la commune d'Ugine, le Nant Trouble, en creusant son lit dans des schistes noirs, déterminait de fréquents éboulements sous le versant de rive gauche, imprégné d'ailleurs d'humidité. Des barrages et des canaux de drainage ont remédié à cet état de choses; leur action a été renforcée par des plantations de feuillus et de pin sylvestre, de pin laricio d'Autriche et d'épicéa. Sur le versant oriental du mont Charvin, de nombreux ravins disposés en éventail et creusés dans des schistes noirs du jurassique supérieur transportaient dans le Flon et de là dans l'Arly les matériaux provenant des berges délayées par les eaux. La correction a été effectuée au moyen de petits ouvrages en pierre sèche et de canaux de drainage. Des plantations de mélèzes et d'épicéas sur les sols frais, de pins à crochets sur les terrains secs, de bois blancs et de frênes le long des ravins assurent l'efficacité de la correction.

Le Nant Agot, à Villette, était depuis longtemps dans une période de calme lorsque en 1889 une très forte crue s'est produite. Les travaux de correction et de reboisement entrepris dès 1892 sont actuellement terminés.

La contenance reboisée est de 899 hectares.

Les travaux de restauration dans les autres séries sont en cours d'exécution. (Planches 83 à 88.)

PÉRIMÈTRE DE L'ARC SUPÉRIEUR.

Description du bassin. Altitudes. — La vallée de l'Arc, qui correspond à l'ancienne province de Maurienne, a une longueur de 127 kilomètres du col Girard au pont Royal. Elle se divise en deux parties : la haute Maurienne, des sources de l'Arc à Saint-Jean-de-Maurienne, et la basse Maurienne, de Saint-Jean à l'Isère. Du col Girard à Saint-Jean, le thalweg a un développement de 82 kilomètres; son point de départ se trouve dans le glacier des sources de l'Arc, à 2,600 mètres environ d'altitude. La pente moyenne est de 2.7 p. 100.

Le cours de l'Arc décrit une courbe dont la corde est dirigée de l'ouest-nord-ouest à l'est-sud-est.

La partie supérieure de la vallée de l'Arc longe jusqu'à Modane la frontière italienne, de la cime d'Oin (3,514 m.) au Thabor (3,205 m.).

D'abord enserrée pendant 18 kilomètres, jusqu'à Bessans (1,742 m.), entre de hautes montagnes complètement dénudées, la vallée s'élargit et prend un aspect plus riant : à la hauteur de la Magdeleine la rivière s'encaisse profondément jusqu'à Lans-le-Villard, et ensuite de Lans-le-Bourg (1,479 m.) à Termignon (1,280 m.).

L'Arc est alimenté par les eaux de vastes et nombreux glaciers dont les principaux occupent une superficie de plus de 4,000 hectares.

D'importantes vallées secondaires lui apportent les eaux d'autres groupes glaciaires. Ce sont, à gauche, les vallées d'Avérole et de Ribon, à droite la vallée du Doron de Termignon.

De Termignon à Modane, la rivière coule sur deux paliers séparés par la cluse de l'Esseillon. Le versant de gauche est généralement boisé, celui de droite ne l'est qu'au-dessus de Sordières.

Les principaux affluents sont, à gauche, le torrent de l'Envers, le ruisseau d'Ambin, le torrent de Saint-Antoine qui prend sa source à la Belle Plinier (3,091 m.), et le Charmaix, à droite, les ruisseaux de Saint-Benoît et d'Outraz.

De Modane à Saint-Michel, la vallée se transforme en une gorge où il y a à peine place pour l'Arc, la route nationale et la voie ferrée. Les pentes sont très fortes ; le versant de gauche, exposé au nord, est boisé, mais celui de droite ne présente que des lambeaux de forêts.

A Saint-Michel les montagnes s'écartent ; au sud, s'ouvrent deux larges vallées, celle de Valmeinier et celle de la Valloirette.

En aval de Saint-Michel, l'Arc s'engage dans le défilé du Pas du Roc, puis de nouveau la vallée s'élargit jusqu'à Saint-Jean-de-Maurienne, dominée de plus de 1,800 mètres par les imposants bastions de la Croix des Têtes (2,499 m.) et de Casse Massion (2,482 m.) dont les cimes ne sont séparées que par une distance de 7 kilomètres.

Les versants de rive gauche sont toujours très escarpés. Ceux de droite offrent d'abord des pentes modérées dans la direction du col des Encombres, puis ils s'érigent en hautes falaises à la Croix des Têtes et redeviennent ensuite accessibles, tout en conservant une forte inclinaison.

Entre Modane et Saint-Michel, l'Arc reçoit, à gauche, les ruisseaux de Bissorte, de Valmeinier et de la Valloirette, à droite, le torrent Pousset.

En aval de Saint-Michel, la rivière coule au pied des versants de rive gauche, tandis qu'elle est séparée des escarpements du nord par des talus peu inclinés, 6 à 12 p. 100, larges de 1,000 à 1,500 mètres et couverts de vigne : elle a été, en effet, constamment repoussée vers le sud par les cônes de nombreux torrents, parmi lesquels on peut citer la Grollaz, le Saint-Martin, le Rieu-Sec, le Claret et le Saint-Julien.

Conditions géologiques. — La haute Maurienne est comprise tout entière dans les zones du Briançonnais et du Piémont.

La partie axiale de la zone du Briançonnais est formée par des terrains carbonifériens qui s'étendent de Modane à Saint-Michel.

A l'ouest, s'élève la chaîne des Encombres dont la crête rocheuse, constituée par des calcaires liasiques, est bordée de chaque côté par une bande gypseuse avec des cargneules du trias supérieur (torrent de Saint-Martin). Ces gypses et cargneules se retrouvent vers Modane (torrent de Saint-Antoine) et ils ont leur maximum de développemnnt dans le cirque de Bramans, jusqu'au mont Cenis sur le territoire italien. Le massif des Encombres présente ensuite des assises liasiques, calcaires résistants et schistes. C'est dans ces formations que se trouvent la partie supérieure du torrent de Saint-Julien ainsi que ses divers affluents de gauche. Puis apparaît une large zone de nummulitique qui se prolonge vers le nord en Tarentaise et se retrouve, au sud, de l'autre côté de l'Arc où elle constitue tout le versant oriental de la chaîne qui s'étend de Casse Massion au Galibier. Les ardoises de Saint-Julien et de Montricher sont extraites dans les couches schisteuses du flysch.

Au pied des pentes nord-ouest de Casse Massion, les schistes et les calcaires liasiques très friables forment une partie notable des terrains d'Albiez-le-Jeune et de Villargondran : le torrent de Rieubel et le ravin des Roches Noires ont creusé leur lit dans ces terrains.

Les éboulis et les dépôts glaciaires se rencontrent fréquemment sur les pentes et fournissent des matériaux aux torrents.

Climat. — Le climat de la vallée de l'Arc se rapproche beaucoup de celui des Hautes-Alpes.

C'est un climat continental rendu plus accusé par l'encaissement des vallées et la grande altitude des cimes.

Les précipitations atmosphériques sont moins fréquentes et moins abondantes que dans le reste du département.

Les chiffres qui suivent indiquent la hauteur moyenne des pluies pendant 4 ans, de 1900 à 1903, dans diverses localités du bassin de l'Arc.

Chambéry (270^m d'altitude)	1^m308
Saint-Jean-de-Maurienne (535^m)	0 658
Saint-Jean-d'Arves (496^m)	0 669
Modane (1,050^m)	0 552
Lans-le-Bourg (1,392^m)	0 787

Les hauteurs de neige suivantes ont été observées pendant l'hiver 1903-1904 :

Saint-Julien-de-Maurienne (669^m d'altitude)	1^m103
Saint-Jean-d'Arves (1,496^m)	3 887
Modane (1,050^m)	2 067
Termignon (1,293^m)	2 817
Bessans (1,742^m)	3 500

Le nombre des jours de pluie et l'épaisseur de la lame d'eau diminuent à mesure qu'on s'éloigne de l'Isère et c'est Modane qui semble jouir du climat le plus sec.

De cette sécheresse du climat on peut conclure à l'absence des brumes et des brouillards; il est en effet rare, en automne, de voir la mer de nuages dépasser la Chambre. Aussi la puissance de la lumière est-elle bien plus considérable en Maurienne que dans le reste de la Savoie, ainsi qu'il est facile de le constater sur des plaques photographiques.

A raison de son peu de largeur, la vallée de l'Arc chauffée par le soleil d'été deviendrait une véritable fournaise sans la brise de montagne, sans la brise descendante surtout qui transporte avec elle la fraîcheur des hautes cimes couvertes de neiges et de glaces.

Productions. — La vigne monte à Saint-Martin-la-Porte jusqu'à l'altitude de 1,000 mètres environ; c'est sa station la plus orientale dans la région.

De Modane à Belleval, la culture dominante, et presque exclusive, est celle du seigle. A Modane les champs de seigle se trouvent entre 1,000 et 1,400 mètres, à Bramans ils atteignent 1500 à 1,600 mètres, à Lans-le-Bourg ils arrivent 1,700 mètres, à Bonneval enfin le seigle se récolte encore à 1,900 mètres; dans la vallée de l'Avérole certains champs approchent même de 2,000 mètres.

Le chanvre est aussi cultivé très haut, 1,300 mètres à Saint-Martin-la-Porte.

En Maurienne, comme en Tarentaise, une des principales industries du pays est la fabrication du fromage et l'élevage du bétail.

Les hauts pâturages sont livrés, moyennant redevance, à des troupeaux de moutons transhumants.

La région de Saint-Michel fournit de l'anthracite et on rencontre des exploitations importantes d'ardoises à Saint-Julien-de-Maurienne, à Montricher et à Villargondran. Les installations hydroélectriques sont assez nombreuses.

Les forêts soumises au régime forestier dans la haute Maurienne ont une contenance de 11,002 hectares. Le mélèze, le pin cembro et l'épicéa occupent les meilleurs terrains, le pin à crochets et le pin sylvestre se trouvent sur les gypses et les versants chauds.

Le sapin, le hêtre et l'orme existent en mélange avec les autres essences.

Situation administrative. Contenance. Population. — Le bassin de l'Arc supérieur comprend 26 communes de l'arrondissement de Saint-Jean-de-Maurienne, plus une partie des communes d'Albiez-le-Jeune et de Saint-Jean.

La superficie est de 124,731 hectares. Certaines communes, Termignon (18,057 hect.) et Bessans (15,435 hect.), notamment, comptent parmi les plus étendues du département.

La population est de 23,980 habitants.

État de dégradation du sol. — Peu ou point de verdure, des versants escarpés, arides, brûlés par le soleil, sillonnés de ravins et de torrents, tel est l'aspect de la haute Maurienne, surtout sur la rive droite de l'Arc. Les plaies ouvertes dans la montagne rongent chaque jour davantage les surfaces voisines encore en bon état.

Cet état de dégradation est dû à la nature des terrains, à la raideur des pentes, au peu d'étendue des forêts (10 p. 100 de la contenance du bassin), à la surcharge des pâturages et aux irrigations trop abondantes.

Par suite de cette situation, les avalanches, glissant sans obstacle, achèvent l'œuvre de déforestation, enlèvent les chalets, les granges, les troupeaux et trop souvent menacent l'homme lui-même. En quatre hivers, elles ont brisé 2,800 mètres cubes de bois d'œuvre, coupé 67 routes et chemins de tous genres, détruit 14 constructions, fait périr 70 moutons et enseveli 64 personnes dont 8 sont mortes.

Des torrents dangereux, tels que l'Envers, le Saint-Antoine, le Saint-Martin et le Saint-Julien ont profondément creusé la montagne, couvert de ses débris les cultures de la plaine et enlisé des habitations.

Le torrent du Pousset a surélevé de 2 mètres en 1904 le niveau de l'Arc.

La route nationale et la voie ferrée ont eu aussi très souvent à souffrir des incursions des torrents.

De plus, l'action torrentielle amène l'irrégularité du régime de l'Arc, qui exerce une grande influence sur les crues de l'Isère.

Le débit de l'Arc, qui est de 10 mètres cubes à l'étiage, s'élève à 700 mètres cubes en temps de crue.

Composition et contenance du périmètre. — Le périmètre de l'Arc supérieur a été constitué par une loi du 26 juillet 1892.

Sa contenance est de 3,156h 51a 97c dont 2,591h 67a 07c appartiennent actuellement à l'État.

Il comprend les treize séries ci-après.

Sollières-Sardières	540h 01a 00c
Villarodin-Bourget	224 25 00
Modane	52 57 00
Orelle	183 85 21
Thyl	116 00 00
Saint-Michel	8 47 72
Beaune	113 58 51
Saint-Martin-la-Porte	559 03 61
Saint-Julien	904 60 09
Montdenis	183 19 34
Albiez-le-Jeune	170 82 11
Villargondran	38 77 69
Saint-Jean-de-Maurienne	61 35 39
TOTAL	3,156 51 97

Travaux. — Les travaux de restauration sont à peu près terminés dans les séries de Sollières-Sardières, Villarodin-Bourget, Modane, Orelle, Thyl, Beaune, Saint-Michel, Saint-Julien et Montdenis.

Le torrent de l'Envers, commune de Sollières-Sardières, prend naissance dans le massif du Petit-Mont-Cenis (3,130 m.). Au sortir des schistes lustrés de son bassin supérieur, il s'engage dans une profonde gorge creusée dans les gypses du trias. Les ravins ont été corrigés, des murs d'arrêt ont empêché les avalanches de détruire les reboisements, enfin des canaux de drainage, en asséchant le sol, ont eu pour effet de fixer les neiges et d'assurer la stabilité des versants.

Simultanément on a exécuté des semis de pin cembro de 2,000 à 2,500 mètres et des plantations d'épicéas, de mélèzes et de pins à crochets entre 1,800 et 2,200 mètres.

Le torrent de Saint-Antoine, commune de Villarodin-Bourget et de Modane, sort du petit glacier de la Belle Plinier (3,091 m.). Son bassin supérieur est un vaste entonnoir aux parois extrêmement déclives formées par des schistes lustrés très délités; au-dessous, le torrent s'engage dans une gorge abrupte présentant des affleurements de gypses et coupée par un banc de calcaire compact. Ses crues sont très dangereuses. La correction a été effectuée au moyen de barrages, de canaux de drainage et de murs d'avalanches; de plus, on a effectué, entre 1,800 et 2,300 mètres, des semis de pin cembro et des plantations d'épicéa, de mélèze et de pin de montagne.

Dans les séries d'Orelle et de Thyl, le Pousset coule dans les grès et les schistes du carboniférien. La dénudation de son bassin, la très grande déclivité de son lit, le délitement et l'imbibition du sol rendent ses laves violentes et fréquentes. On a reboisé une étendue de 160 hectares en épicéas, mélèzes et pins de montagne, entre 1,500 et 2,400 mètres. Lorsque la jeune forêt aura formé un fourré suffisamment développé, le régime des diverses branches du torrent sera amélioré et il sera possible d'entreprendre à peu de frais les travaux de correction nécessaires.

Dans les séries de Beaune, Saint-Michel et Saint-Martin-la-Porte, la Grollaz est comprise en entier dans les schistes et les grès du carboniférien. Les travaux de correction ont été effectués de 1880 à 1892. De 1895 à 1905 des travaux de reboisement se sont étendus sur la plus grande partie du bassin. Un massif complet de 50 hectares en pins de montagne, épicéas et mélèzes, modifie complètement l'aspect de la montagne. Plus bas, dans la gorge, les pins sylvestres et les aunes ont une végétation très active. Dans ces dernières années les pins accusent sur plusieurs points des accroissements en hauteur de plus de $0^{m}\ 70^{c}$ par an. La forêt ainsi installée rend définitive l'œuvre de correction accomplie.

Le Saint-Martin, dans la commne du même nom, descend du petit col des Encombres. Deux affluents, creusés dans les gypses, ont été

IMPRIMERIE NATIONALE.

corrigés au moyen de barrages et de canaux de drainage. La berge gauche du torrent, en grande partie dans le carboniférien, présente une étendue en mouvement de 1,500 hectares environ : on espère arrêter cet important glissement par des travaux de drainage qui ont déjà donné d'excellents résultats. Entre 1,000 et 1,300 mètres des reboisements très complets ont été effectués; les pins sylvestres y sont d'une belle venue, mais l'instabilité du sol rend encore le résultat incertain.

Les matériaux charriés par le torrent sont conduits à la rivière par un radier en maçonnerie; cet ouvrage important n'a pas été construit et n'est pas entretenu par l'administration des eaux et forêts.

Le Rieu-Sec, commune de Saint-Martin et de Saint-Julien, descend du roc de Beaune, à l'extrémité sud du massif des Encombres, au milieu des terrains liasiques représentés par des calcaires compacts et par des schistes noirs très friables. Le caractère particulier de ce torrent consiste dans la très grande déclivité de son bassin : ce ne sont, dans les masses calcaires ou schisteuses de la Croix des Têtes, que des falaises superposées et des gorges profondément encaissées.

Les barrages en gros blocs, construits de 1897 à 1900, constituent une correction complète du torrent et suppriment les laves qui se formaient dans son bassin. Le reboisement des deux versants et d'une partie du cône améliorera sérieusement son régime. Mais, avec une pareille disposition topographique, il est certain qu'il se produira toujours des crues brutales et soudaines.

Le Claret, commune de Saint-Julien, coule du nord au sud, à 900 mètres à l'ouest du Rieu-Sec; il reçoit, à gauche, trois ravins dont l'origine se trouve dans les replis de la Croix des Têtes. Son bassin est constitué par les gypses du trias et par les falaises calcaires et les schistes du lias. De même qu'au Rieu-Sec les barrages ont été construits en blocs de 1 mètre cube environ. Quelques canaux de drainage et des reboisements en épicéa, mélèze et pin de montagne complètent l'action des barrages.

Le Saint-Julien, commune de Saint-Julien et de Montdenis, est un torrent vaste et complexe. Son bassin, d'une superficie de 2,000 hectares, est sillonné de ravins creusés dans les schistes nummulitiques, les boues glaciaires et les marnes liasiques. Tous ces terrains, sans consistance, s'y rencontrent sous une grande puissance. Les crues et les laves du Saint-Julien ont été très nombreuses et ont causé de grands dégâts. Un canal de dérivation creusé dans la roche a amené l'arrêt définitif d'un vaste éboulement qui entraînait le village de Montdenis. Des barrages en amont et en aval de la dérivation ont fixé le lit du torrent et ses eaux sont conduites jusqu'à l'Arc par un canal d'écoulement. Des reboisemonts en pins sylvestres, chênes, érables ont été installés dans l'éboulement et des plantations de peupliers, saules et aunes ont été faites dans la gorge. Dès maintenant les grands ravages ne paraissent plus à redouter.

Le torrent du Rieu-Bel, commune d'Albiez-le-Jeune et de Villargondran, prend sa source dans la commune d'Albiez-le-Jeune à l'altitude de 1,550 mètres; il coule du sud au nord et son cours ne dépasse pas 3 kilom. 500 de longueur. Son bassin supérieur, en forme de cirque, est sillonné de petits ravins qui se réunissent au torrent principal au-dessous de 1,100 mètres. Le sol provenant de la désagrégation des schistes du lias est généralement imbibé d'eau et a une tendance à glisser.

Par ses inondations et ses laves le torrent de Rieu-Bel menace le village et le territoire de Villargondran.

Des barrages rustiques ont été construits pour fixer le lit du torrent et des canaux de drainage ont été établis en vue d'assécher le sol; de plus on a effectué des plantations d'épicéa et de mélèze qui présentent un excellent état de végétation : ces travaux doivent être continués.

Le torrent des Roches Noires, commune de Villargondran et de Saint-Jean-de-Maurienne, est creusé dans les schistes noirs et dans les boues glaciaires. L'extrême déclivité et le défaut de fertilité du sol rendent les travaux de reboisement difficiles et d'un succès incertain; c'est surtout au moyen de garnissages qu'on pourra fixer le lit et introduire la végétation. Le reboisement présente plus d'importance dans ce périmètre que dans ceux qui précèdent.

La contenance reboisée est de 647 hectares.

Les travaux de correction restant à effectuer seront, autant que possible, limités à la construction de barrages de base et à l'établissement de petits ouvrages accessoires. (Planches 89 à 93.)

PÉRIMÈTRE DE L'ARC INFÉRIEUR.

Description du bassin. Altitudes. — Le bassin inférieur de l'Arc, ou basse Maurienne, s'étend du pont Royal sur l'Isère jusqu'à une ligne conventionnelle partant de la Pointe du Vallon (2,701 m.) et aboutissant à l'Aiguille centrale d'Arves (3,614 m.). Sur le versant droit de la vallée, cette ligne sépare les bassins des torrents de Saint-Julien et de l'Hermillon, et sur le versant gauche, le bassin de l'Arvan de celui de la Valloirette.

La vallée principale est barrée immédiatement après le confluent de l'Arvan par le massif résistant du Rocheray que l'Arc franchit par le défilé de Pontamafrey. A la hauteur de Sainte-Marie-de-Cuines, les cimes s'écartent, deux vallées transversales débouchent à la Chambre, celle du Bugeon au nord-est et celle du Glandon au sud-ouest. Puis de nouveau la vallée se resserre jusqu'à Saint-Pierre-de-Belleville où elle s'élargit. Enfin après un dernier étranglement commandé par le roc de Charbonnière, la vallée, dirigée jusque là vers le nord, tourne brusquement à l'ouest, jusqu'au pont Royal (299 m).

L'Arc inférieur reçoit un certain nombre d'affluents qui ne sont pas sans influence sur son régime.

C'est d'abord l'Arvan qui prend sa source dans le glacier de Saint-Sorlin et qui rejoint l'Arc au-dessous de la gare de Saint-Jean-de-Maurienne. Le développement de son cours est de

89. Périmètre de l'Arc Supérieur (Savoie). Série de Saint-Michel. — Le torrent de la Grollaz en 1886.

90. Périmètre de l'Arc Supérieur (Savoie). Série de Saint-Michel.
Même vue que la précédente ; état actuel.

Phototypie Berthaud, Paris.

91. Périmètre de l'Arc supérieur (Savoie). Série de Saint-Julien-de-Maurienne.
Vue d'ensemble des torrents du Claret et du Rieu Sec.

92. Périmètre de l'Arc Supérieur (Savoie). Série de Saint-Julien-de-Maurienne.
Le torrent de Saint-Julien en 1898.

93. Périmètre de l'Arc supérieur (Savoie). Série de Saint-Julien-de-Maurienne.
Même vue que la précédente ; état actuel.

25 kilom. 400. Son débit, qui est de 5^{mc} 450 en eaux ordinaires, atteint 127 mètres cubes au moment des crues; il transporte de grandes quantités de boues noires.

Le Glandon, qui sort des rocs de l'Argentière, débite 2^{mc} 800 en eaux ordinaires et 53^{mc} 400 en temps de crue. Il se jette dans l'Arc à la hauteur de la Chambre, un peu en amont du Bugeon, dont la vallée est le prolongement de la sienne sur la rive droite de l'Arc. Le bassin du Glandon est fort peu boisé, de même que celui du Bugeon.

Le Bugeon prend naissance au col de la Madeleine (1,984 m.) et se jette dans l'Arc au-dessous du village de la Chambre, après avoir parcouru 12,900 mètres. Son débit, qui est de 2^{mc}150 en eaux ordinaires, atteint 50 mètres cubes lors des crues.

Dans la partie septentrionnale du cours de l'Arc, les affluents ne coulent plus dans de véritables vallées; ils descendent directement le long des versants, en suivant les lignes de plus grande pente. Les plus importants sont, sur la rive droite, le torrent des Moulins qui arrive à Epierre, celui de Montsapey qui prend naissance au col de Basmont (1,807 m.) et le Vorgeray qui descend du Grand Arc (2,482 m.) et se jette dans l'Arc à Aiguebelle; sur la rive gauche, le torrent de Corbières et celui de la Croix d'Aiguebelle.

Conditions géologiques. — Le bassin inférieur de l'Arc appartient à deux zones géologiques distinctes, la zone du Mont Blanc et celle du Briançonnais.

Les massifs cristallins de la zone du Mont-Blanc forment deux séries parallèles, disposées l'une à l'est et l'autre à l'ouest du bassin.

Le long de la série cristalline occidentale est disposée une longue bande de dépôts secondaires limitée par la dépression du col de la Madeleine au col du Glandon, en suivant les vallées du Bugeon et du Glandon. Ces formations s'arrêtent à l'est à une ligne qui passe à Villarclément et forme le bord oriental du bassin inférieur de l'Arc, de Casse Massion aux Aiguilles d'Arves.

Ces terrains comprennent surtout des assises liasiques, calcaires ou schisteuses. Leur largeur, qui est de 3,000 mètres au col de la Madeleine, atteint 17,000 mètres suivant la direction de la pointe de l'Ouillon au Mont Charvin. Le massif compris entre le Glandon et l'Arvan est tout entier constitué par les schistes du lias, tendres et délitables le plus souvent, assez résistants parfois pour fournir des ardoises. Le long de la vallée de l'Arvan de puissantes couches de gypses triasiques s'étendent de Saint-Jean-de-Maurienne à Saint-Jean-d'Arves. Ces mêmes gypses se rencontrent au-dessus des terrains cristallins de la rive droite de l'Arc.

La zone du Briançonnais est caractérisée par une bande tertiaire qui borde le bassin inférieur de l'Arc.

Climat. — Le climat est sensiblement le même que celui de la haute Maurienne. Toutefois, l'humidité croît au fur et à mesure que l'on se rapproche de l'Isère. Le nombre des jours de pluie et la hauteur d'eau annuelle augmentent. Les brouillards sont assez fréquents en automne; le défilé de Pontamafrey leur sert en général de limite supérieure.

Pour la vallée de l'Arvan, la hauteur moyenne des pluies de 1900 à 1903 est la suivante :

	ALTITUDE.
Saint-Jean-de-Maurienne (0m 658).............	557 mètres.
Saint-Jean-d'Arves (0m 669)..................	1,548

Les orages sont assez fréquents dans les Villards et dans les Arves, mais ils sont de courte durée.

Productions. — Dans le fond de la vallée et sur les plateaux suffisamment échauffés par le soleil, on cultive les céréales nécessaires à la consommation locale; mais cette culture n'est rémunératrice que sur les colmatages.

Dans les cirques de Saint-Jean-de-Maurienne et de la Chambre, la vigne s'élève jusqu'à 900 mètres.

Mais la principale source de revenu dans les vallées de l'Arvan, du Bugeon et du Glandon consiste dans l'élevage du bétail et l'utilisation du lait pour la fabrication de fromages divers.

Le développement des fruitières amène la substitution de la race bovine à la race ovine; à Jarrier et à Villarembert cependant l'élevage du mouton est encore pratiqué.

Un certain nombre d'industries tirent parti des richesses naturelles de la région.

Les gypses de la combe d'Arvan, à Saint Jean-de-Maurienne, et ceux de Saint-Avre alimentent d'importantes usines dont les plâtres rivalisent avec ceux du bassin de Paris.

C'est à Saint-Georges-d'Hurtières que se trouvent les plus importantes mines de fer spathique : elles sont concédées à la société du Creusot qui, depuis quelques années, en a suspendu l'exploitation.

Des schistes du lias on extrait des ardoises de qualité moyenne dans les Villards, à la Chambre et au col de la Madeleine.

L'utilisation des chutes d'eau a fait naître de nouvelles industries. A Saint-Étienne-de-Cuines, une fabrique de pâtes alimentaires, à Epierre une fabrique de carbure de calcium fonctionnent régulièrement.

Une nouvelle usine hydro-électrique est projetée sur la rive droite de l'Arc, à Hermillon.

Des papeteries et des fabriques de pâtes à papier utilisent à Saint-Étienne-de-Cuines et à Saint-Rémy les produits ligneux provenant des forêts de la vallée.

La surface boisée est peu considérable et les massifs boisés se rencontrent surtout sur les terrains cristallins de la zone du Mont Blanc, c'est-à-dire sur les terrains les plus résistants et les moins exposés au ravinement.

Au contraire, les vallées de l'Arvan, du Bugeon et du Glandon, où dominent les schistes liasiques mélangés au gypse, sont presque complètement privées de bois.

Situation administrative. Contenance. Population. — Le bassin inférieur de l'Arc est compris dans les arrondissements de Saint-Jean-de-Maurienne et de Chambéry. Il englobe 38 communes formant une surface totale de 77,500 hectares; la population est de 32,576 habitants.

État de dégradation du sol. — Les terrains cristallins qui s'étendent de la Chambre à Aiguebelle présentent peu de torrents, malgré la raideur des pentes. Les matériaux charriés par les eaux proviennent de la désagrégation des roches supérieures, ou de dépôts détritiques localisés.

La zone de la Chambre à Saint-Jean-de-Maurienne est occupée par des dépôts liasiques déchirés par de nombreux torrents, dont l'origine provient souvent du déboisement suivi d'abus de pâturage.

Il est inutile de s'étendre sur les dangers de cette situation, ni de rappeler les inondations dont la vallée de l'Arc a été le théâtre, mais il est nécessaire de ne pas perdre de vue que la route nationale de Paris en Italie et le chemin de fer du Rhône au Mont-Cenis sont toujours à la merci d'un orage et que presque chaque année la circulation s'y trouve interrompue.

Composition et contenance du périmètre. — Une loi du 27 juillet 1898 a déclaré d'utilité publique les travaux de restauration à effectuer dans le bassin de l'Arc inférieur.

La contenance du périmètre est de 2,283^{h} 77^{a}, 24^{c} dont 644^{h} 36^{a} 85^{c} sont actuellement la propriété de l'État.

Il comprend les quinze séries suivantes :

Saint-Jean-de-Maurienne	1^{h} 64^{a} 45^{c}
Albiez-le-Jeune	150 24 42
Albiez-le-Vieux	404 42 33
St-Jean-d'Arves	68 87 22
Villarambert	18 06 88

Fontcouverte	65h	37a	13c
Saint-Pancrace	12	84	80
Jarrier	101	04	48
Saint-Colomban-des-Villards	751	66	95
Saint-Alban-des-Villards	145	97	01
Saint-Martin-la-Chambre	8	34	17
Notre-Dame-du-Cruet	25	22	23
Montgellafrey	161	22	58
Saint-Alban-des-Hurtières	20	86	24
Bonvillaret	57	81	85
Épierre	290	14	50
TOTAL	2,283	77	24

De plus, un projet de périmètre complémentaire comprend 697 56a 58c répartis ainsi qu'il suit sur deux communes;

Jarrier	496h	20a	58c
Saint-Pancrace	201	36	00
TOTAL	697	56	58

La contenance totale du périmètre de l'Arc intérieur sera donc portée ultérieurement à 2,981c 33a 81c.

Travaux. — Le torrent de Bonrieu, séries de Saint-Jean-de-Maurienne, de Jarrier et de Saint-Pancrace, est creusé dans des schistes liasiques, peu consistants et facilement délayables; c'est un affluent de l'Arc, par l'Arvan.

Ces schistes sont sillonnés de nombreux ravins; le sol présente des arrachements et des crevasses provenant d'un glissement général dû au déboisement et à l'accumulation des eaux pluviales dans les dépressions. Les terres fluent sur les pentes et s'écoulent sur les affluents du Bonrieu, où elles sont reprises par les crues et forment des laves dangereuses.

Des garnissages, des canaux de drainage et des plantations d'épicéas et de pins seront entrepris aussitôt que l'administration sera en possession des terrains nécessaires.

Le torrent de Villarambert, série de Fontcouverte, de Villarambert et de Saint-Jean-d'Arves, est un affluent de gauche de l'Arvan. son bassin présente une direction générale sensiblement parallèle à celle du bassin du Bonrieu.

On y rencontre les mêmes phénomènes de glissement produits par les mêmes causes.

La correction du torrent a été entreprise dans la partie inférieure occupée par des gypses. Avant de continuer, il est nécessaire de fixer les schistes liasiques au moyen de canaux de drainage. Après l'exécution de ces travaux on pourra reprendre la correction s'il y a lieu et reboiser les pentes.

Le bassin du torrent des Albiez, séries d'Albiez-le-Jeune et d'Albiez-le-Vieux, se trouve également dans les schistes liasiques délitables.

L'amélioration du torrent est liée intimement à l'assainissement des terres qui le bordent. Après l'exécution des travaux de drainage on pourra entreprendre la correction du lit et le reboisement du bassin.

Le Glandon, série de Saint-Colomban-des-Villards, est un affluent de gauche de l'Arc et se jette dans cette rivière à la hauteur de la Chambre, après un parcours de 25 kilomètres.

La partie haute du bassin est entièrement déboisée et sillonnée de ravins sur le versant de droite; les pentes de gauche, bien que médiocrement gazonnées, sont encore en bon état.

Le lit du Glandon forme la limite entre les terrains cristallins et les terrains jurassiques.

Ce seul fait explique les différences que l'on constate entre les deux versants.

Les travaux de restauration devront consister dans la correction du lit et dans le reboisement du bassin.

Le Niolan, sur la commune de Saint-Alban-des-Villards, coule aussi

94. Périmètre de l'Arc Inférieur (Savoie). Série de Saint-Alban d'Hurtières.
Travaux de correction dans un ravin.

sur les schistes liasiques ; la restauration de son bassin sera entreprise au moyen de la correction du lit et du reboisement des versants.

Le Bugeon, série de Notre-Dame-du-Cruet, de Saint-Martin-la-Chambre et de Montgellafrey, est un affluent de rive droite de l'Arc; il se jette dans cette rivière à la hauteur de la commune de la Chambre, un peu en aval du Glandon.

Il a fréquemment envahi la plaine de la Chambre et coupé la route et la voie ferrée.

Ce torrent traverse une bande de terrains liasiques ravinés et parsemés de lambeaux de bancs glaciaires.

Des ouvrages de correction, des canaux de drainage, des garnissages et des plantations, tels sont les travaux de restauration à exécuter.

Sur la commune de Bonvillaret, le Vergeray, autre affluent de rive droite de l'Arc, se jette dans cette rivière, à la hauteur d'Aiguebelle; il est creusé au milieu des schistes cristallins. Il se produit des glissements dans la région supérieure, ainsi qu'en certains points de la région moyenne. Des barrages et des drainages fixeront le sol qui, de plus, sera mis à l'abri du décapage par un reboisement en essences résineuses.

La combe de Corbière, d'une étendue de 20 hectares environ, se trouve sur la rive gauche du ruisseau de Saint-Pierre-de-Belleville, dans la commune de Saint-Alban-des-Hurtières. Elle fournit au ruisseau des matériaux abondants qu'il transporte dans l'Arc. Un ouvrage de base, un clayonnage de tête, des canaux de drainage, des garnissages, accompagnés du reboisement de la surface feront disparaître rapidement cette plaie locale. (Planche 89.)

DÉPARTEMENT DE LA HAUTE-SAVOIE.

PÉRIMÈTRE DE L'ARVE.

Description du bassin. Altitudes. — La source de l'Arve se trouve au col de Balme, à l'altitude de 2,200 mètres, sur le faîte de la chaîne qui limite le bassin du Rhône en amont du Léman.

La partie supérieure de son cours, du col de Balme au village du Tour, présente une pente moyenne de 17 p. 100; malgré cette très forte pente et l'état de dégradation des terrains traversés le torrent entraîne peu de matériaux, à cause de son faible débit.

Du village du Tour à Chamonix, l'Arve reçoit de nombreux affluents glaciaires qui lui amènent une assez grande quantité de débris rocheux. Les principaux de ces tributaires sont les torrents glaciaires du Tour, d'Argentières et de la Mer de Glace, ce dernier étant désigné sous le nom d'Arveiron. La pente, bien que n'étant plus que de 2 p. 100, est assez forte pour empêcher la formation de dépôts.

A partir de Chamonix, elle transporte les blocs provenant de la partie supérieure de son cours et les dépose, par intermittences, en amont du pont des Gurres, en les unissant à ceux qui sont amenés par les crues violentes et répétées du torrent de la Griaz.

En ce point, après un parcours de 20 kilomètres, le cours d'eau abandonne la direction sud-ouest qu'il suivait tout d'abord et coule vers le nord-ouest en traversant la gorge de Servoz où se font le transport et la trituration des matériaux pris par les crues aux dépôts temporaires du pont des Gurres; la pente générale est de 4 p. 100.

L'Arve sort de la gorge de Servoz à Chedde, et entre alors dans la plaine de Passy et de Sallanches où elle coule de l'est à l'ouest jusqu'au pont de St-Martin-sous-Sallauches. A partir de ce point, elle se redresse vers le Nord en suivant une vallée étroite jusqu'aux environs de Cluses où elle reprend la direction est-ouest à travers un large bassin jusqu'au pont de Bellecombe, puis, s'infléchissant légèrement vers le nord, elle prend son cours dans une vallée resserrée jusqu'à Étrembières, et enfin dans la plaine qu'elle traverse en faisant de nombreux lacets pour aller se jeter dans le Rhône, à 2 kilomètres au-dessous de sa sortie du Léman et à une altitude de 373 mètres, après un parcours total de 97 kilomètres.

C'est dans la partie inférieure de son cours que l'Arve affecte plus particulièrement les allures d'une véritable rivière. Les pentes croissent de l'aval à l'amont, mais cette augmentation est peu sensible, puisque sur un parcours de 75 kilomètres elles passent de 0,23 p. 100 à 0,36 p. 100 seulement.

Le lit au milieu duquel les eaux divaguent présente une largeur très variable; si une partie en est abandonnée pendant quelque temps elle se couvre rapidement d'aunes et d'hippophaés, mais bientôt, lors d'une crue, les eaux reprennent le domaine que la végétation avait occupé.

Les principaux affluents de rive droite sont le Diosaz, le Giffre et la Ménoge.

Les affluents de rive gauche, de l'amont à l'aval, sont d'abord divers torrents glaciaires issus des glaciers du Tour, d'Argentière, de la Mer de Glace, des Bossons, de Taconnaz, du Bourgeat et de la Griaz, puis le Nant Nalien, le Bonnant, le Nant de Marnaz, la Borne, le Foron de la Roche et le torrent de l'Aire.

Le bassin de l'Arve comprend les plus hauts sommets des Alpes françaises.

La chaîne du Mont Blanc s'étend du col du Bonhomme (2,340 m.) au Mont Dolent (3,830 m.), par la pointe des Fours (2,719 m.), le Mont Tondu (3,196m.), l'Aiguille des glaciers (3,830 m.), l'Aiguille de Tré-la-Tête (3,930 m.), le Dôme de Miage (3,684 m.), le Dôme du Gouté (4,331 m.), le Mont Blanc (4,810 m.), le Mont

Maudit (4,471 m.), l'Aiguille du Géant (3,898 m.), les Grandes Jorasses (4,206 m.), et les Petites Jorasses (3,109 m.).

Conditions géologiques. — La chaîne du Mont Blanc et la chaîne des Aiguilles Rouges sont formées de roches primitives bordées à l'ouest par une ceinture de schistes précambriens, de schistes ardoisiers et de grès à anthracite, de trias et de lias, avec des taches de dépôts glaciaires et d'éboulis.

Ces deux massifs sont composés de micaschistes traversés par des roches granitiques.

C'est par excellence la région des hautes aiguilles. Le Mont Blanc seul, au milieu de son cortège de pics élancés, présente des contours adoucis provenant de ce qu'il a été formé par un noyau de protogine qui s'est fait jour au travers des schistes cristallins.

A ces roches s'ajoutent des schistes redressés très durs qu'on rattache aux couches inférieures du groupe primaire.

L'ensemble est très résistant; c'est une circonstance heureuse car, entièrement situées au-dessus de 1,000 mètres d'altitude, les roches qui le composent se trouvent dans la zone climatologique où les agents de démolition atteignent leur maximum d'intensité. Il ne s'y forme pas de torrents, mais les avalanches entraînent les débris rocheux et les eaux d'orage, en s'écoulant rapidement sur les versants dans lesquels elles ne s'infiltrent pas, arrivent avec violence dans les terrains inférieurs.

Le système permo-carbonifère, représenté par des schistes ardoisiers et des grès à anthracite, forme un ensemble résistant, situé en général au-dessous de 2,000 mètres.

Le trias et le lias sont largement représentés. Aux quartzites du trias inférieur sont superposés des calcaires dolomitiques accompagnés de cargneules et de gypses; ces terrains se rencontrent au sud des Houches, dans le ravin des Arandellys et surtout aux environs de Saint-Gervais dans les gorges du Bonnant. Les schistes noirs du lias forment, au-dessous de 2,000 mètres, une large bande qui s'étend du col de Balme aux Contamines; ils sont aussi très développés au sud de Sallanches, notamment dans les plis couchés du Mont Joli.

Cargneules, gypses et schistes liasiques se désagrègent très facilement sous l'action des agents atmosphériques.

Les dépôts glaciaires, dont l'épaisseur peut atteindre plusieurs centaines de mètres, se trouvent parfois à de grandes altitudes; ainsi, à 2,550 mètres sur le plateau des Rognes et à 2,900 mètres sur le plateau de Pierre Ronde. Ces dépôts sur les plateaux élevés, qui présentent des blocs anguleux, sont d'origine récente et on doit les considérer comme ayant été mis au jour par les diverses phases du recul des glaciers.

Les alluvions glaciaires anciennes sont beaucoup plus développées. Entre Chamonix et les Houches elles s'élèvent vers le col de Voza sur la rive gauche de l'Arve, au sud de la ligne Sallanches, Saint-Gervais, col de Mégève. Sur la rive droite, entre Servoz et Passy, on les rencontre parfois recouvertes par des éboulis.

Çà et là des matériaux d'éboulis ont régularisé les pentes en comblant les dépressions des versants ou se sont accumulés au pied des falaises rocheuses.

Dans la région des hautes chaînes calcaires (chaînes subalpines), le trias, le lias et le jurassique forment un ensemble résistant. Seul le portlandien supérieur, ou berriasien, est représenté par des calcaires marneux de facile désagrégation.

Le néocomien inférieur est formé de schistes noirs, marneux très peu résistants. Ils ont produit un sol fertile, généralement couvert de pâturages. Mais lorsque, pour une cause quelconque, le gazon est entamé, de nombreux ravins ne tardent pas à se creuser. Le danger est encore accru par la grande altitude à laquelle sont situés ces terrains.

Les calcaires gris ou bruns du néocomien supérieur sont surmontés par l'urgonien qui forme des falaises atteignant jusqu'à 200 et 300 mètres de hauteur (aiguille de Varens, Croix de Fer etc.).

L'albien est schisteux et se dégrade aisément; il forme une bande mince, gazonnée ou ravinée, entre l'urgonien et le sénonien, ce dernier étant constitué par des calcaires gris bleu, compacts.

Les terrains tertiaires sont représentés par des calcaires nummulitiques très solides et par les couches du flysch, peu résistantes, formées de schistes argileux gris alternant avec des bandes de grès bruns.

Les dépôts glaciaires sont très répandus; on les observe en particulier à Sixt, à Mont-Saxonnex et à Cordon où ils ont donné prise aux actions torrentielles.

Dans le fond des vallées, les anciennes moraines glaciales ont été profondément remaniées par les eaux et sont souvent recouvertes par les alluvions modernes.

Les éboulis se rencontrent fréquemment; on en rencontre d'importants sur le territoire de Magland, rive gauche de l'Arve, autour du massif des Annes et de Sullens, ainsi qu'au pied de l'aiguille de Varens dans le torrent de Reninges, vers 1,600 mètres d'altitude, et sur les flancs du Mole, des Aiguilles Rouges et des Fiz.

La région des chaînes du Chablais ne comprend qu'une petite partie du périmètre de l'Arve.

Le trias y est représenté par des calcaires dolomitiques, des cargneules et des dépôts de gypse; les torrents de Clévieux et de Valentine coulent en partie dans des terrains de cette nature.

Le lias est très puissant. Il est formé de schistes foncés, qui se désagrègent facilement sous l'influence des agents atmosphériques; c'est dans le lias que sont creusés les bassins supérieurs des torrents de Clévieux et de Valentine.

Le jurassique, qui présente le caractère bréchiforme dans toute son étendue, est assez résistant.

Le crétacé est peu développé. Le flysch occupe de grandes étendues; il forme la plus grande partie du bassin du Foron des Gets. Il est très fréquemment recouvert de dépôts glaciaires.

Les dépôts glaciaires et les alluvions modernes dominent dans la région des chaînes extérieures des Préalpes; le Foron de la Roche et le ravin de Marignier ont creusé leur lit dans ces terrains meubles.

Climat. — Dans la région de l'Arve on peut distinguer trois zones climatologiques: la zone des neiges persistantes et des bassins d'alimentation des glaciers aux environs de 3,000 mètres d'altitude et au-dessus, la zone de hautes montagnes entre 1,500 et 3,000 mètres, la zone des basses montagnes et des plaines au-dessous de 1,500 mètres.

La première zone comprend la zone du Mont Blanc depuis l'aiguille du Tour jusqu'à la pointe des Fours, près du col du Bonhomme. Les précipitations atmosphériques s'y manifestent en général sous forme de neige ou de grêle; la pluie n'est cependant pas rare au-dessous de 3,400 mètres, du 15 juillet au 15 septembre environ.

L'importance des chutes de neige ne peut être indiquée, par suite du défaut d'observation d'ensemble. Des recherches ont été entreprises à ce sujet par le service des eaux et forêts au glacier de Tête Rousse, à l'altitude de 3,200 mètres. La lame d'eau correspondant à la totalité des précipitations atmosphériques a été de 655 millimètres du 1er octobre 1901 au 30 septembre 1902, et de 662 millimètres du 1er octobre 1902 au 30 septembre 1903.

Pour l'Arve et ses affluents glaciaires, l'hiver est la période des basses eaux.

Lorsque les vallées glaciaires ont de faibles pentes, les glaciers descendent très bas et les torrents qui en sortent sont relativement calmes. Ils se bornent à remanier la moraine terminale, en entraînant quelques matériaux jusqu'à la rivière principale. Les glaciers de Bionnassay, de Taconnaz, des Bossons, de la Mer de Glace, d'Argentière, tous tributaires directs de l'Arve, sont dans ce cas.

Quand les pentes sont très fortes, tout au moins dans la partie inférieure, la masse congelée, insuffisamment retenue par le frot-

IMPRIMERIE NATIONALE.

tement contre les parois encaissantes, obéit à la pesanteur et tombe au bas des versants. Dans cette chute la glace se brise, et la fusion rapide de ces débris produit une crue torrentielle. Les glaciers de cette nature restent généralement suspendus à d'assez grandes hauteurs. Tels sont les glaciers de Tré-la-Tête, de Miage et de la Frasse, tributaires du Bonnant, de la Griaz et du Bourgeat, tributaires de l'Arve, de Foilly et du Prazan, tributaires du Giffre.

Quelques renseignements sur la fusion de la glace et sur la température ont été recueillis au glacier de Tête Rousse par le service des eaux et forêts. La température moyenne annuelle est de — 7° en hiver, mais la moyenne des trois mois d'été, juillet, août et septembre, s'est élevée à + 0°6 en 1902 et à + 0°9 en 1903.

Cette température a provoqué une fusion considérable de la glace. Du 16 juillet au 2 octobre 1902 elle a fait disparaître une épaisseur de neige et de glace de 1 m. 70 environ, et du 2 juillet au 5 octobre 1903 une épaisseur de 2 mètres.

On peut évaluer à 500 ou 600 litres environ la quantité d'eau mise en liberté par la chaleur du soleil et de l'air sur chaque mètre carré de surface des glaciers pendant une période de trois mois d'été.

La deuxième zone comprend une partie du massif du Mont Blanc, de la chaîne des Aiguilles Rouges, des contreforts du Buet, du massif de Platé, de la chaîne des Aravis, c'est-à-dire les principaux sommets d'altitude moyenne.

Il y tombe beaucoup de neige en automne, en hiver et au printemps, mais les chaleurs de l'été en déterminent la fusion complète. La pluie est la règle en été.

Les cours d'eau traversent pendant la saison froide une période de basses eaux à laquelle succède une période de hautes eaux pendant l'été.

Les pluies présentent une grande intensité, à raison du relief du sol et de l'altitude.

Les orages sont violents et souvent accompagnés de chutes de grêle. Si l'on considère d'autre part que la végétation forestière n'atteint pas la limite supérieure de la zone, on s'explique la violence des crues des torrents.

Aussi est-ce la région où l'activité torrentielle atteint son maximun.

L'importance des précipitations atmosphériques augmente jusqu'à une certaine altitude, supérieure à 2,000 mètres.

Dans la troisième zone, la neige tombée pendant l'hiver disparaît dès la fin du mois de mars. Des crues violentes se produisent lorsque la fusion de la neige est accompagnée de fortes pluies.

D'un autre côté, les pluies lentes et la neige fondante détrempent souvent le terrain et produisent des éboulements et quelquefois du glissement quand les circonstances locales s'y prêtent.

Les orages de l'été sont moins à craindre que dans la région précédente parce que le sol est mieux protégé et que les pentes sont moins fortes.

Les pluies d'automne amènent les mêmes effets que celles du printemps, mais elles sont moins dangereuses, les précipitations se produisant en partie sous forme de neige.

En résumé, la région de l'Arve peut être caractérisée ainsi qu'il suit :

Hiver. — Eaux très basses. Quelques crues par suite de relèvements brusques de température;

Printemps. — Eaux basses. Crues occasionnées par la pluie ou par la fonte des neiges dans les régions de faible altitude;

Été. — Hautes eaux persistantes, par suite de la fonte progressive des neiges dans les régions de moyenne et de grande altitude et d'orages sur les divers points de son bassin;

Automne. — Très basses eaux; sauf quelques crues dans les régions inférieures, causées par les fortes pluies qui précèdent les chutes de neige.

Production. — Dans une région peu étendue, qui comprend les plaines et les collines, on cultive les céréales, la pomme de terre, les plantes fourragères et la vigne qui atteint quelquefois l'altitude de 700 mètres, comme, par exemple, à Passy, au pied de l'aiguille de Varens.

Les prairies naturelles et artificielles permettent d'entretenir de nombreux troupeaux. On fabrique des fromages très estimés dans des fruiteries qui fonctionnent, suivant les circonstances, pendant toute l'année ou seulement pendant l'hiver.

En dehors de cette basse région, le sol est surtout occupé par les pâturages et les forêts.

Pendant l'hiver, les habitants ne gardent dans leurs étables qu'un petit nombre d'animaux, mais, dès que le printemps reparaît, ils se procurent le surplus des animaux nécessaires à l'exploitation des pâturages. La saison d'inalpage est comprise le plus souvent entre le 1er juin et le 15 septembre.

Dans cette région, on n'installe que des fruitières d'été dans lesquelles on fabrique des fromages à pâte dure et des fromages à pâte molle, très appréciés les uns et les autres.

Les forêts occupent une place importante dans la partie montagneuse du bassin de l'Arve. Les forêts communales forment de beaux massifs dans les hautes vallées, notamment à Samoëns, Sixt, les Contamines et Chamonix.

Les richesses minérales sont rares. Cependant, aux Houches, on trouve, dans les grès houillers, des filons d'ardoise et des veines d'anthracite et la vallée des Contamines renferme des gisements inexploités de plomb argentifère, de cuivre gris et métaux connexes.

Les eaux sulfureuses de Saint-Germain-les-Bains ont une très grande réputation.

Les chutes d'eau sont utilisées sur certains points malgré l'irrégularité du débit.

Mais la richesse de cette contrée réside surtout dans ses beautés naturelles extrêmement variées, qui attirent chaque année un grand nombre de touristes.

Situation administrative. Contenance. Population. — Le bassin de l'Arve s'étend sur une partie des arrondissements de Bonneville, de Thonon, de Saint-Julien et d'Annecy.

Sa superficie est d'environ 203,000 hectares, dont 195,500 hectares sur le territoire français.

Sa population dépasse peu 100,000 habitants.

État de dégradation du sol. — Les facteurs qui influent sur la dégradation du sol sont : les éléments du climat, le régime des eaux, la nature des terrains et l'intervention humaine.

Les trois premiers ont été examinés précédemment et il est inutile d'y revenir. Il y a lieu seulement de mentionner l'importance exceptionnelle des avalanches dans toutes les parties montagneuses du bassin de l'Arve.

Dans les Alpes, dit M. Kilian, « le nombre des avalanches tend à augmenter. Elles sont plus fréquentes aujourd'hui qu'au commencement du XIXe siècle. Il faut attribuer ce fait en grande partie au déboisement ainsi qu'il a été nettement mis en évidence en divers parages, autrefois renommés par leurs pâturages maintenant dévastés par des cônes de fusion et couverts de pierres ».

Dans le bassin de l'Arve en particulier, où la plupart des cours d'eau charrient, les avalanches constituent le mode d'alimentation le plus habituel des torrents en matériaux et transports divers. Il y a, en effet, fort peu de bassins torrentiels qui ne soient en même temps des aires d'alimentation d'avalanches.

L'intervention humaine, de même que dans la plupart des pays de montagnes, s'est souvent manifestée en causant la dégradation des pâturages et la disparition de forêts dont le maintien aurait été nécessaire, il en est résulté la formation de ravins et de torrents.

L'Arve creuse son lit dans le sol très peu résistant de la combe de Balme, puis, en descendant elle corrode les cônes des torrents de la Griaz et du Nant Nalien, et enfin, entre Servoz et Chedde, elle ronge le pied du vaste éboulement des Fiz.

Le cours de cette rivière comprend trois zones de dépôt, mais les matériaux charriés n'en sont pas moins en grande partie entraînés jusqu'au Rhône.

C'est une des curiosités de Genève d'aller voir la jonction du Rhône et de l'Arve. Le premier, sortant du Léman, est toujours d'une limpidité parfaite, tandis que l'autre roule des eaux boueuses et chargées de graviers dont le mélange avec les eaux du fleuve ne se produit qu'après un parcours de plusieurs kilomètres.

Dans la vallée de l'Arve, l'étendue des terrains compris dans le champ des inondations est de 2,762 hectares.

Ces terrains sont les mieux placés, les plus faciles à travailler, ce sont ceux qui jouissent du meilleur climat et sur lesquels sont établies les grandes voies de communication; il y a donc un très grand intérêt à les soustraire aux effets des crues.

Depuis longtemps on a cherché à les protéger au moyen de digues horizontales. C'est ainsi qu'en amont de Bonneville, sur une longueur de 6,500 mètres, l'Arve a été endiguée sur ses deux rives. Il en est de même sur quelques kilomètres en amont et en aval de Sallanches.

L'expérience a montré que ce remède est insuffisant et que les digues ne tardent pas à être encombrées de débris. On est alors obligé de les exhausser, d'où résulte la création d'un lit artificiel surélevé par rapport aux terrains environnants. Ceux-ci sont bientôt envahis par les infiltrations, lorsqu'ils ne sont pas submergés complètement lors de crues violentes. Un accident de cette nature s'est produit, il y a quelques années, un peu en aval du village de Saint-Martin par suite de la rupture de la digue longitudinale construite sur la rive droite.

Il n'existe qu'un moyen de remédier aux dangers dus à l'état torrentiel de l'Arve, c'est de retenir les matériaux dans la montagne au moyen de travaux de restauration.

Composition et contenance du périmètre. — Le périmètre de l'Arve a été constitué par une loi du 27 juillet 1898.

Sa contenance est de $1,181^{h}09^{a}28^{c}$, dont $434^{h}03^{a}66^{c}$ sont déjà la propriété de l'État.

Il comprend les quinze séries suivantes :

	h	a	c
Chamonix	86	36	99
Les Houches	215	84	70
Saint-Gervais	246	16	25
Les Contamines	237	75	25
Passy	182	53	19
Saint-Martin	3	95	86
Magland	30	80	50
Mont-Saxonnex	15	20	83
Marnaz	4	75	80
Sixt	56	18	59
Samoëns	56	48	42
Verchaix	9	11	50
Les Gets	27	70	91
Marignier	2	38	13
La Roche-sur-Foron	5	82	36
TOTAL	1,181	09	28

Travaux. — Le but à atteindre par l'exécution des travaux de restauration a été indiqué précédemment.

Il y a lieu de signaler les travaux effectués dans les séries des Houches, de Saint-Gervais, de Passy et de Marignier.

A part une parcelle peu étendue située au-dessous du col de Voza, la série des Houches comprend le bassin du torrent de la

Griaz, qui prend sa source au glacier du même nom, et celui de son affluent, le ravin des Arandellys.

L'altitude varie de 970 à 2,400 mètres, les pentes sont très raides.

La partie supérieure est couverte de débris morainiques qui se retrouvent au bas du versant. Dans l'intervalle on rencontre des micaschistes, des schistes micacés, des cargneules avec gypses et du lias schisteux.

Du fond des glaciers à la cote 1,400, le torrent coule dans une région absolument inaccessible dont les pentes varient de 150 p. 100 à 80 p. 100. Le lit et les berges sont balayés par les chutes de séracs et les avalanches; aucune amélioration n'est possible.

Dans la partie comprise entre la cote 1,400 et le confluent des Arandellys, 1,280 mètres, la grande avalanche annuelle s'arrête et dépose les matériaux qu'elle entraîne avec elle.

De ce dernier point au cône, 1,260 mètres, et du cône à l'Arve, 970 mètres, les pentes sont nécessairement moins fortes, au-dessus du sommet du cône, le lit est creusé au milieu d'un amoncellement de matériaux rocheux; sur le cône même il se produit des alternatives de creusement et d'exhaussement du lit.

Le ravin des Arandellys est caractérisé par l'accumulation dans son lit d'une masse considérable de débris rocheux provenant de l'éboulement du plateau des Rognes.

Cet éboulement, connu dans le pays sous le nom de « dérochoir », a son origine au bord septentrional du plateau des Rognes, à l'altitude de 2,500 mètres. Son activité, qui date de 1888, semble en décroissance depuis quelques années.

Le plateau des Rognes est occupé par des dépôts morainiques formés de blocs de toutes dimensions, de pierrailles et de sables cimentés par de la glace; ces dépôts reposent sur des micaschistes très fissurés, formant un ressaut presque à pic exposé au nord. C'est à l'action de la gelée et du dégel, à la sécheresse et à la chaleur des étés depuis 20 ans, à l'entraînement du sable par les eaux provenant de la fonte des neiges, que doivent être attribuées les causes du mal, c'est-à-dire la mise en liberté de blocs volumineux qui se précipitent sur les pentes, se brisent dans leur chute et forment un vaste cône d'éboulis dans le ravin des Arandellys.

On ne peut faire que des hypothèses pour expliquer l'activité récente du dérochoir.

La première est celle d'un réchauffement de la masse congelée; elle est en concordance avec le phénomène, bien constaté, du recul des glaciers de la région. On peut admettre aussi que le sol, insuffisamment protégé par la végétation à la suite d'un pâturage un peu excessif, s'est trouvé plus exposé que précédemment à l'action des agents atmosphériques. Enfin, les deux causes peuvent avoir agi simultanément.

La Griaz, un des torrents les plus redoutés de la vallée de l'Arve, a plusieurs fois coupé la route de Genève à Chamonix et a causé à diverses reprises des dégâts importants dans les diverses agglomérations des Houches. La dernière crue violente s'est produite le 20 juillet 1898.

Le lit, à partir du sommet du cône jusqu'au confluent des Arandellys, est actuellement fixé au moyen de barrages en maçonnerie se protégeant mutuellement, et la correction a été prolongée dans le ravin des Arandellys afin de maintenir sur place les matériaux qui y sont accumulés.

De plus, les parties de la série susceptibles de reboisement immédiat ont été parcourues par des semis de mélèze et de pin cembro et par des plantations de pins à crochets, de mélèzes, d'épicéas et d'aunes.

En ce qui concerne la série de Saint-Gervais, on a déjà signalé, dans la première partie, les travaux du glacier de Tête Rousse.

On s'était proposé de faire écouler l'eau d'une poche infraglaciaire et d'empêcher, pour l'avenir, l'accumulation de masses d'eau considérables.

Cet écoulement ne pouvait être obtenu par le couloir du front exposé au nord-ouest et constamment obstrué par la glace ou la neige. Il fallait donc le ménager au travers de l'arête rocheuse qui sépare le glacier de Tête Rousse de celui de Bionnassay, dans un versant exposé au sud et rapidement dépouillé chaque année des neiges de l'hiver.

De plus, toute la violence des eaux mises en liberté devait se briser dans les crevasses du vaste glacier de Bionnassay sans causer le moindre dégât.

La profondeur du glacier de Tête Rousse et les conditions climatologiques de la station ne permettant pas d'ouvrir un chenal à l'air libre, on a dû ouvrir dans le roc une galerie souterraine d'une section de 4 mètres carrés; ces dimensions, indispensables pour la facile exécution du travail, ont été plus que suffisantes pour livrer passage à l'eau emprisonnée.

Quand on a pu pénétrer dans la crevasse, on a constaté que sa largeur diminuait jusqu'à la profondeur de 30 mètres, où elle n'était plus que de 3^{m}85, pour augmenter ensuite jusqu'à 45 mètres où elle atteignait 4^{m}50. Le fond, encombré de glace grenue, plongeait du sud-ouest au nord-est. Des ponts de glace, situés à différentes hauteurs, reliaient les deux parois qui ne présentaient aucune aspérité notable. La largeur totale n'a pu être mesurée, à cause du trop grand rapprochement des parois sur certains points; la longueur de la partie accessible dépassait 70 mètres.

Des observations faites par les agents des eaux et forêts il résulte que les causes qui amènent la production des crevasses et des poches d'eau sont permanentes. De là découle la nécessité d'exercer une surveillance continuelle sur le glacier de Tête Rousse; si une nouvelle excavation vient à être signalée, il sera facile de faire écouler l'eau accumulée, en ouvrant un tronçon de galerie aboutissant à la canalisation souterraine creusée dans le roc.

Dans la série de Passy, le torrent de Reninges prend naissance

95. Périmètre de l'Arve (Haute-Savoie). Série des Houches. — Le ravin des Arandellys.

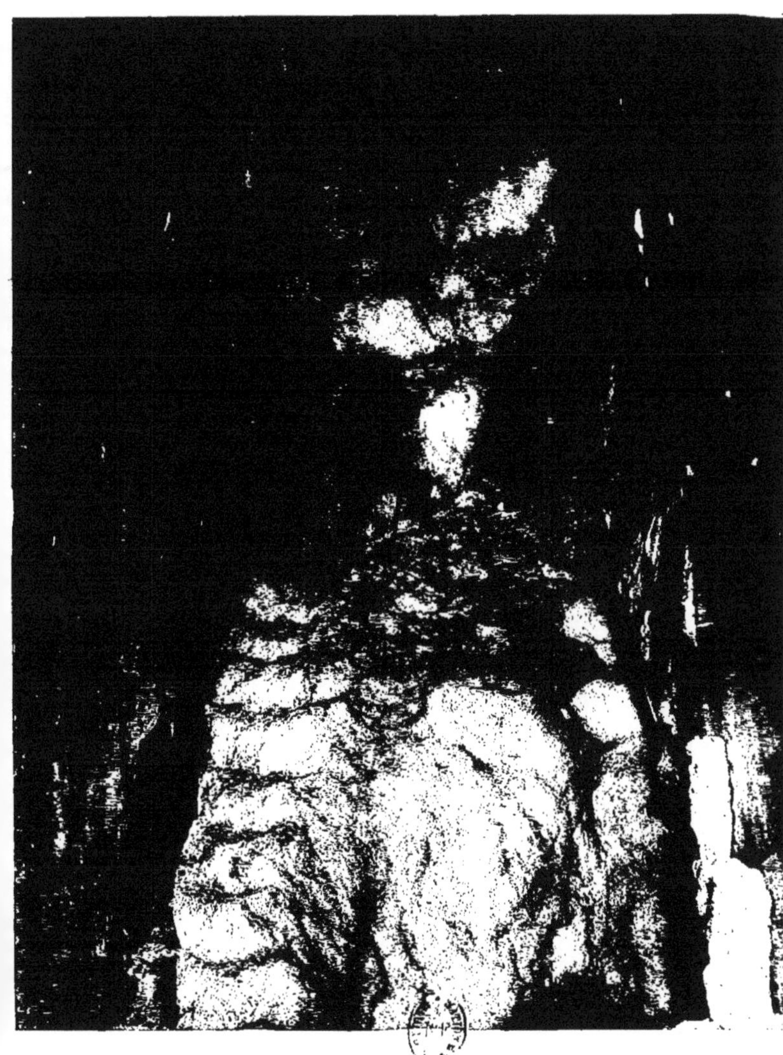

96. Périmètre de l'Arve (Haute-Savoie). Série de Saint-Gervais-les-Bains.
Fond de la crevasse du glacier de Tête-Rousse.

97. Périmètre de l'Arve (Haute-Savoie). Série de Passy. — Le Lac vert, origine d'infiltrations.

98. Périmètre de l'Arve (Haute-Savoie). Série de Samoëns. — Le torrent de Clévieux.

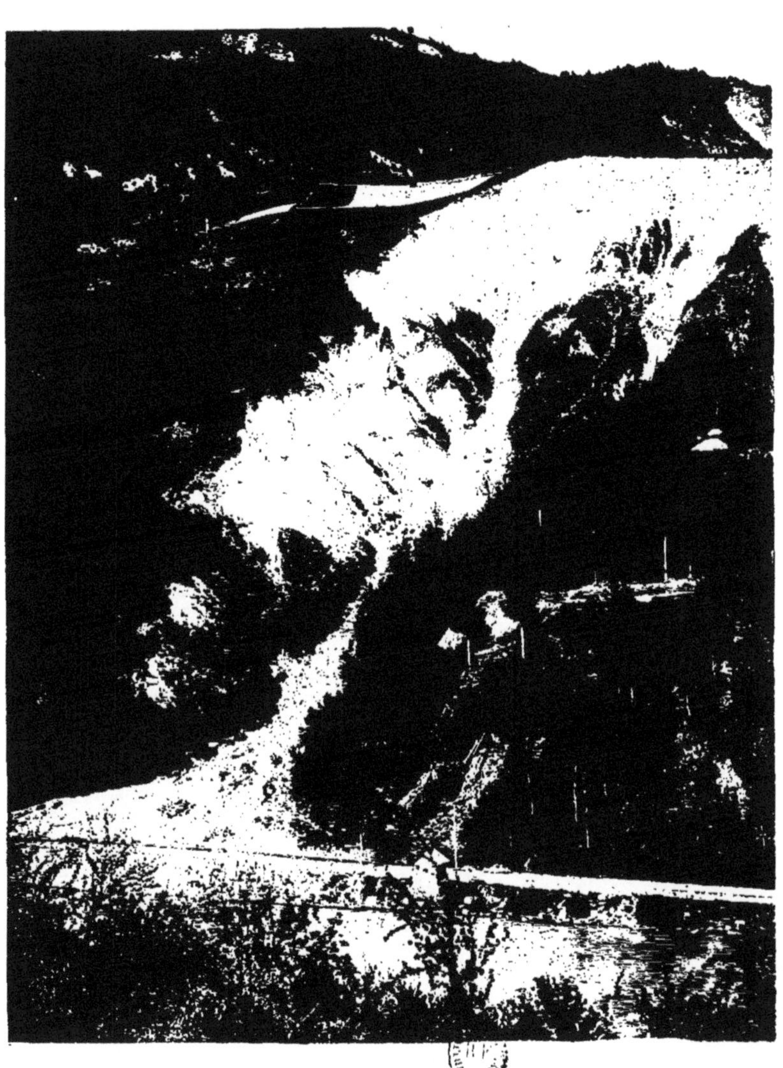

99. Périmètre de l'Arve (Haute-Savoie). Série de Marignies. — Combe de Marignies en 1888.

100. Périmètre de l'Arve (Haute-Savoie). Série de Marignier.
Même vue que la précédente après achèvement des travaux.

Phototypie Berthaud, Paris.

au pied de l'aiguille de Varens. Son bassin est constitué par des schistes noirs du valanginien, d'une facile désagrégation; il est raviné par les avalanches.

Après un ressaut sur un banc rocheux, le torrent ouvre son lit au milieu d'un amas d'éboulis calcaires qu'il entraîne avec les débris provenant de la partie supérieure.

Une gorge étroite, profonde, rocheuse, succède à la partie en déblai et le torrent débouche derrière le village de Saint-Martin qu'il a plus d'une fois envahi.

La correction, commencée en 1890, est actuellement terminée.

Le creusement dans les éboulis a été arrêté au moyen de barrages; dans la région supérieure, des murs d'arrêt retiennent la neige et permettent d'installer la végétation herbacée et forestière, enfin quelques canaux de drainage ont arrêté les mouvements des terrains imbibés d'eau.

La combe de Marignier, dans la série du même nom, a été fixée au moyen d'un barrage de base et de clayonnages. Ces travaux ont été complétés par des plantations de résineux et de feuillus au fur et à mesure que les berges présentaient une stabilité suffisante.

Dans la partie supérieure, où la pente dépasse 70 p. 100, on a garni le sol avec des branches et des boutures de saule.

Ce travail, commencé en 1901, est aujourd'hui complètement terminé.

Pour la restauration des terrains qui n'appartiennent pas encore à l'État, on devra, autant que possible, se contenter de construire des ouvrages de base, accompagnés de travaux de reboisement, d'embroussaillement, de garnissage, etc. (Planches 95 à 100.)

PÉRIMÈTRE DU FIER.

Description du bassin. Altitudes. — Le Fier descend du mont Charvin, à 2,414 mètres d'altitude, et coule vers l'ouest en décrivant de nombreuses sinuosités, par Manigod, Thônes, Alex,

Cran-Gévrier, Lovagny et Saint-André, pour se jeter dans le Rhône, après avoir formé un vaste delta à 3 kilomètres en aval de Seyssel.

Les affluents les plus importants sont : la Filière sur la rive droite, le Thiou et le Chéran sur la rive gauche.

La Filière, le Chéran et le bas Fier sont suffisamment encaissés, dans des terrains relativement solides, pour ne pas causer de dégâts.

La longueur du cours du haut Fier est de 36 kilomètres environ. L'altitude de sa source étant de 2,414 mètres et celle de son confluent, avec le Thiou, de 370 mètres, la pente moyenne est de 5.68 p. 100. Mais cette pente est très variable suivant les régions considérées. Des sources du cours d'eau à Thônes, elle est de 12.7 p. 100, puis de Thônes au pont de Dingy-Saint-Clair, elle n'est que de 1 p. 100, elle passe ensuite à 1,5 p. 100 de Dingy au pont de Brogny, et descend à 0,7 p. 100 du pont de Brogny au pont de Cran.

Dans la deuxième section, 10 kilomètres, et dans la quatrième, 4 kilomètres, la rivière coule sur ses dépôts.

Le bassin du haut Fier renferme des montagnes élevées qui reçoivent, en hiver, de grandes quantités de neige. La neige fond dès le printemps et provoque quelquefois des crues dangereuses ; il en est de même au moment des pluies d'automne. De plus, les orages des mois de juillet et de septembre causent assez souvent des dégâts.

Le lac d'Annecy emmagasine les eaux provenant de la fonte des neiges et des pluies de printemps et d'automne qui se produisent dans son bassin. Un système de vannage bien installé assure au Thiou, son émissaire, un débit régulier pendant toute l'année, qui permet d'alimenter en force motrice de nombreuses usines situées sur son parcours et notamment au village industriel de Cran.

Le système orographique du bassin du Fier est coupé en deux parties par la profonde dépression Annecy-Ugine.

Il est séparé du bassin de l'Arve par une ligne dirigée suivant le nord-est, allant de la pointe Pelouse (2,582 mètres) dans la chaîne des Aravis à la Chapelle-Rambaud (957 mètres), dans la direction du Salève, et passant par la Tête du Danay (1,737 mètres), le col de Saint-Jean-de-Sixt (1,012 mètres) et le Roc-de-Lachat (2,028 mètres).

Du côté du sud-est le bassin est limité par la crête des Aravis, de la pointe Pelouse au mont Charvin (2,414 mètres); la limite passe ensuite par la montagne de Sullens (1,849 mètres), la pointe des Frettes (2,270 mètres), le seuil de Faverges (500 mètres) et la dent de Cons (2,058 mètres), puis elle suit le bord de la falaise orientale des Bauges.

La ligne de faîte se dirige ensuite vers le nord-ouest, du col du Lindar (1,192 mètres) au Val de Fier.

Enfin, depuis le Val de Fier jusqu'à la Chapelle-Rambaud, le Fier reçoit de petits affluents descendus de montagnes peu élevées (550 à 930 mètres).

De plus, des chaînes secondaires assez importantes se trouvent entre les diverses vallées qui aboutissent au Fier.

Conditions géologiques. — Le terrain primitif, les couches du groupe primaire et le trias font absolument défaut dans les bassins du Haut Fier et du lac d'Annecy.

Le lias ne se rencontre que sur un seul point; il constitue la montagne de Sullens au nord-ouest du mont Charvin, où se trouvent de riches pâturages en bon état de conservation.

Les terrains jurassiques ne se trouvent guère qu'au sud du lac d'Annecy, aux environs de Chevaline et de Montmin: formés de calcaires résistants ils n'offrent pas de prise à l'action torrentielle.

Dans la série crétacée, le néocomien comprend un ensemble très puissant de calcaires plus ou moins argileux formant les versants des principales vallées. Ces terrains sont assez résistants, mais ils présentent presque toujours de très fortes déclivités, favorables à la formation des avalanches et à l'érosion torrentielle.

Les puissantes assises de l'urgonien surmontent le néocomien.

Les calcaires compacts, saccharoïdes et quelquefois oolithiques, à stratification peu apparente, qui le constituent, forment des falaises abruptes de 200 à 300 mètres de hauteur qui couronnent la plupart des chaînes des bassins du haut Fier et du lac d'Annecy.

Disposés parfois horizontalement, ils ont donné prise à l'action dissolvante des eaux météoriques qui y ont creusé de profonds sillons. Ils forment alors ce qu'on désigne dans la région sous le nom de lapiaz. Le plateau du Parmelan, situé à 1,800 mètres d'altitude environ, en présente un exemple remarquable.

Il était autrefois couvert d'une forêt de pins à crochets qui a été exploitée à blanc étoc. Cette exploitation ayant déterminé le départ du sol superficiel et celui-ci ne pouvant se reconstituer que très lentement, le plateau offre actuellement un aspect de ruine complète.

Au-dessus de l'urgonien se trouvent les couches albiennes, très peu épaisses, formées de marnes et de calcaires glauconieux peu résistants.

Le crétacé supérieur est peu développé. On le rencontre dans le bassin du Haut-Fier, en amont de Thônes, où il est presque toujours masqué par les épaisses assises tertiaires du flysch, couronnées elles-mêmes, sur quelques points, par les grès oligocènes de Taveyannaz. La zone occupée par le flysch est bien boisée et présente, dans son ensemble, un état de conservation satisfaisant.

Enfin, la période tertiaire s'est terminée dans la région par des dépôts de molasse. Au début de l'époque quaternaire, le phénomène glaciaire a pris une grande extension, chaque massif formant le point de départ de glaciers d'importance variable.

Ces glaciers ont laissé de nombreuses traces de leur passage, en abandonnant leurs dépôts, non seulement au fond des vallées, mais aussi contre les flancs des montagnes qui les encaissaient. C'est à des dépôts de ce genre que le torrent Saint-Ruph doit son activité.

En résumé, les bassins du haut Fier et du lac d'Annecy ont une constitution géologique qui les met souvent à l'abri des dégâts torrentiels, mais les pentes néocomiennes et les dépôts glaciaires sont facilement entamés par les eaux.

Climat. — Dans la partie supérieure du bassin du haut Fier, en amont de Thônes, le climat est assez rude; la neige tombe abondamment sur les montagnes et dans la vallée. Dans le bassin du lac d'Annecy, le climat est plus doux, le lac étant un régulateur de la température.

La température moyenne annuelle, pour les cinq années 1899-1903, a été de 10°12 à Annecy (448 mètres) et de 8°38 pour les quatre années 1903-1906, à Thônes (625 mètres).

La moyenne de la hauteur d'eau tombée pendant les cinq années 1899-1903 a été de 1m343 pour Annecy et de 1m663 pour Thônes.

L'humidité, jointe à la douceur du climat, favorise le développement de la végétation forestière.

La neige tombe abondamment en hiver dans les hautes vallées; la moyenne des deux hivers 1902-1904 a été de 0m336 pour la station d'Annecy et de 1m698 pour la station de Thônes.

Il n'y a pas de vent dangereux spécial à la région; ce sont les courants aériens du sud à ouest qui amènent la pluie.

Productions. — L'industrie agricole est très différente suivant la partie du bassin que l'on considère.

Dans la région d'Annecy et de Rumilly on cultive les céréales, la vigne, les arbres fruitiers et le tabac.

Dans le haut Fier et la région de Faverges, où le climat devient plus rude, c'est surtout l'élevage du bétail et l'utilisation du lait qui procurent des revenus aux habitants. Les alpages des Aravis, de Manigod, de l'Eau-Froide, du Charbon, nourrissent de nombreux animaux; du côté de la Clusaz on élève beaucoup de chevaux et de mulets.

On fabrique, dans la région de Thônes, des fromages réputés appelés « reblochons ».

A Montmin, sur les flancs de la Tournette, on confectionne un fromage d'hiver nommé « vacherin »; les habitants des Bauges en produisent aussi, mais de plus grandes dimensions. Enfin, la « tomme » et le gruyère se font dans toutes les vallées.

Une école de fromagerie, située à Dingy, apprend aux montagnards les meilleures méthodes de fabrication.

L'apiculture est très répandue; miel et cire donnent un rendement rémunérateur.

La métallurgie du fer, l'horlogerie, le tissage, la tonnellerie, sont les industries principales.

Des montagnes de Doussard et de Giez, on tire du marbre noir veiné de blanc.

De belles pierres de taille sont fournies par le calcaire nummulitique de Thônes, par les bancs néocomiens de Givrier et d'Annecy et par les calcaires jurassiques de la vallée de Faverges. Les principales carrières de molasse se trouvent à Cran, Brogny, Rumilly, Saint-André, Blaye, Saint-Jorioz, la Clusaz, les Villards et Saint-Jean-de-Sixt.

Les forêts alimentent de nombreuses scieries aux environs d'Annecy et de Rumilly et dans la haute vallée du Fier, l'importante papeterie de Cran, la fabrique d'acide gallique et d'extrait de châtaignier de Rumilly.

Les bords immédiats du lac d'Annecy et les contreforts externes des massifs des Bauges et des Bornes ne sont couverts que de taillis. On ne trouve de forêts résineuses qu'à l'intérieur de ces massifs, dans les vallées des chaînes subalpines, à Doussard, Seythenex, Thônes, Thorens.

Des terrains étendus, autrefois couverts de forêts, sont aujourd'hui à l'état de landes stériles et pourraient être reboisés utilement : une opération de cette nature a été entreprise avec succès en 1860 au Cret du More par la ville d'Annecy.

Situation administrative. Contenance. Population. — Les bassins du haut Fier et du lac d'Annecy sont situés dans le département de la Haute-Savoie, arrondissement d'Annecy. Il en est de même du bas Fier et du Bassin de la Filière.

Le bassin du haut Chéran est compris dans le département de la Savoie, arrondissement de Chambéry.

La contenance totale est de 136,400 hectares, répartis ainsi qu'il suit :

Haut Fier	25,600 hectares.
Lac d'Annecy	25,800
Chéran	43.200
Bas Fier	25,200
Filière	16,600
TOTAL	136,400

La population du bassin du Fier est de 84,090 habitants.

État de dégradation du sol. — L'examen d'une carte fait ressortir l'existence de trois zones de dépôt : dans le bassin du Fier les régions comprises entre Thônes et Dingy-Saint-Clair, d'une part et entre Brogny et Cran, d'autre part, dans le bassin du lac d'Annecy la région comprise entre Faverges et l'extrémité méridionale du lac.

Le torrent de Malnant dans le bassin du Fier et le torrent de Saint-Ruph dans le bassin du lac d'Annecy sont ceux qui creusent le plus la montagne et causent les plus sérieux dégâts.

Le 15 janvier 1899, le Malnant a presque complètement détruit sur 3 kilomètres de longueur le chemin de Thônes à Montremont, et raviné les terres et les prairies situées le long de son cours. Le Fier, grossi par les pluies et les eaux de fonte des neiges et surtout par l'appoint de son affluent, a coupé la route d'Annecy à Thônes et interrompu pendant plusieurs jours la circulation des voitures et du tramway. Deux ans auparavant la même route avait

IMPRIMERIE NATIONALE.

été emportée sur près de 1 kilomètre de longueur en aval de Thônes.

A la même date, 15 janvier 1899, dans le bassin du lac, les eaux ont recouvert en entier la plaine de Doussard, raviné les champs et les prairies, emporté sur plusieurs points la route départementale d'Ugines à Seyssel, et causé de sérieux dégâts aux chemins vicinaux et ruraux.

Les crues dangereuses du Malnant et du Saint-Ruph sont de date récente et sont dues à des déboisements. Entre autres documents, un plan du 26 mai 1831, relatif à l'exhaussement des digues qui protègent Faverges, porte une note exposant que « ce travail doit être entrepris à raison de la quantité énorme de cailloux que roule le torrent depuis que des coupes de bois ont été faites dans son bassin ».

A Thônes, la disparition des bois a été suivie du pâturage des moutons et des chèvres. Les quelques arbres laissés sur pied, trop espacés et trop faibles pour retenir la neige, ont été brisés par les avalanches. L'abondance des précipitations atmosphériques et l'action de la gelée et du dégel, sur des pentes dénudées, ont amené la désagrégation des roches et la production de matériaux meubles entraînés dans les thalwegs.

Composition et contenance du périmètre. — Le périmètre du Fier a été constitué par une loi du 10 août 1904.

Sa contenance est de 732^h46^a, dont $289^h47^a30^c$ appartiennent actuellement à l'État.

Il comprend quatre séries, savoir :

Thônes	243^h 41^a 73^c
Seythenex	427 45 02
Faverges	9 47 21
Thorens	52 12 04
TOTAL	732 46 00

101. Périmètre du Fier (Haute-Savoie). Série de Thônes.
Murs et banquettes d'avalanches.

Travaux. — Les travaux ont été commencés en 1886 dans la série de Faverges, par la correction du torrent de Saint-Ruph.

Dans la série de Thorens, on a effectué divers travaux de correction et de reboisement et construit un chemin pour desservir l'un des cantons.

Enfin, dans la série de Thônes, un réseau de chemins a été ouvert. On y a établi, de plus, des pépinières et des clôtures et exécuté depuis 1904 des travaux de reboisement.

La restauration sera effectuée surtout à l'aide du reboisement; les travaux de correction restant à effectuer seront de minime importance autant que possible. (Planche 101.)

PÉRIMÈTRE DE LA DRANSE.

Description du bassin. Altitudes. — La Dranse est une rivière torrentielle qui descend de la tête de Bostan, à l'altitude de 2,411 mètres environ. Elle suit la direction nord-nord-ouest, en passant par Morzine, Saint-Jean-d'Aulph, le Biot et la Beaume, et se jette dans le Léman, à 3 kilomètres à l'est de Thonon-les-Bains, après s'être divisé en deux bras principaux qui coulent sur un delta torrentiel formant dans le lac une saillie de 2 kilomètres environ. Elle reçoit, dans son parcours, les eaux de l'émissaire du lac de Montriond, puis, à Bioge, celles de la Dranse d'Abondance et de la Dranse de Bellevaux.

La Drance d'Abondance, presque aussi importante que la Dranse principale, descend de la pointe du Boccar, à 2,250 mètres d'altitude, passe à Abondance et traverse les territoires de Chevenoz et de Vinzier où elle se charge de grandes quantités de matériaux.

La Dranse de Bellevaux, qui porte aussi le nom de torrent de Brevon, part de la pointe de Chalerne, à 2,200 mètres d'altitude, passe à Bellevaux et reçoit, en amont de Vailly, la Dranse de Lullin. Ce torrent, qui prend sa source à une très grande altitude, coule avec des pentes excessives entre deux versants à forte déclivité, de sorte que les eaux qui tombent dans son bassin arrivent avec une très grande vitesse vers les glissements de Vailly, arrachent des terres ou provoquent des éboulements, et fournissent ainsi à la Dranse principale un apport considérable de blocs et de graviers.

La longueur du cours de la Dranse est de 40 kilomètres et la superficie de son bassin est de 540 kilomètres carrés. L'altitude de sa source étant de 2,411 mètres, et celle du Léman de 375 mètres, sa chute totale, sur l'étendue de son cours, est de 2,036 mètres.

La pente n'est pas uniforme ; elle est de 6.2 p. 100 de la source au pont de Bioge, et de 2.4 p. 100 du pont de Bioge au confluent avec le lac.

La longueur totale de la Dranse d'Abondance est de 32 kilomètres. Jusqu'à Abondance (18 kilomètres), sa pente moyenne est de 7.4 p. 100, et d'Abondance au pont du Bioge (14 kilomètres), de 7.6 p. 100.

Le torrent de Brevon se jette aussi dans la Dranse principale au pont de Bioge. Sa longueur est de 20 kilomètres et sa pente moyenne de 7.6 p. 100.

Les hauts sommets du bassin de la Dranse se couvrent, en hiver, de grandes quantités de neige. Ces neiges fondent dès le début du printemps et provoquent de fortes crues, souvent dangereuses à cause des nombreux éboulements qui se produisent à cette époque dans toute l'étendue du bassin.

Après cette période, les crues sont causées par les pluies de l'automne, et souvent par les orages du commencement et de la fin de l'été.

Le débit ordinaire observé au pont de la Douceur est de 12 mètres cubes pour une hauteur moyenne de $0^{m}41$. Celui de la plus forte crue observée (1859) a été de 166 mètres cubes pour une hauteur d'eau de $2^{m}38$.

Les eaux du Brevon sont troubles pendant toute l'année, par suite de la présence des glissements de Vailly qui fournissent continuellement des matériaux au torrent.

A l'époque de la fonte des neiges, au printemps, et aussi après chaque pluie un peu forte, la Dranse charrie une grande quantité de débris arrachés à ses berges ou provenant d'éboulements. Elle les dépose sur divers points et ses eaux rejetées hors du lit s'étalent sur de grandes étendues dans les plaines dont elles ravinent le sol. Lors de chaque crue, le lit change de place et des terrains de culture sont emportés ou couverts de galets.

Conditions géologiques. — La Dranse principale se trouve d'abord dans le crétacé supérieur, dans la région dite de la brèche du Chablais. De là, elle coule dans des boues glaciaires, en traversant des calcaires marneux et des schistes du flysch, avant d'arriver au Biot.

Vers les monts d'Ouzou, elle pénètre dans des calcaires gris compacts du jurassique supérieur et dans une bande de terrains liasiques, puis dans des schistes marneux de l'oolithe et enfin dans des couches triasiques, souvent avec gypses et cargneules, pour ne plus couler, à partir d'Armoy qu'au milieu d'alluvions anciennes jusqu'à son entrée dans le Léman.

La Dranse de Seytroux, un de ses affluents de gauche, a tout son bassin dans des schistes du flysch.

Toujours sur la gauche, le Brevon a son bassin en partie dans le flysch et dans les calcaires gris du jurassique supérieur et en partie dans des alluvions et dans des terrains gypseux.

Sur la rive droite, le torrent du Colerin est situé presque en entier dans les schistes du flysch, recouverts de glaciaire.

Sur la même rive, la Dranse d'Abondance coule dans les schistes de flysch; à partir de Chevenoz, elle traverse une bande de calcaire schisteux qui fournit, avec les schistes marneux situés en amont, de nombreux débris à la Dranse principale.

Dans tous ces terrains se creusent des ravins et des combes d'où partent les matériaux détritiques entraînés par les eaux dans la vallée.

Climat. — Le climat est assez rude dans la partie supérieure du bassin, mais à partir de Biot la température moyenne est assez élevée, par suite de l'influence du Léman. Ainsi à Thonon, la température moyenne annuelle est de 9° 1 environ.

Une relation analogue existe entre les chutes de neige; pendant l'hiver 1903-1904, les hauteurs de neige observées ont été les suivantes :

Thonon (375 mètres d'altitude)	0m130
Abondance (909 mètres)	1 643
Vailly (805 mètres)	1 422

En ce qui concerne la hauteur d'eau tombée et le nombre des jours de pluie, la moyenne des observations faites en 1899, 1900 et 1901 donne les résultats ci-après :

Thonon (375 mètres), 141 jours de pluie	0m949
Le Biot (818 mètres), 123 jours de pluie	1 107

Productions. — Les céréales et la vigne sont les cultures rémunératrices de la région de Thonon, surtout à partir du pont de Bioge.

L'élevage du bétail et la fabrication du beurre et du fromage sont la principale ressource des habitants des vallées supérieures.

La situation de la vallée de la Dranse dans la zone franche n'est pas favorable au développement de l'industrie. On rencontre quelques exploitations d'anthracite, de lignite, d'ardoises et de pierre à bâtir.

Le bassin de la Dranse est assez bien boisé. Les versants présensentent assez souvent un mélange convenable de pelouses et de cantons de forêt, mais on pourrait citer telle montagne où les habitants ont coupé tous les arbres afin de pouvoir y faire paître les chèvres.

Situation administrative. Contenance. Population. —

Le bassin de la Dranse est compris presque en entier dans l'arrondissement de Thonon; une petite portion au sud est englobée dans l'arrondissement de Bonneville.

Sa superficie totale est de 53,884 hectares, et sa population est de 22,558 habitants.

État de dégradation du sol. — La Dranse charrie une grande quantité de matériaux détritiques pendant ses crues.

Comme dans tout le reste de la Savoie, c'est à des défrichements imprudents et à des abus de pâturage que sont dus les ravinements du sol.

Bien que, dans leur ensemble, les versants soient assez bien conservés, il n'en existe pas moins un grand nombre de plaies locales où les eaux météoriques puisent les matériaux qu'elles entraînent au loin en causant de graves dégâts.

Des combes et des ravins à berges dénudées et à très fortes pentes se concentrent sur le territoire de treize communes qui comprennent le périmètre de la Dranse.

Le trias renferme de nombreux affleurements de gypse et des schistes lustrés qui se délitent au contact de l'air et deviennent ainsi facilement délayables.

Les couches de la série jurassique présentent des schistes argileux qui se désagrègent rapidement.

Dans la région de la brèche du Chablais se trouvent des schistes liasiques, des schistes du flysch, des éboulis divers et des alluvions modernes, tous terrains sans résistance. Mais la cause la plus puissante de l'instabilité des versants, à quelque formation qu'ils appartiennent, consiste dans la présence d'épais dépôts provenant de l'ancien glacier du Rhône.

Dès que l'armature végétale qui maintient ces terres est détruite, on voit s'ouvrir un sillon qui ne se ferme plus. Détrempées par les eaux, les boues glaciaires deviennent visqueuses et coulent dans les thalwegs; entraînées par les torrents, elles vont recouvrir les cultures des vallées et interrompre la circulation sur les voies de communication.

Composition et contenance du périmètre. — Le périmètre de la Dranse a été constitué par une loi du 18 juillet 1906.

Sa contenance est de 723h 18a 27c.

Il comprend les treize séries suivantes :

Samoëns	47h 96a 76c
Morzine	233 54 03
La Côte-d'Arbroz	5 70 23
Seytroux	78 90 97
Le Biot	8 38 12
Chevenoz	78 06 39
Vinzier	42 10 56
Féternes	36 73 80
Armoy	4 21 56
Marin	14 86 40
Vailly	113 73 82
Lullin	11 27 42
Reyvroz	47 68 21
TOTAL	723 18 27

Travaux. — De même que pour les autres périmètres du département de la Haute-Savoie et pour ceux de la Savoie, les nécessités de l'industrie pastorale ne permettant pas de créer, comme on le fait ailleurs le plus souvent, de vastes boisements en vue de maintenir le sol, d'emmagasiner en partie les eaux météoriques et de retenir sur les versants les débris provenant de la désagrégation des roches.

La contenance moyenne des séries du périmètre de la Dranse n'est que de 56 hectares. Aussi, les travaux prévus consistent surtout dans des travaux de correction destinés à apporter au régime des torrents une amélioration immédiate et à donner à leur lit et à leurs berges la stabilité qui leur fait défaut; ils doivent être complétés par des reboisements, afin d'assurer la persistance de la consolidation des berges.

Contrairement à ce qui se produit dans les autres régions des Alpes, ces travaux d'art sont donc de beaucoup les plus importants et ceux qui occasionneront la plus forte dépense; toutefois, on essayera de n'établir que des barrages de base et des ouvrages de tête, accompagnés de travaux de reboisement, de garnissage, d'embroussaillement, etc.

D'après le projet qui a été soumis au Parlement, la proportion des dépenses relatives aux travaux à effectuer est la suivante :

Travaux	forestiers	14 p. 100
	de correction	72
	auxiliaires	10
	divers	4
	TOTAL	100

DÉPARTEMENT DE VAUCLUSE.

PÉRIMÈTRE DU TOULOURENC.

Description du bassin. Altitudes. — Le Toulourenc est un des plus dangereux affluents de l'Ouvèze, rivière torrentielle qui se jette dans le Rhône près de Bédarrides (Vaucluse).

Il prend sa source sur le territoire d'Aulan (Drôme) et coule d'abord vers le sud; arrivé au pied des escarpements de la chaîne du Ventoux, sur le territoire de la commune de Reilhanette (Drôme), sa direction s'infléchit brusquement vers l'ouest et il pénètre dans le département de Vaucluse par une étroite vallée comprise entre la montagne de Bluye, au nord, et le massif du Ventoux, au sud. Au débouché de cette vallée, le Toulourenc se jette dans l'Ouvèze, qu'il rencontre un peu au-dessous de Mollans (Drôme), après avoir traversé de l'est à l'ouest, dans le département de Vaucluse, les territoires des communes de Savoillans, Brantes et Saint-Léger.

A sa sortie du territoire de Saint-Léger, il forme limite entre les communes de Malaucène (Vaucluse) et de Mollans (Drôme).

En amont de Malaucène, s'étend la commune de Beaumont qui occupe la région supérieure du Ventoux et englobe toute la haute vallée du Rieufroid, affluent du Toulourenc.

La plus forte altitude (1,908 m.) est celle du sommet du mont Ventoux.

Conditions géologiques. — Le sommet et la partie supérieure des versants du mont Ventoux appartiennent à l'étage néocomien, caractérisé par des couches calcaires redressées, dont les débris recouvrent le sol.

Le versant méridional de la montagne de Bluye et les pentes

inférieures du Ventoux sont constituées par de puissantes assises calcaires de l'étage urgonien.

La molasse, dont la roche tendre et friable est presque toujours à nu, forme les monticules disséminés dans les vallées de Malaucène et de Beaumont.

L'étage cénomanien et les terrains tertiaires lacustres ne sont représentés que par quelques îlots dans la vallée du Toulourenc. Enfin, les montagnes qui se dressent à l'ouest du territoire de Malaucène appartiennent à l'étage oxfordien.

Climat. — Le climat est assez doux dans les vallées et sur les versants méridionaux, moins cependant que ne le ferait supposer la situation géographique de la région; le voisinage du Ventoux exerce à cet égard une influence assez considérable. Sur le versant septentrional de ce massif, le climat varie avec l'altitude; dans la région supérieure la neige persiste pendant 8 à 9 mois de l'année.

Les pluies sont assez fréquentes en hiver et en automne; pendant l'été, de violents orages éclatent à de rares intervalles.

Le vent dominant est celui du nord.

Productions. — Céréales, pommes de terre, fourrages divers et noix, telles sont les productions des terres cultivées. Dans les communes de Malaucène et de Beaumont, la culture du mûrier est assez étendue; quelques oliviers se trouvent aux expositions chaudes du territoire de Saint-Léger et de Malaucène.

La vallée de cette dernière commune, arrosée et fertilisée par l'abondante source du Groseau, est en partie couverte de prairies qui font la richesse du pays.

Les ressources de la région montagneuse consistent en bois de chauffage, pâtures pour les moutons, buis et lavande.

Quelques taillis clairiérés de chêne rouvre et de chêne vert couvrent par place les pentes très raides de la montagne de Bluye, divers massifs assez complets de chêne rouvre et de hêtre sont disséminés dans la haute vallée du Rieufroid, enfin, au-dessus des escarpements qui coupent le versant du Ventoux vers les deux tiers de sa hauteur, une bande transversale est occupée par un massif très clair de hêtres et de sapins qui n'ont jamais été soumis à aucune exploitation.

Situation administrative. Contenance. Population. — Le bassin du Toulourenc est situé sur le territoire du canton de Malaucène; il comprend, de plus, une partie de la commune de Mollans (Drôme). Sa contenance est d'environ 12,545 hectares. La superficie des 5 communes qui renferment des terrains périmétrés est de $12,975^{h}95^{a}97^{c}$ et leur population de 2,961 habitants.

État de dégradation du sol. — Les crues du Toulourenc sont presque toujours soudaines et violentes à raison de la configuration de la vallée où coule ce cours d'eau torrentiel, et aussi par suite de la constitution géologique, de la forte déclivité et de l'état dénudé des versants situés sur ces deux rives, principalement sur sa rive gauche.

Le flanc septentrional du Ventoux est sillonné de ravins et de combes qui charrient à chaque orage de grandes quantités de matériaux arrachés au sol, dont une couche d'éboulis recouvre toute la surface.

A part les massifs très clairs et peu étendus de Brantes et de Saint-Léger, ce versant n'offrait, avant les travaux de reboisement, aucune végétation susceptible de ralentir l'écoulement des eaux.

Les torrents, combes et vallats, affluents du Toulourenc, sont tous dangereux à cause des débris rocheux qu'ils transportent.

Composition du périmètre. — Le périmètre du Toulourenc a été constitué par une loi du 27 juillet 1892.

Sa contenance totale est de 3,357^h^ 83^a^ 88^c^, dont 3,253^h^ 94^a^ 17^c^ appartiennent à l'État et 104^h^ 89^a^ 71^c^ restent à acquérir.

Il comprend cinq séries, savoir :

Savoillans	309^h^ 67^a^ 29^c^
Brantes	1,256 59 92
Saint-Léger	687 50 87
Beaumont	722 91 80
Malaucène	381 13 90
TOTAL	3,357 83 88

Travaux. — L'action des eaux sur les pentes du Ventoux avait pour effet d'entraîner les éboulis instables, de corroder les berges des ravins et de creuser plus profondément leur lit.

Pour y remédier, on a entrepris des travaux de fixation et des travaux de reboisement, ces derniers avaient en outre pour but de créer un vaste massif boisé susceptible d'exercer une influence régulatrice sur le régime des pluies dans la région.

Les travaux de fixation ont consisté dans l'établissement de petits barrages en pierre sèche, de clayonnages et de garnissages. Ils ont arrêté la formation des ravins et maintenu le sol sur les versants.

Les essences employées pour le reboisement ont été le chêne rouvre, le pin noir, le pin sylvestre et le pin à crochets; quelques plantations de mélèze et de hêtre ont été faites au début, mais sur des surfaces restreintes.

Des semis de glands et des plantations de pin noir et de pin sylvestre ont été effectués jusqu'à l'altitude de 800 ou 900 mètres. Au-dessus, jusqu'à 1,200 mètres en moyenne, on a employé le pin sylvestre seul, et enfin, dans la zone supérieure, le pin à crochets a été planté jusqu'au sommet du Ventoux (1,908 m.).

La contenance totale parcourue par les travaux est actuellement de 3,053 hectares.

L'âge des peuplements varie de 1 à 21 ans.

Le succès paraît assuré sur la presque totalité des terrains compris dans le périmètre. (Planches 102 à 107.)

PÉRIMÈTRE DE LA SORGUE.

Description du bassin. Altitudes. — La Sorgue prend naissance à la célèbre fontaine de Vaucluse, au pied d'une falaise de calcaire néocomien d'une hauteur de 197 mètres : le débit varie de 5 à 134 mètres cubes par seconde.

Son bassin est limité par les monts de Vaucluse, le plateau de Sault et le mont Ventoux.

La chaîne des monts de Vaucluse est formée par une série de hauteurs séparées par des coupures nombreuses et généralement profondes, appelées combes dans la région.

Le versant méridional du mont Ventoux présente une pente assez uniforme, entrecoupé de rides plus ou moins accusées.

Le plateau de Sault occupe le nord-est du bassin et relie les deux chaînes de montagnes.

Le plus haut sommet des monts de Vaucluse atteint 1,242 mètres et la cime la plus élevée du mont Ventoux est à l'altitude de 1,908 mètres; les altitudes extrêmes du plateau de Sault sont de 760 à 902 mètres.

Conditions géologiques. — La plus grande partie du bassin appartient à l'étage néocomien et le surplus à l'étage urgonien.

Pour les surfaces non susceptibles de culture, le sol est recouvert de débris de roches et les ravins qui le sillonnent ne renferment de l'eau qu'après les pluies violentes.

Climat. — Le climat est sec; les pluies sont rares, mais très abondantes.

La neige séjourne pendant quatre ou cinq mois de l'année sur

102. Périmètre du Toulourenc (Vaucluse). Série de Brantes. — Pins noirs de 10 à 12 ans. Plantation à l'altitude moyenne de 700 mètres.

103. Périmètre de Toulourenc (Vaucluse). Série de Brantes. Pins noirs et pins sylvestres de 10 ans. Plantation à l'altitude moyenne de 750 mètres.

104. Périmètre du Toulourenc (Vaucluse). Série de Brantes. — Pins noirs et pins sylvestres de 8 et 9 ans. Plantation à l'altitude de 850 à 1050 mètres.

105. Périmètre du Toulourenc (Vaucluse). Série de Saint-Léger.
Pins sylvestres de 12 et 13 ans. Plantations à l'altitude de 900 à 1100 mètres

106. Périmètre du Toulourenc (Vaucluse). Série de Saint-Léger.
Pins sylvestres de 6 à 12 ans. Plantation à l'altitude moyenne de 1000 mètres.

107. Périmètre du Toulourenc (Vaucluse). Série de Saint-Léger. — Pins sylvestres de 8 et 9 ans. Plantation à l'altitude moyenne de 950 mètres.

le mont Ventoux. Le mistral souffle souvent en tempête, desséchant tout sur son passage.

Pendant l'été, il n'est pas rare que la sécheresse persiste pendant plusieurs mois.

Productions. — En dehors des produits forestiers et de la truffe, très abondante dans les semis de chêne, on récolte dans la région des céréales et des fourrages et on pratique assez communément l'élevage du mouton.

Situation administrative. Contenance. Population. — Le bassin de la Sorgue s'étend sur une partie des arrondissements d'Apt, d'Avignon et de Carpentras.

Sa superficie est de 109,246 hectares et sa population est de 27,913 habitants.

État de dégradation du sol. — Les monts de Vaucluse sont boisés sur la presque totalité des pentes, mais le plateau de Sault ne renferme que quelques petits massifs de chênes et de hêtres.

Les terrains du mont Ventoux sont très dégradés dans la partie orientale. Ils n'offrent aux troupeaux que de maigres pâturages constitués surtout par le thym, la sarriette, la lavande et autres plantes aromatiques que le bétail recherche peu.

Par suite de la dénudation, le sol se détériore de plus en plus; la terre végétale est entraînée à chaque pluie, les eaux ne ruissellent pas, s'infiltrent profondément dans le sous-sol et sont perdues pour la région, le débit des sources s'affaiblit.

Lors des orages violents, les ravins subitement enflés charrient des matériaux et causent des dégâts dans les plaines voisines.

Composition et contenance du périmètre. — Le périmètre de la Sorgue a été constitué psr une loi du 29 juillet 1907. Sa contenance totale est de 3,114^{h}34^{a}65^{c}, dont 2,458 appartiennent à l'État et 657 restent à acquérir. Il ne comprend que deux séries, savoir :

Aurel	1.635h 44a 98c
Sault	1,478 89 67
TOTAL	3,114 34 65

Travaux. — Les travaux de reboisement, les seuls à envisager, ont pour but de supprimer l'entraînement du sol superficiel dans les ravins, de provoquer la formation d'une couverture destinée à emmagasiner les eaux pluviales, enfin d'augmenter les précipitations atmosphériques locales.

Les altitudes extrêmes du périmètre sont de 900 et 1,581 mètres.

Les travaux ont été commencés par les parties les plus élevées; on y a effectué des plantations de pins à crochets, de hêtres et d'érables à feuilles d'obiers.

Les terrains inférieurs, entre 900 et 1,000 mètres, sont parcourus par des semis de chêne rouvre.

Par suite de la mise en défens, les parcelles non encore plantées se fixent et se couvrent de graminées.

La contenance actuellement reboisée est de 1,073 hectares; les peuplements, âgés de 1 à 28 ans, sont en bon état de végétation. (Planche 108.)

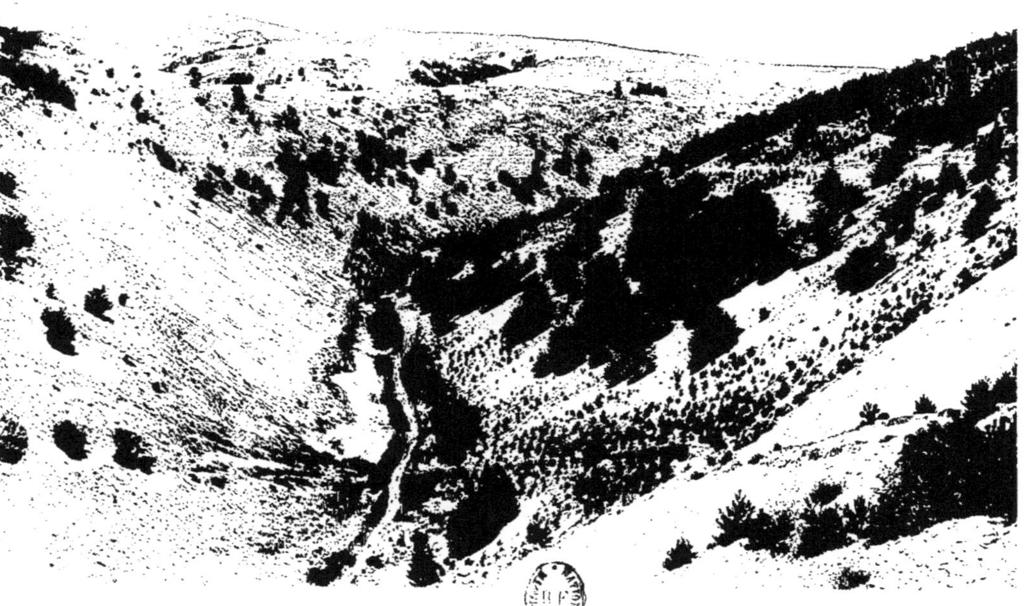

108. Périmètre de la Sorgue (Vaucluse). — Série de Sault.
Plantation de pins noirs et de pins à crochets à l'altitude de 1300 mètres.

TABLE DES MATIÈRES.

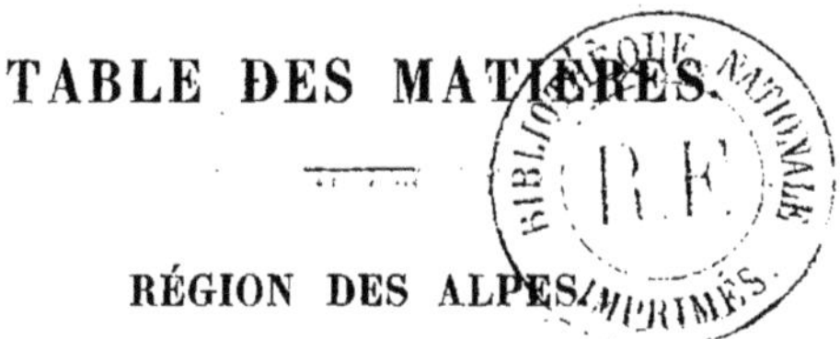

RÉGION DES ALPES.

DÉPARTEMENT DES BASSES-ALPES.

DÉPARTEMENT DES HAUTES-ALPES.

IMPRIMERIE NATIONALE.

DÉPARTEMENT DES ALPES-MARITIMES.

DÉPARTEMENT DE LA DRÔME.

DÉPARTEMENT DE L'ISÈRE.

DÉPARTEMENT DE LA SAVOIE.

DÉPARTEMENT DE LA HAUTE-SAVOIE.

DÉPARTEMENT DE VAUCLUSE.

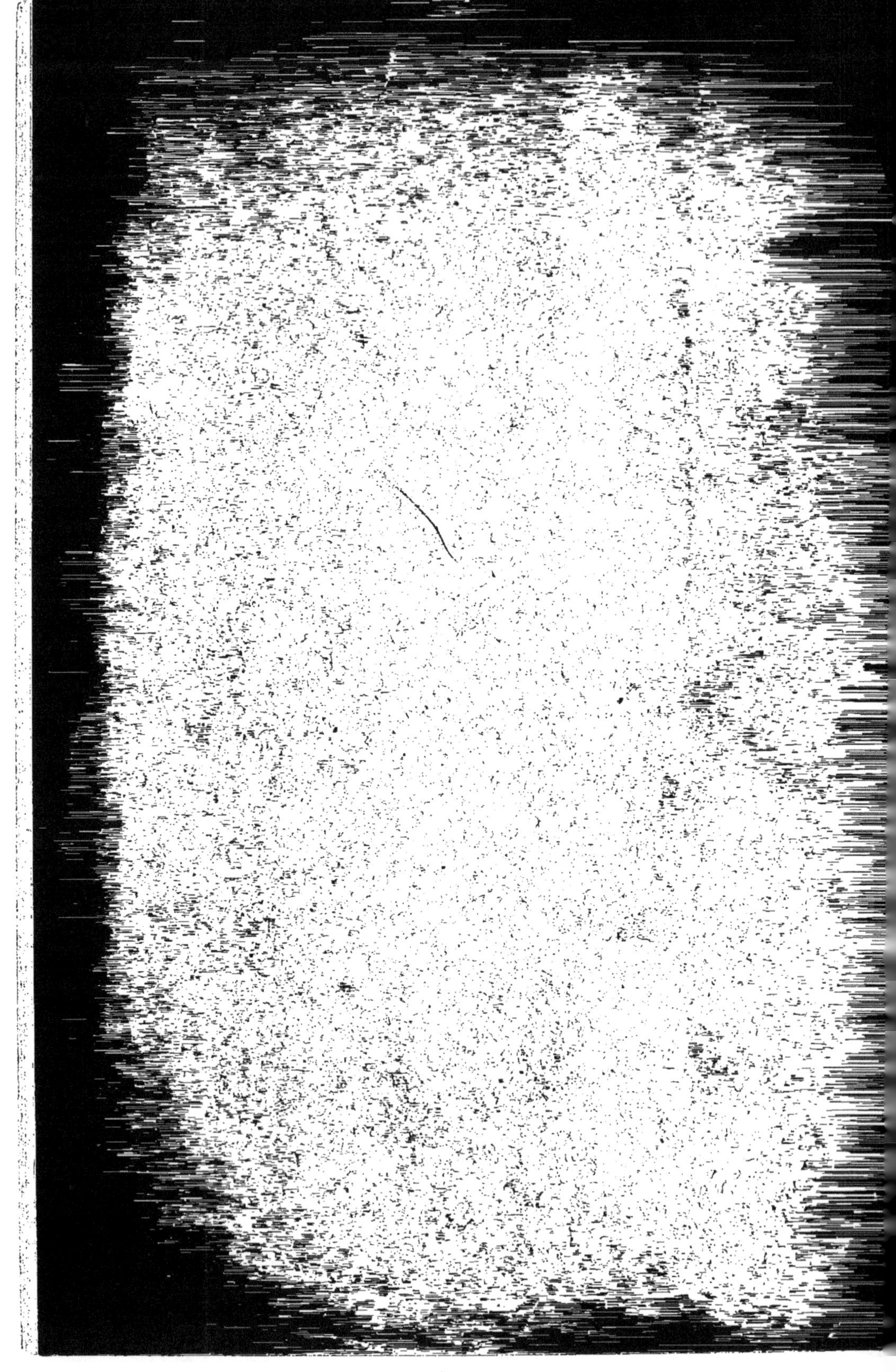

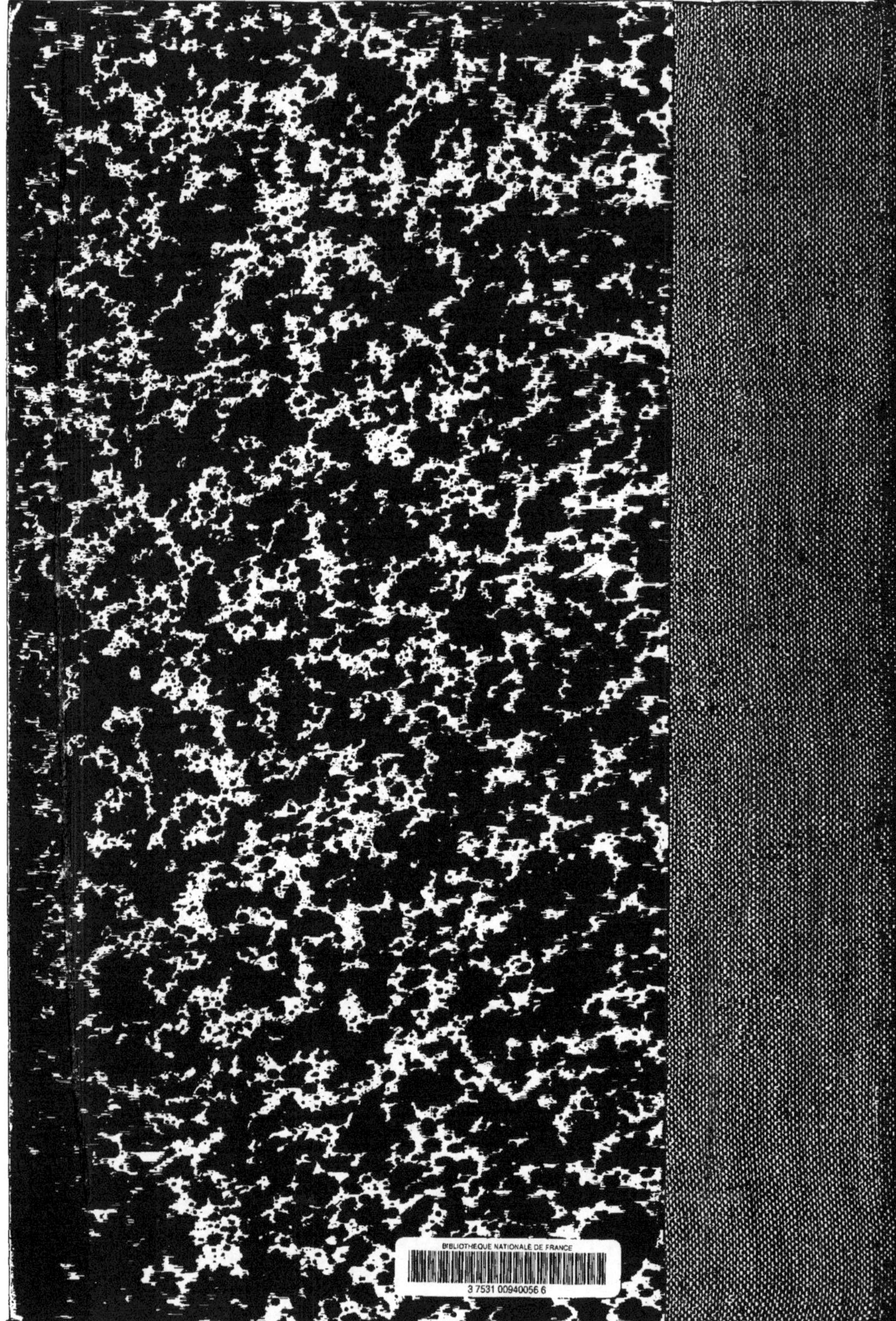

www.ingramcontent.com/pod-product-compliance
Ingram Content Group UK Ltd.
Pitfield, Milton Keynes, MK11 3LW, UK
UKHW022318190726
13856UKWH00001B/80